한국어 인공지능 I

Python으로 시작하는 한글 처리

박건숙 저

NODE MEDIA
노드미디어

미리말

〈한국어 인공지능 I: 파이썬으로 시작하는 한글 처리〉를 펴내면서

오늘날 인공지능은 새로운 시대를 여는 기술로 자리잡았다. 문자 입출력으로 출발한 언어 처리는 인간과 대화하고 인간의 감정을 이해하는 언어 인공지능으로 발전하고 있다. 언어 인공지능은 언어와 소프트웨어의 융합이다. 〈한국어 인공지능〉 시리즈는 한글의 문자 체계와 코드 시스템을 시작으로 인공신경망이 융합된 한글 처리 시스템의 구현 방법까지 소개함으로써 한글 처리의 기본 원리를 이해하고, 한글 프로그래밍을 구현 및 응용할 수 있는 능력을 키우는 데에 목적을 두었다.

제1권 파이썬으로 시작하는 한글 처리는 첫 번째 책으로 한국어와 한글 코드에 대한 이론적 기초를 제공하고 파이썬으로 한글 처리 시스템을 구현하는 방법을 소개한다. 한글 처리의 기초적인 과정을 예제를 중심으로 설명하여 파이썬을 처음 공부하는 초보자도 쉽게 따라할 수 있도록 하였다.

이 책은 3부로 구성하였다. 1부에서는 한글의 문자 체계와 공학 원리를 상세히 설명하고 한글 코드의 원리와 발전 과정, 유니코드의 한글 코드 영역에 대해 소개한다. 2부에서는 한글 처리를 위한 파이썬 프로그래밍의 기초를 소개한다. 프로그래밍을 처음 공부하는 독자들을 위하여 예제와 소스 코드를 중심으로 쉽게 설명한다. 3부에서는 단어 추출, 정렬, 자모 처리 등의 한글 데이터 처리의 필수 기능을 파이썬으로 프로그래밍하는 방법에 대해 설명한다. 현대어와 옛한글, 영어 문서인 CNN 뉴스와 영문 소설 등을 대상으로 언어 처리 결과를 제시하여 데이터 과학으로의 응용 및 활용 방법을 소개한다.

이 책을 집필하면서 한글 코드의 발전 과정을 정리하는 데에 오랜 시간이 걸렸다. 한글 코드에 관한 문헌 자료와 한글 처리 프로그램 소스 코드를 아낌없이 제공해 준 t2bot.com 담당자에게 진심으로 감사의 마음을 전한다.

앞으로 출간될 제2권은 지능적인 언어 처리의 기초 과정으로 형태소 분석과 문서 분류 및 자동요약, 텍스트 마이닝 및 감성 평가 등 한글 데이터 분석 방법을 소개한다. 제3권에서는 인공신경망 및 심층학습 원리를 기반으로 한국어 인공지능의 구현 방법을 소개한다. 책을 보면서 한글 처리 프로그램을 구현할 수 있도록 음절과 단어를 이용한 신경망 구현, CNN 및 RNN을 이용한 스팸메일 분류, 문서 자동분류 및 유사도 측정, 문자/음성 인식, 기계번역 등의 응용 사례를 소개할 것이다. 한글 공학 전문가를 꿈꾸는 독자들을 위해 빠른 시일 내에 제2권을 출간할 것을 약속한다.

마지막으로 이 책은 다음과 같은 방식으로 정리하였다.

- 문자 코드는 유니코드 12.1을 기준으로 정리한다.
- 파이썬 한글 프로그래밍 소스 코드는 t2bot.com에서 제공받아 정리하고, 예제 코드는 윈도 환경에서 실행한다.
- 한글 자모 처리를 위한 함수와 변수는 한글로 구현한다.
- 주요 용어의 정의 및 개념은 '표준국어대사전'과 공개된 사전을 참고하며, 한글 맞춤법은 국립국어원 홈페이지의 '한국어 어문 규범'을 인용하여 정리한다.
- '한글과컴퓨터'와 'Microsoft'의 문서처리기는 각각 '한글 문서처리기'와 '마이크로소프트사 문서처리기'로 표기한다.

☞ 본 연구는 2018학년도 상명대학교 교내연구비를 지원받아 수행하였음.

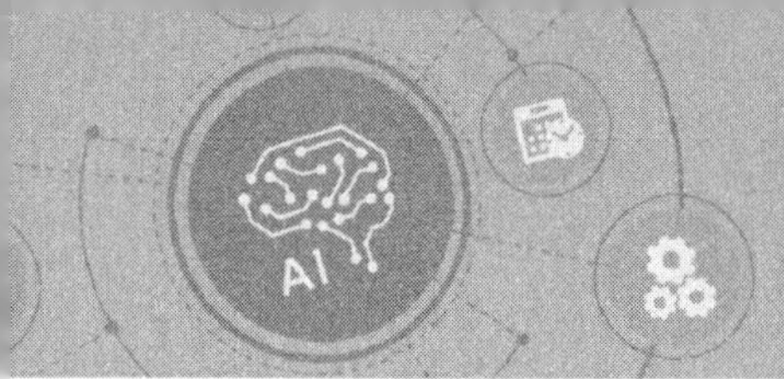

차 례

1 PART 컴퓨터와 한글

3 PART 파이썬(Python) 한글 처리

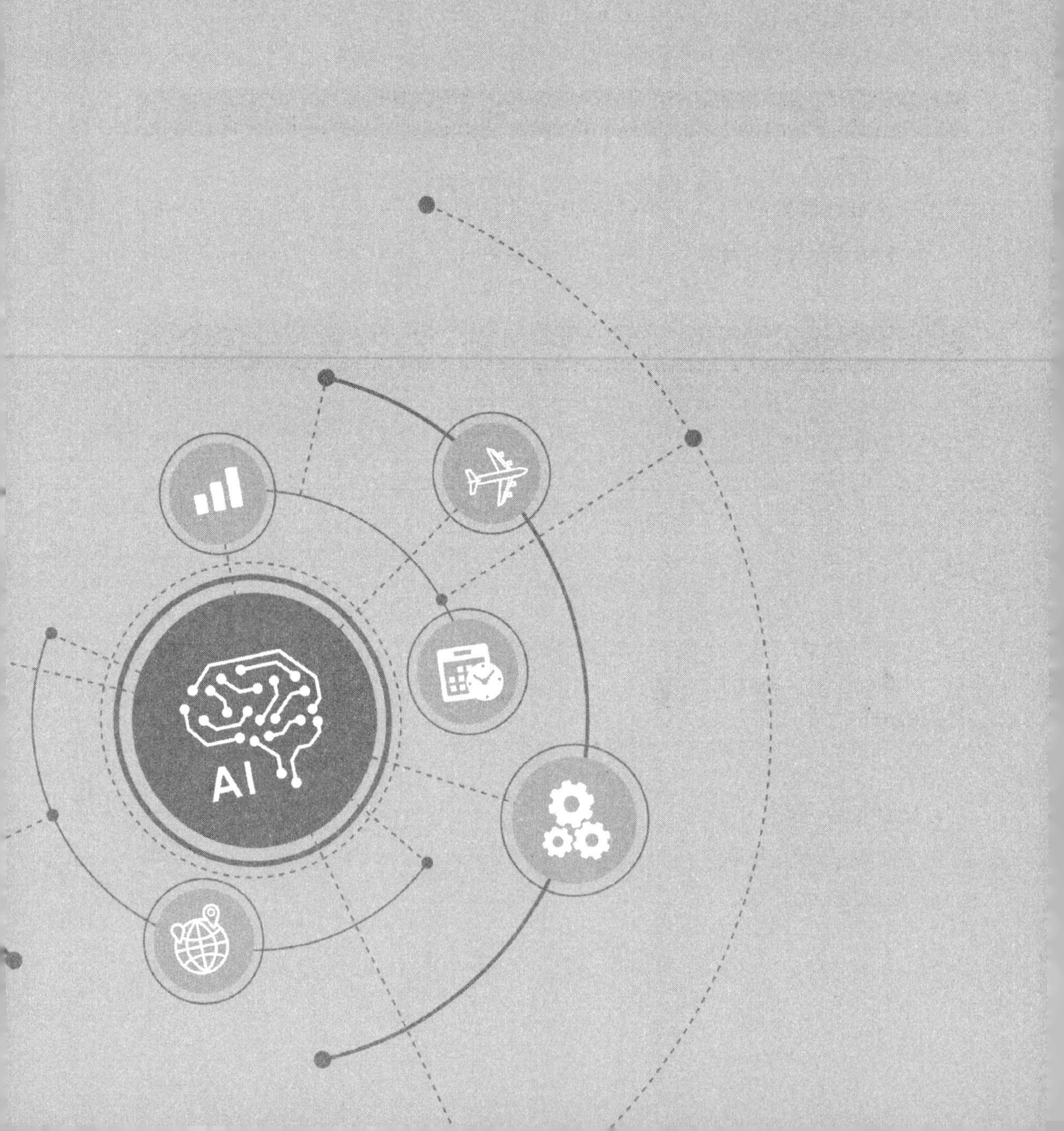
AI

PART 1

컴퓨터와 한글

컴퓨터와 언어

"지금 라디오에서 나오는 음악 제목을 검색해 줘."

오늘날 우리는 말로 인공지능 기기에 질문을 하고 명령을 하는 시대에 살고 있다. 현재는 컴퓨터가 사람의 언어를 이해하고 처리하는 것이 익숙하다 못해 당연하게 느껴지는 시대이지만, '컴퓨터가 언어를 처리한다는 것'은 쉬운 일이 아니다.

'컴퓨터(computer)'의 명칭은 '계산하다'의 뜻인 라틴어 'computare'에서 유래되었는데, 초기의 컴퓨터는 기계적 계산 수행이 주 기능이었다. 우리나라에 컴퓨터가 보급되면서 당시에 발간된 국어순화자료집에서 '컴퓨터'를 '전산기' 혹은 '셈틀'로 순화하여 사용하도록 권장하였데, 이때 '셈틀'은 '셈을 하는 틀'이라는 의미로 당시 컴퓨터를 어떤 기계로 생각하였는지를 잘 보여준다.

초기의 컴퓨터가 빠른 계산을 목적으로 만들어진 기계라는 점을 전제로 본다면, 컴퓨터에서 우리가 사용하는 자연 언어를 처리하는 것은 매우 어려운 일이다. 여기에서 '자연 언어를 처리한다'는 것은, 예를 들어 한국어 "컴퓨터와 인간이 소통한다."라는 문장을, 컴퓨터가 입력 받아 저장하고 사용자가 원하는 경우에 화면이나 프린터로 출력해 주는 일을 의미한다. 현재는 음성 언어로 컴퓨터를 조작할 수도 있기 때문에 이와 같은 작업이 당연하다고 생각할 것이다. 그러나 우리나라에 컴퓨터가 도입되던 1970년대에는 컴퓨터 모니터에 한글이 띄워지도록 하는 것은 대단히 중요하고 의미 있는 일이었다.

따라서 이 장에서는 정보를 입력/저장/출력하는 컴퓨터의 기본적인 원리를 이해하고 이것이 인간의 언어를 어떤 단위와 절차를 통해 해석하는지를 알아보고자 한다. 이를 통해 궁극적으로 컴퓨터가 언어를 처리한다는 것이 무엇인지 이해하는 데에 초점을 두었다.

1. 컴퓨터의 언어

인간은 오래전부터 언어를 사용해 왔고, 인간이 사용하는 언어는 다양하다. 언어는 기준에 따라 다양하게 나눌 수 있는데, 표현하는 방식에 따라 음성 언어와 문자 언어로 나눈다. 음성 언어는 말로 이루어진 언어로, 의사소통 과정에서 자연적으로 발생하여 현재까지 진화해왔다. 전 세계의 언어에 관한 통계를 제시하는 에스놀리아(Ethnologue)에 따르면, 현재 지구상에는 약 7천 개 이상의 음성 언어가 있다고 하니, 그 수가 어마어마하다는 것을 알 수 있다. 반면에 문자 언어는 인간이 만들어낸 일종의 발명품이다. 우리의 한글이나 중국의 한자, 유럽의 알파벳 문자 등이 대표적인 문자 언어인데, 인류는 문자 언어를 통해 수많은 기록을 남길 수 있었다.

컴퓨터가 초기에 처리하고자 했던 언어는 문자 언어이다. 문자 언어를 입력하고 저장하고 출력하는 것은 컴퓨터를 이용한 언어 처리의 시작이었고, 단순해 보이는 이 작업을 위해서 다양한 노력이 시도되었다. 물론 이후에는 음성 언어 처리까지 확장되었으며, 이제는 인간의 동작 언어, 곧 표정이나 몸짓을 이해하는 컴퓨터 프로그램까지 등장하고 있으므로, 컴퓨터가 다루는 언어의 범위는 넓어지고 있다.

한편 언어는 발생 과정에 따라 자연 언어와 인공 언어로도 나눌 수 있다. 자연 언어는 말 그대로 자연적으로 발생하여 사용한 언어로, 우리가 잘 알고 있는 한국어, 영어, 중국어 등이 여기에 속한다. 반면에 인공 언어는 세계 여러 나라에서 공통으로 사용하기 위해 만든 언어로, 가장 많이 알려진 언어가 에스페란토(Esperanto)이다. 에스페란토어의 사용자는 자료에 따르면 수백만에서 수천만 명으로 추산되고, 모어로 사용하는 인구는 많게는

3,000명으로 추정된다고 한다. 에스페란토어는 세계에서 가장 많이 쓰이는 인공 언어라고 한다.

컴퓨터의 언어, 이진수

컴퓨터는 숫자와 친한 기계이다. 컴퓨터는 내부적으로 이진법(二進法, binary)을 사용하는데, 이진법은 숫자 0과 1만을 사용하여, 둘씩 묶어서 윗자리로 올려 가는 표기법을 말한다. 위키백과에 따르면 '컴퓨터에서는 논리의 조립이 간단하고 내부에 사용되는 소자의 특성상 이진법이 편리하기 때문에 이진법을 사용한다.'고 한다.

이진법의 0과 1은 켜져 있거나 꺼져 있거나, on 혹은 off 상태를 의미한다. 일반적으로 디지털 신호라고 부르는 신호 체계는 이진수들의 나열이다. 관습적으로 0과 1의 숫자를 사용하지만, 전구의 불이 켜지거나 꺼지는 상태, 문이 닫히거나 열린 상태와 같이 하나가 두 가지 경우의 수를 나타낼 수 있는 것은 모두 이진법으로 해석할 수 있다.

[표 1-1] 십진수와 이진수

십진수	1	2	3	4	5	6	7	8	9	10
이진수	1	10	11	100	101	110	111	1000	1001	1010

이진법을 이용하는 컴퓨터로 언어를 처리하려면, 인간의 언어를 컴퓨터가 이해할 수 있는 이진수의 조합으로 변환해야 한다. 인간의 언어를 이진수의 조합으로 변환한 것이 바로 문자 코드이다. 컴퓨터에서 문자 언어를 입력하고 저장하여 출력하기 위해서는 문자 코드가 반드시 필요하다.

이진수의 조합으로 구성된 문자 코드가 문자 언어의 입출력에서 어떤 역할을 하는지에 대해 컴퓨터의 문자 언어 처리 과정을 통해 간략하게 설명하면 다음과 같다.

- 입력 장치를 통해 문자 언어가 입력된다. 초기의 컴퓨터는 자판을 통해서만 입력되었지만, 오늘날 컴퓨터는 음성 인식을 통해서도 '음성 언어'가 입력되어 이를 문자 언어로 변환하여 화면에 보여준다. 또한 사진이나 그림과 같은 이미지에서 문자 언어를 인식하

여 '문자 언어' 텍스트로 전환할 수 있다. 현재는 다양한 장치와 경로를 통해 문자 언어가 입력된다.

- 컴퓨터는 입력된 문자 언어를 저장한다. 이때 컴퓨터가 저장하는 것은 문자 '코드'이지 문자 '언어'가 아니다. 곧 해당 문자와 일치하는 문자 코드를 찾아 저장하는 것이다. 만일 입력된 문자에 대응하는 문자 코드가 존재하지 않으면 애초에 문자로 인식할 수도 없고 따라서 저장도 불가능하다.

- 저장된 문자 언어를 모니터 화면이나 프린터로 출력하기 위해서는 코드화된 문자를 문자 언어로 보여주어야 한다. 곧 출력 가능한 폰트가 존재해야 한다. 프로그램에 따라서 일부 문자는 폰트가 존재하지 않아 출력되지 않는 경우가 있다.

문자 코드는 문자 언어를 입력하고 저장하는 데에 반드시 필요한 것으로, 컴퓨터는 인간의 언어를 언어 체계로 이해하는 것이 아니라 코드 체계로 이해한다. 이진수로 저장된 문자 코드가 컴퓨터에게는 컴퓨터의 언어인 것이다.

2. 컴퓨터와 코드(code)

앞서 우리는 문자 코드라는 단어를 사용하였다. 컴퓨터는 문자가 아닌 문자 코드로 언어를 인식한다고 하였는데, 코드는 우리 생활에서도 다양하게 사용하는 단어이므로 이 절에서는 '코드'의 의미를 알아보고자 한다.

코드(code)

'코드'에 대한 정의를 《표준국어대사전》과 《위키백과》에서 살펴보면 [표 1-2]와 같다.

컴퓨터 프로그램에서 코드는 정보를 나타내기 위한 기호 체계로, 특정 형태의 정보를 다른 방법으로 표현하는 규칙을 의미한다. 컴퓨터의 언어 체계는 이진법인데, 십진수를

[표 1-2] '코드'의 정의

《표준국어대사전》

「명사」

「1」 어떤 사회나 계급, 직업 따위에서의 규약이나 관례.

「2」 상사(商社)가 국제 전보에서 정하여 두고 쓰는 약호나 기호.

「3」『컴퓨터』정보를 나타내기 위한 기호 체계. 데이터 코드, 기능 코드, 오류를 검사하기 위한 검사 코드 따위가 있다. '부호03'로 순화. ¶ 조합형 한글 코드와 완성형 한글 코드.

《위키백과》

부호(符號)나 코드(code)는 특정한 형태의 정보를 다른 방법으로 표현하는 규칙을 의미한다. 통신과 정보 처리에서 부호화나 인코딩(encoding)은 정보를 부호를 사용하여 다른 형태의 정보로 변환하는 작업이며, 반대로 복호화나 디코딩(decoding)은 부호화된 정보를 원래 정보로 변환하는 작업이다. 부호화와 복호화 과정을 특정한 부호에 따라 구현한 것을 코덱(codec)이라 한다.

이진수로 변환하여 컴퓨터에서 처리한다면 이는 십진수를 이진법 체계로 코드화한 것으로 이해할 수 있다. 언어도 마찬가지로, 우리가 사용하는 한글을 이진법 체계로 전환한 것을 한글 '코드'라 할 수 있다.

이에 따르면 컴퓨터에서 한글을 처리하기 위해서는 이진법 체계에 기반을 둔 한글 '코드'를 작성해야 한다. 한글 코드를 작성하기 위해서는 '한글'과 '코드'를 모두 이해해야 하는데, 이것이 쉽지 않다. 예를 들어 코드화하는 '한글'의 단위와 범주부터 결정해야 하는데, 모아쓰기를 하는 한글의 특성으로 인해 자음과 모음의 음소 단위로 코드를 부여할 것인지 모아쓴 음절에 코드를 부여할 것인지 생각해 보아야 한다. 코드를 부여할 단위가 결정되면, 문자에 '코드'를 부여하는 규칙과 체계를 이해하여야 한다. 결국 한글의 문자 체계와 컴퓨터 이진법의 코드 체계를 정확하게 이해하여야만 '한글'을 '코드'화할 수 있는 것이다.

프로그래밍 언어

컴퓨터의 기능이 확대되면서 컴퓨터를 조작하기 위한 여러 가지 방법들이 고안되기 시작했는데, 대표적인 것이 바로 프로그래밍 언어의 등장이다. 프로그래밍 언어는 컴퓨터 프로그램을 만들 때 사용하는 언어로, 컴퓨터에 명령을 전달하기 위해 만들어진 언어이다.

프로그래밍 언어는 초기에 사용하던 베이지(BASIC)을 비롯하여, 자바(Java), C언어, C++, 파이썬(Python) 등으로 매우 다양하다. 앞서 인공 언어를 세계 여러 나라에서 공통으로 사용하기 위해 만든 언어라 하였는데, 이러한 측면에서 보면 프로그래밍 언어 역시 인공 언어이며 자바나 C, 파이썬 등은 전 세계적으로 매우 많은 사람들이 사용하는 인공 언어이다.

일반적으로 프로그래밍 언어는 사람이 사용하는 언어와 얼마나 가까운가에 따라 저급 프로그래밍 언어(low-level programming language)와 고급 프로그래밍 언어(high-level programming language)로 나뉜다. 기계어나 어셈블리(assembly)언어는 전자에 속하고, 베이직이나 파스칼(PASCAL), C언어 등은 후자로 분류된다. 이 책에서 다룰 파이썬 역시 고급 프로그래밍 언어에 속한다.

프로그래밍 언어가 인간의 언어와 가깝다는 것은, 우리가 사용하는 언어에 대한 직관으로도 그 문법을 이해할 수 있다는 것을 의미한다. 저급 프로그래밍 언어와 고급 프로그래밍 언어의 차이를 어셈블리언어와 파이썬을 중심으로 간단하게 비교해 보겠다.

먼저 어셈블리언어는 기계어에 가까운 언어로, 명령어나 그 대상이 되는 주소를 기호로 쓴다. 이에 비해 파이썬은 인간이 이해할 수 있는 있는 명령어로 개발된 프로그래밍 언어로, 연산에 쓰는 기호와 자료 구조가 풍부하여 구조화 및 모듈 프로그래밍이 쉽다는 장점이 있다. 위키백과에서는 "Hello World!"를 컴퓨터 모니터에 출력하는 어셈블리언어의 프로그래밍 소스 코드를 제시하고 있는데, 어셈블리언어와 파이썬의 소스 코드를 비교해 보면 [표 1-3]과 같다.

한편 프로그래밍 언어를 사용하여 구체적인 소프트웨어를 구현하는 것을 코딩(coding)이라 하는데, '코딩'에 대한 정의를 《표준국어대사전》과 《위키백과》에서 살펴보면 [표 1-4]와 같다.

좁은 의미의 코딩은 단순히 프로그램의 코드를 작성하는 것을 의미한다. 그러나 프로그

[표 1-3] 어셈블리언어와 파이썬의 소스 코드 비교

<table>
<tr><td>NASM x86
어셈블리어</td><td><pre>
adosseg
.model small
.stack 100h

.data
hello_message db 'Hello, World!',0dh,0ah,'$'

.code
main proc
      mov   ax, @data
      mov   ds, ax

      mov   ah, 9
      mov   dx, offset hello_message
      int   21h

      mov   ax, 4C00h
      int   21h
main endp
end main
</pre></td></tr>
<tr><td>파이썬</td><td><pre>>>> print('Hello world') # 'Hello world'라는 문자열을 출력한다.</pre></td></tr>
</table>

※ 출처: 한국어 위키백과, "어셈블리어".

램의 코드를 작성하기 위해서는 전체적인 프로그래밍 언어를 이해하는 것이 선행되어야 한다. 한국어를 영어로 번역하는 과정을 생각해 보면, 한국어 문장을 구성하는 단어를 순서대로 영어 단어로 대응하여 나열한 것을 번역이라 하지는 않는다. 단어를 대응하여 나열한 것은 영어의 문장 구조에 맞지 않기 때문에 문법적으로 맞지 않고 따라서 의미도 해석하기 어렵기 때문이다. 한국어를 영어로 번역하려면 단순히 단어만을 번역하는 것이 아니라, 한국어 문장을 영어 문법에 맞게 변환해야 하고, 이렇게 변환되어야만 영어권 화자들이 번역된 문장을 읽고 이해할 수 있다.

코딩 혹은 프로그래밍도 마찬가지다. 프로그램의 코드를 작성한다는 것은, 프로그래밍

[표 1-4] '코딩'의 정의

《표준국어대사전》
「명사」
「1」어떤 일의 자료나 대상에 대하여 기호를 부여하는 일.
「2」『컴퓨터』작업의 흐름에 따라 프로그램 언어의 명령문을 써서 프로그램을 작성하는 일.
「3」『컴퓨터』프로그램의 코드를 작성하는 일.

《위키백과》
컴퓨터 프로그래밍(computer programming) 또는 간단히 프로그래밍(programming) 혹은 코딩(coding)은 하나 이상의 관련된 추상 알고리즘을 특정한 프로그래밍 언어를 이용해 구체적인 컴퓨터 프로그램으로 구현하는 기술을 말한다. 프로그래밍은 기법, 과학, 수학, 공학적 속성들을 가지고 있다.

언어 전반을 이해하여 그 체계 속에서 명령문을 작성하는 것이다. 곧 프로그래밍 언어의 '문법'을 이해하고 그 문법 구조 속에서 명령문을 작성하여 자신이 완성하고자 하는 컴퓨터 프로그램을 구현하는 것이다. 이러한 측면에서, 넓은 의미의 코딩은 추상적인 알고리즘을 구체적인 컴퓨터 프로그램으로 구현하는 전 과정을 의미한다고 볼 수 있다.

컴퓨터로 한글을 처리하기 위해서는 우리의 문자 '한글' 체계와 컴퓨터의 물리적 기반이 되는 이진법 체계를 이해하고, 컴퓨터 프로그래밍 언어를 공부하여 한글 처리를 위한 소프트웨어를 구현할 수 있어야 한다. 따라서 이 책에서는 한글 처리를 위해 반드시 알아야 하는 한글의 문자 체계와 한글 코드에 대해 설명하고, 실제 한글 처리 소프트웨어를 구현할 수 있도록 파이썬을 중심으로 한글 처리 프로그래밍의 예시를 제시할 것이다.

문자 코드

PC나 노트북을 구입할 때 기본 사양을 꼼꼼히 살펴보는데, 이때 중요하게 보는 것이 중앙처리장치(CPU)와 메모리 및 저장장치의 용량이다. 메모리와 저장장치의 용량은 기가바이트(GB)로 표시되고 최근에는 이보다 큰 테라바이트(TB)로 표시되기도 한다. 오늘날 컴퓨터는 매우 많은 일을 하지만, 가장 중요한 일은 정보 저장이다. 컴퓨터의 저장 용량이 급속도로 늘어나는 것도, 컴퓨터가 저장하는 자료의 양이 많아졌기 때문이다.

컴퓨터가 언어를 처리하기 위해서는, 언어에 대한 정보를 가지고 있어야 한다. 이때 언어에 대한 정보란 구체적으로 언어에 대한 코드 정보를 의미한다. 1장에서 보았듯이 컴퓨터는 이진법으로 작업을 수행하기 때문에, 언어에 대한 코드 정보 역시 이진법 체계에 맞춰 구성되어야만 컴퓨터가 언어를 처리할 수 있다.

컴퓨터의 언어 처리는 문자 처리부터 시작하였고, 문자 언어 중심의 정보 처리가 현재에도 주를 이룬다. 이를 위해 오래전부터 문자에 대한 코드 작업이 이루어져 왔다. 그러나 컴퓨터는 영어권에서 발전되어 왔기 때문에 한글의 코드화 작업은 영어와는 차이가 컸다. 이는 마치 영어를 모국어로 쓰는 컴퓨터에게 한국어를 가르치는데, 언어의 체계가 다르다 보니 이해시키기 어려운 것과 유사하다고 할 수 있다.

이 장에서는 초기에 만들어진 아스키코드를 중심으로 문자 코드를 이해하는 데에 초점을 두었다. 문자 코드는 언어 체계를 기반으로 하고 있지만, 이 역시 컴퓨터가 저장하는 수많은 정보 중 하나이기 때문에, 문자 코드의 형성 과정은 컴퓨터의 정보 저장 단위가 갖는 물리적 특성과 밀접한 관련이 있다. 따라서 문자 코드를 설명하기에 앞서 컴퓨터의 정보 저장 단위에 대해 간략하게 알아보고자 한다.

1. 컴퓨터의 저장 단위

컴퓨터의 기본적인 저장 단위는 비트(bit)이다. 비트는 정보량의 최소 기본 단위로, 영어 표기 bit는 'binary digit (이진 숫자)'의 준말이며 이진수 표기의 기본 단위이다. 이진법에서는 모든 수를 0과 1로 표기한다.

하나의 비트는 두 가지 경우의 수를 나타낼 수 있고, 두 개의 비트는 네 가지 경우의 수를 나타낼 수 있다. 예를 들어 등이 하나인 신호등이 있는데, 이 등이 '불켜짐'과 '불꺼짐'으로 각각 '건넘'과 '멈춤'의 두 가지 신호를 보낸다면, 이때 신호등은 1개의 비트이고, 두 가지 신호는 두 가지 경우의 수를 의미한다.

비트의 수가 n개로 늘어나면, 그것이 지시하는 상태 혹은 신호는 2^n 개로 표시될 수 있다. 10개의 비트가 있다면, 2^{10}이므로 1,024가지의 상태를 나타내고, 20개의 비트가 있다면 2^{20}이므로 1,048,576가지의 상태를 나타낸다. 이때 2^{10}은 킬로비트(kbit), 2^{20}은 메가비트(Mbit), 2^{30}은 기가비트(Gbit)라 한다.

32비트 컴퓨터와 64비트 컴퓨터를 비교해 보면, 컴퓨터의 중앙 처리 장치가 자료를 전송하는데 32비트 단위로 전송하느냐, 64비트 단위로 전송하느냐의 차이가 있는 것이다. 컴퓨터의 CPU가 한 번에 처리할 수 있는 최댓값이 32비트는 2의 32승 값(4,294,967,296), 64비트는 2의 64승 값이므로, 비트 수로는 2배이지만 성능의 차이는 지수적으로 증가해서 엄청난 차이를 보인다.

한편 바이트(byte)는 하나의 단위로 다루어지는 이진 문자의 집합을 의미한다. 자료에 따르면 '바이트(byte)'라는 용어는 1956년 워너 부츠홀츠(Werner Buchholz)에 의해 사용

[표 2-1] 비트와 바이트

되었다고 한다. 초기에는 1바이트가 지칭하는 '하나의 단위' 혹은 '일정한 단위'가 정해진 것은 아니었지만, 오늘날 일반적으로 1바이트는 8비트로 간주한다.

한편 8비트는 2^8으로, 8비트의 조합은 256가지가 된다. 영어 알파벳의 경우 대문자와 소문자가 각각 26자로, 이들을 합치면 52개이다. 여기에 문장 부호와 특수 기호 등을 포함하면 약 100개 정도가 된다. 결국 문자 코드의 저장을 위해서는 기본적으로 2^7이 되는 7비트 이상이 필요함을 알 수 있다.

이처럼 1바이트는 문자 출력에서 중요한 단위이다. 아스키코드 기준으로 영문자는 1바이트 단위로, 한글은 2바이트 단위로 입출력된다. 다만 이후에 등장한 문자 코드에서는 이 단위가 달라지기 때문에 유의해야 한다.

한편 바이트는 컴퓨터의 용량을 표시하는 데에도 많이 사용된다. 1바이트가 8비트라는 전제로 보면, 1킬로바이트(KB)는 1,000바이트가 아니라 1,024바이트이므로 유의해야 한다.

2. 문자 코드와 문자 인코딩(encoding)

1장에서 '코드'란 특정 형태의 정보를 다른 방법으로 표현하는 규칙이라는 것을 이해하였다. 이 절에서는 문자 코드란 무엇이고 문자 코드를 생성하기 위해서는 어떤 과정이 필요한지 알아본다.

문자 인코딩

문자 코드는 문자, 기호, 숫자 따위를 본래의 형태가 아닌 다른 방법으로 나타낸 것을 말한다. 컴퓨터의 정보 처리를 목적으로 할 때에는 앞서 살펴보았던 컴퓨터의 저장 단위에 맞추어 이진수 부호로 나타내지만, 통신이나 다른 목적을 위해서는 다른 방식으로도 표현할 수 있다. 이때 문자를 코드화하려면 문자 인코딩(encoding) 작업이 필요하다.

- 인코딩 혹은 부호화(符號化)는 정보를 다른 형태의 기호나 부호로 변환하는 작업을 말한다. 인코딩된 문자는 출력할 때 디코딩(decoding) 과정을 거쳐 원래의 정보로 변환된다.

- 사용자는 자신이 사용하는 문자, 곧 한글이나 영문 알파벳을 컴퓨터 자판을 이용하여 입력하고 입력된 문자가 화면에 출력된 것을 확인할 수 있다. 이 과정에서 컴퓨터의 내부에서는 입력된 문자를 인코딩하여 코드값으로 처리하고 이것을 화면이나 프린터로 출력할 때 디코딩하여 한글이나 영문 알파벳으로 보여준다. 컴퓨터가 보급되던 초기에는 영문 알파벳이 아닌 다른 문자를 사용하는 경우, 직접 인코딩과 디코딩을 해야 할 때도 있었지만, 현재는 데스크톱 컴퓨터나 스마트폰 등에서 문자 인코딩을 운영체제가 처리하기 때문에 사용자가 직접 인코딩을 할 필요는 없다.

- 문자 인코딩은 컴퓨터가 만들어지기 이전에도 있었는데, 대표적인 것이 모스 부호이다. 두드리는 길이를 조절하여 영어의 알파벳 문자를 표현하는 방식인데, 모스 부호의 규칙을 알고 있는 사람은 모스 부호의 문자 코드를 가지고 있는 것이다. 이때 모스 부호를 통해서 정보를 생성하는 과정이 문자 인코딩이고, 모스 부호로 전달된 정보를 알파벳 문자로 다시 복원하는 과정이 일종의 복호화 혹은 문자 디코딩 과정이다. 이 과정을 수행하는 사람은 영문 알파벳 체계를 모두 알고 있으므로 그 자체가 문자 코드를 내면화하고 있는 것이다.[표 2-2]

- 컴퓨터가 문자를 입력 받고 저장하기 위해서는, 컴퓨터를 구동하는 운영체제가 문자 코드를 가지고 있어야 하고, 입력된 문자를 문자 코드로 변환시키는 인코딩 과정을

[표 2-2] 모스 부호 체계

International Morse Code

1. A dash is equal to three dots.
2. The space between parts of the same letter is equal to one dot.
3. The space between two letters is equal to three dots.
4. The space between two words is equal to seven dots.

A	● ▬	U	● ● ▬
B	▬ ● ● ●	V	● ● ● ▬
C	▬ ● ▬ ●	W	● ▬ ▬
D	▬ ● ●	X	▬ ● ● ▬
E	●	Y	▬ ● ▬ ▬
F	● ● ▬ ●	Z	▬ ▬ ● ●
G	▬ ▬ ●		
H	● ● ● ●		
I	● ●		
J	● ▬ ▬ ▬		
K	▬ ● ▬	1	● ▬ ▬ ▬ ▬
L	● ▬ ● ●	2	● ● ▬ ▬ ▬
M	▬ ▬	3	● ● ● ▬ ▬
N	▬ ●	4	● ● ● ● ▬
O	▬ ▬ ▬	5	● ● ● ● ●
P	● ▬ ▬ ●	6	▬ ● ● ● ●
Q	▬ ▬ ● ▬	7	▬ ▬ ● ● ●
R	● ▬ ●	8	▬ ▬ ▬ ● ●
S	● ● ●	9	▬ ▬ ▬ ▬ ●
T	▬	0	▬ ▬ ▬ ▬ ▬

※ 출처: 영문판 위키백과, "International Morse Code".

거쳐야만 한다. 이와 함께 코드로 저장된 정보를 문자로 변환시키는 디코딩 과정을 거쳐야만 출력이 가능하다.

문자 코드의 대표, 아스키(ASCII)코드

숫자는 이진수로의 전환이 어렵지 않다. 반면 인간이 사용하는 자연 언어를 디지털 신호인 이진수로 전환하려면 여러 가지 고려할 것이 많다. 자연 언어와 이진수는 서로 다른 체계를 가지고 운용되기 때문에 다음과 같은 것을 고민해야 한다.

- 영문 알파벳을 이진수로 전환한다면 이진수의 길이는 어떻게 할 것인지, 숫자와 알파벳은 어떻게 구별할 것인지, 음성 기호나 특수 문자와 같이 자판에는 없는 기호는 어떻게 할 것인지, 이 문자들의 이진수를 어떻게 설정해야 사용자가 직관적으로 기대하는 정렬

이 이루어질까 등 다양한 문제를 고려하여야 한다. 특히 정렬(整列, sorting)은 정보 분류 및 검색에서 매우 중요한데, 단어 정렬은 문자 코드를 기반으로 하고, 한번 부여된 코드를 변경하는 것은 매우 어렵다. 따라서 해당 언어의 문자 체계를 정확하게 이해하는 것이 우선이다.

- 문자 코드를 생성하기 위해서는 해당 문자의 체계를 반영하여 구조화시키는 것이 필요하다. 이렇게 만들어진 문자 코드의 집합을 '문자 집합(character set)' 혹은 '문자셋'이라 한다. 문자 집합은 컴퓨터의 출력 장치로 출력할 수 있는 문자의 집합을 의미하는데, 문자 집합이 다른 경우는 호환이 되지 않는다.

[표 2-3] 한글 문서처리기에서 제공하는 문자 집합

사용자 문자표 | 유니코드 문자표 | 호글(HNC) 문자표 | 완성형(KS) 문자표

문자 영역 | 문자 선택 | 유니코드

라틴, 라틴 확장-A, 라틴 확장-B, 국제 음성 기호 확장, 조정 문자, 조합 분음 기호(악센트), 그리스어와 콥트어, 키릴 자모, 아르메니아어, 히브리어, 아랍어, 시리아어, 아랍어 보충, 타아나어, 은코, 데바나가리어, 벵골어, 굴묵키어, 구자라트어, 오리야어

최근 사용한 문자

- 한글이나 한자, 키릴문자, 아랍문자 등 전 세계의 문자를 함께 이진수로 전환한다면 고민할 것은 더욱 많아진다. 이미 영문 알파벳에 맞추어 이진수의 길이가 정해졌다면, 한글이나 한자를 그 길이에 맞출 수 있는지 확인이 필요할 것이다. 또한 많은 문자들을

코드화하면서 이들 문자의 순서는 어떻게 배열할 것인지에 대한 논의도 필요하다. 오랜 시간 이러한 논의를 거쳐 지금까지 발전해 온 것이 바로 유니코드이다. 유니코드에 대해서는 4장에서 상세하게 설명하겠다.

초기에 컴퓨터는 영어권에서 개발되어 영어를 처리하기 위한 문자 코드 위주로 개발되었다. 아스키코드는 초기에 가장 많이 사용된 대표적인 문자 코드이다. 아스키코드는 미국정보교환표준부호(American Standard Code for Information Interchange; ASCII)의 약자로, 영문 알파벳을 사용하는 대표적인 문자 코드이자 초기에 가장 많이 사용된 문자 코드이다. 아스키는 컴퓨터와 통신 장비를 비롯하여 문자를 사용하는 많은 장치에서 사용되며, 유니코드의 라틴문자 영역은 아스키를 중심으로 확장하고 있다.

아스키는 1967년에 표준으로 제정되어 1986년에 마지막으로 개정되었다. 아스키는 7비트로 구성되어 있는데, 8비트 중 7비트만 사용하고 1비트는 전송 과정에서의 오류를 검사하는 이른바 패리티 비트(parity bit)로 사용하였다. 아스키코드는 영문 알파벳 대문자와 소문자가 각각 26자, 숫자 10개, 문장 부호와 음성 기호 같은 문법 기호, 일부 특수 기호 등을 포함하여 약 100개 정도로 구성되어 있다.

제어할 때 사용하는 코드를 제외하고 출력 가능한 아스키 문자표를 제시하면 다음과 같다.

[표 2-4] 아스키(ASCII) 문자표

이진수	십진수	십육진수	문자	이진수	십진수	십육진수	문자
010 0000	32	20	SP	101 0000	80	50	P
010 0001	33	21	!	101 0001	81	51	Q
010 0010	34	22	"	101 0010	82	52	R
010 0011	35	23	#	101 0011	83	53	S
010 0100	36	24	$	101 0100	84	54	T
010 0101	37	25	%	101 0101	85	55	U
010 0110	38	26	&	101 0110	86	56	V
010 0111	39	27	'	101 0111	87	57	W
010 1000	40	28	(	101 1000	88	58	X
010 1001	41	29	)	101 1001	89	59	Y
010 1010	42	2A	*	101 1010	90	5A	Z

이진수	십진수	십육진수	문자	이진수	십진수	십육진수	문자
010 1011	43	2B	+	101 1011	91	5B	[
010 1100	44	2C	,	101 1100	92	5C	\
010 1101	45	2D	-	101 1101	93	5D	]
010 1110	46	2E	.	101 1110	94	5E	^
010 1111	47	2F	/	101 1111	95	5F	_
011 0000	48	30	0	110 0000	96	60	`
011 0001	49	31	1	110 0001	97	61	a
011 0010	50	32	2	110 0010	98	62	b
011 0011	51	33	3	110 0011	99	63	c
011 0100	52	34	4	110 0100	100	64	d
011 0101	53	35	5	110 0101	101	65	e
011 0110	54	36	6	110 0110	102	66	f
011 0111	55	37	7	110 0111	103	67	g
011 1000	56	38	8	110 1000	104	68	h
011 1001	57	39	9	110 1001	105	69	i
011 1010	58	3A	:	110 1010	106	6A	j
011 1011	59	3B	;	110 1011	107	6B	k
011 1100	60	3C	〈	110 1100	108	6C	l
011 1101	61	3D	=	110 1101	109	6D	m
011 1110	62	3E	〉	110 1110	110	6E	n
011 1111	63	3F	?	110 1111	111	6F	o
100 0000	64	40	@	111 0000	112	70	p
100 0001	65	41	A	111 0001	113	71	q
100 0010	66	42	B	111 0010	114	72	r
100 0011	67	43	C	111 0011	115	73	s
100 0100	68	44	D	111 0100	116	74	t
100 0101	69	45	E	111 0101	117	75	u
100 0110	70	46	F	111 0110	118	76	v
100 0111	71	47	G	111 0111	119	77	w
100 1000	72	48	H	111 1000	120	78	x
100 1001	73	49	I	111 1001	121	79	y
100 1010	74	4A	J	111 1010	122	7A	z
100 1011	75	4B	K	111 1011	123	7B	{
100 1100	76	4C	L	111 1100	124	7C	|
100 1101	77	4D	M	111 1101	125	7D	}
100 1110	78	4E	N	111 1110	126	7E	~
100 1111	79	4F	O				

3
Chapter

한글과 한글 코드

한국어는 한반도 전역 및 제주도를 위시한 한반도 주변의 섬에서 쓰는 언어이다. 한국어는 문자 언어로 한글을 사용하는데, 한글은 우리의 고유 글자로, 음소 문자이다.

한국어를 구성하는 단어는 다양한 기준으로 나누어볼 수 있는데, 어원을 기준으로 하면 크게 고유어, 한자어, 외래어로 구분할 수 있다. '하늘, 구름' 등은 고유어이고, '노력(努力)'과 같이 한자로 표기할 수 있는 단어는 한자어, '커피(coffe)'와 같이 영어나 일본어 등에서 유래한 단어는 외래어라 한다. 한자어와 외래어는 어원은 다르지만 한국어 어휘의 상당 부분을 구성하고 한자어의 상당 부분은 오랫동안 사용되어 온 것이다. 또한 이들 모두 우리의 언어생활에서는 '한글'로 표기하여 한국어로 사용한다.

새삼스럽게 한국어의 범위를 살펴본 이유는 한글 코드에서 '한국어'의 범위는 조금 다르기 때문이다. 한글 코드에서 한국어의 범위에는 다음과 같은 특징이 있다.

- 한글 코드에서 가장 중요한 부분은 '한글 자모'이다. 현대어에서는 24개의 자모만을 사용하는데, 이것이 한글 코드에서 처리해야 하는 기본 자모가 된다. 컴퓨터에서 한글을 처리하려면 기본적으로 한글 자모에 대한 이해가 필요하다.

- 한글 코드에는 '한자 영역'이 있다. 한자는 우리나라, 중국, 일본 등에서도 널리 사용되고 유니코드에는 9만자 이상 등록되어 있지만 한글 코드에서 다루는 한자는 우리나라에서만 사용하는 한자를 의미한다.

- 한글 코드에는 '특수 문자' 영역이 있다. 특수 문자는 숫자나 로마자 이외에 컴퓨터에 사용되는 문자로, '+', '-', '( )', '=' 따위를 말한다. 한글 문서처리기에서 [CTL+F10]을 누르면 나오는 문자열들이 여기에 속한다.

뒤에서 살펴볼 완성형 코드인 KS C 5601에는 1,128개의 특수 문자가 있는데, 문장부호, 수학 기호, 단위 기호, 도형 문자, 괘선 문자, 원문자 및 괄호 문자 등이 있다. 또한 현대 한글 낱자, 옛한글 낱자, 전각 로마자, 그리스 문자, 라틴 문자, 히라가나/가타카나, 키릴 문자 등이 있다. 한국어의 외래어에 해당하는 어휘 중 일부는 특수 문자 영역의 문자를 이용하여 표기할 수 있다.

[표 3-1] **한글 문서처리기의 특수 문자 입력**

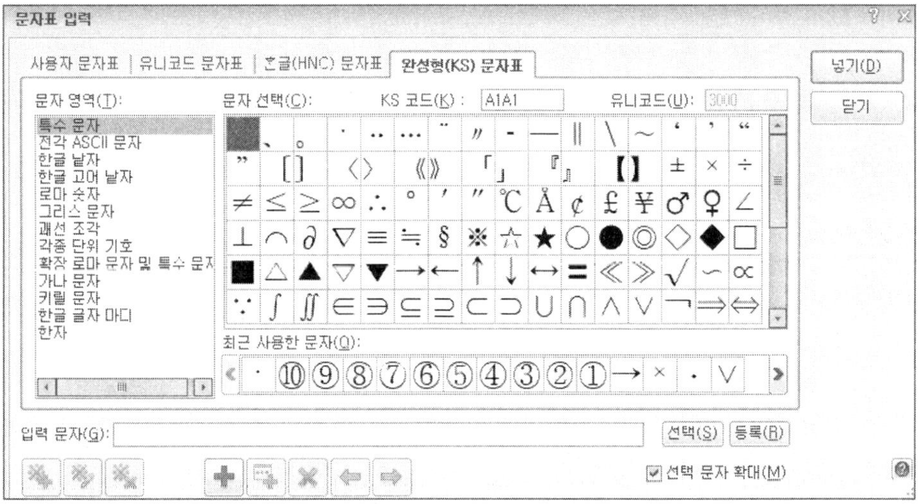

한글 코드에서의 '한글'은 한글 자모는 물론 한자, 옛한글 등 그 범주가 매우 다양하다. 그러나 한글 코드에서 가장 중요한 부분은 역시 우리 문자인 '한글'이고, 이를 코드화하기

위해서는 한글에 대한 이해가 필요하다. 이 장에서는 한글 자모의 특징을 간단히 살펴보고 한글 코드의 발달 과정을 중점적으로 살펴보고자 한다.

1. 한글 자모와 음절

한글을 이해하기 위해 한글의 기본 단위인 자음과 모음, 그리고 그것을 모아서 만드는 음절에 대해서 알아보자.

한글의 자모

자모(字母)는 음소 문자 체계에 쓰이는 낱낱의 글자로, 자음과 모음을 지칭하는 말이다. 한글 맞춤법 제4항에 따르면, 현대 한글 자모의 수는 스물넉 자이다. 한글 맞춤법의 내용은 [표 3-2]와 같다.

한글맞춤법에서는 한글 자모의 수와 이름, 사전에 올릴 적의 순서를 정확하게 밝히고 있다. 한글맞춤법 제4항에서는 한글 자모의 수는 스물넉 자라고 기술하고 있으나, 붙임에서 자모 두 개 혹은 세 개를 어우른 글자를 추가해서 자음 19자, 모음 21자로 설명한다.

제4항의 내용 중 [붙임 2]의 해설을 보면, 받침 글자의 순서를 제시하고 있는데, 앞서 제시한 자음에는 보이지 않던 글자가 있는 것을 알 수 있다. 'ㄳ, ㄵ, ㄺ'과 같은 글자는 받침에만 쓰이는 글자인데, 이에 따르면 한글의 자음에는 음절의 첫소리 곧 초성에 쓰이는 것과 음절의 마지막 소리 곧 종성에 놓이는 것이 다르다는 것을 알 수 있다.

이를 바탕으로 초성, 중성, 종성에 놓이는 한글 자모를 정리하면 [표 3-3]과 같다.

[표 3-3] 초성, 중성, 종성의 자모

초성 (19자)	ㄱ ㄲ ㄴ ㄷ ㄸ ㄹ ㅁ ㅂ ㅃ ㅅ ㅆ ㅇ ㅈ ㅉ ㅊ ㅋ ㅌ ㅍ ㅎ
중성 (21자)	ㅏ ㅐ ㅑ ㅒ ㅓ ㅔ ㅕ ㅖ ㅗ ㅘ ㅙ ㅚ ㅛ ㅜ ㅝ ㅞ ㅟ ㅠ ㅡ ㅢ ㅣ
종성 (27자)	ㄱ ㄲ ㄳ ㄴ ㄵ ㄶ ㄷ ㄹ ㄺ ㄻ ㄼ ㄽ ㄾ ㄿ ㅀ ㅁ ㅂ ㅄ ㅅ ㅆ ㅇ ㅈ ㅊ ㅋ ㅌ ㅍ ㅎ

[표 3-2] **한글맞춤법 제2장 제4항 자모**

제4항 한글 자모의 수는 스물넉 자로 하고, 그 순서와 이름은 다음과 같이 정한다.

ㄱ(기역) ㄴ(니은) ㄷ(디귿) ㄹ(리을) ㅁ(미음)
ㅂ(비읍) ㅅ(시옷) ㅇ(이응) ㅈ(지읒) ㅊ(치읓)
ㅋ(키읔) ㅌ(티읕) ㅍ(피읖) ㅎ(히읗)
ㅏ(아) ㅑ(야) ㅓ(어) ㅕ(여) ㅗ(오)
ㅛ(요) ㅜ(우) ㅠ(유) ㅡ(으) ㅣ(이)

[붙임 1] 위의 자모로써 적을 수 없는 소리는 두 개 이상의 자모를 어울러서 적되, 그 순서와 이름은 다음과 같이 정한다.

ㄲ(쌍기역) ㄸ(쌍디귿) ㅃ(쌍비읍) ㅆ(쌍시옷)
ㅉ(쌍지읒)
ㅐ(애) ㅒ(얘) ㅔ(에) ㅖ(예) ㅘ(와) ㅙ(왜)
ㅚ(외) ㅝ(워) ㅞ(웨) ㅟ(위) ㅢ(의)

(해설) 한글 자모 스물넉 자만으로 적을 수 없는 소리들을 적기 위하여, 자모 두 개를 어우른 글자인 'ㄲ, ㄸ, ㅃ, ㅆ, ㅉ', 'ㅐ, ㅒ, ㅔ, ㅖ, ㅘ, ㅚ, ㅝ, ㅟ, ㅢ'와 자모 세 개를 어우른 글자인 'ㅙ, ㅞ'를 쓴다는 것을 보여 준 것이다.

[붙임 2] 사전에 올릴 적의 자모 순서는 다음과 같이 정한다.

자음: ㄱ ㄲ ㄴ ㄷ ㄸ ㄹ ㅁ ㅂ
ㅃ ㅅ ㅆ ㅇ ㅈ ㅉ ㅊ ㅋ
ㅌ ㅍ ㅎ

모음: ㅏ ㅐ ㅑ ㅒ ㅓ ㅔ ㅕ ㅖ
ㅗ ㅘ ㅙ ㅚ ㅛ ㅜ ㅝ ㅞ
ㅟ ㅠ ㅡ ㅢ ㅣ

(해설) 사전에 올릴 적의 순서를 명확하게 하려고 제시한 것이다. 한편 받침 글자의 순서는 아래와 같다.

ㄱ ㄲ ㄳ ㄴ ㄵ ㄶ ㄷ ㄹ ㄺ ㄻ ㄼ ㄽ ㄾ ㄿ ㅀ ㅁ ㅂ ㅄ ㅅ ㅆ ㅇ ㅈ ㅊ ㅋ ㅌ ㅍ ㅎ

한글의 음절

음절은 하나의 종합된 음의 느낌을 주는 말소리의 단위이다. 한국어의 음절 구성은 기본적으로 모음 하나에서부터 시작하는데, 하나의 모음을 기준으로 자음이 앞이나 뒤에 놓이는 방식으로 음절을 형성한다.

[표 3-4] 한글의 음절 구성

음절 구성			
(자음 consonant) + 모음 Vowel + (자음 consonant)			
V	CV	VC	CVC
아, 여	가, 귀	옥, 울	잠, 말

한글은 자음과 모음이 결합하여 음절을 구성하는데, 다음과 같은 특징이 있다.

- 한글은 모음 혼자서 음절을 구성하기도 하고, '자음+모음', '모음+자음', '자음+모음+자음'이 합쳐져서 음절을 구성하기도 한다. 음운적으로는 모음이 혼자서 음절을 구성하지만, 일반적으로 한글 한 음절을 글자로 쓸 때에는 'ㅏ, ㅓ'로 쓰지 않는다. 음절은 근본적으로 말소리 단위이고, 모음 하나만으로 음절을 구성한다는 것은 음성학적인 기준에 근거한 것이다. 한 음절을 쓸 때 기본적으로 자음 'ㅇ'과 모음 'ㅏ'를 함께 쓰는데, 이때 음절 첫소리 자리에 놓인 'ㅇ'은 소릿값이 없는 것이다.

  이는 컴퓨터에 한글을 입력할 때에도 마찬가지이다. 자음 'ㅇ'의 결합 없이 모음 'ㅏ'만으로는 하나의 음절을 형성했다고 보지 않는다. 이때 'ㅏ'는 자모 단위의 입력이지, 음절 단위의 입력이 아니다. 곧 음성 및 음운적으로는 'ㅏ'와 '아'의 소릿값이 같지만, 한글 입력 층위에서는 'ㅏ'와 '아'는 문자 코드도 다르고, 단위도 다르다.

- 한글 입력 층위에서 입력 가능한 한글의 음절은 '가, 다'와 같은 '초성+중성'과 '감, 달'과 같은 '초성+중성+종성'의 구조를 형성한다. 이때 초성에 오는 자음의 수는 19개이고, 중성에 오는 모음은 21개인데, 종성에 오는 자음의 수는 초성에 오는 자음의 수와 차이가 있다. 홑받침으로 쓰이는 자음이 16개로, 초성에 쓰인 자음 중 {ㄸ, ㅃ, ㅉ}은 종성에는

사용되지 않는다. 이와 함께 겹받침으로 쓰이는 자음이 총 11자로, {넋/ 흙/ 읊} 등의 {ㄳ, ㄺ, ㄻ} 등이 있다.

- 한글 자음 중 초성 혹은 종성에만 쓰이는 글자가 있다. 예를 들어, '까'의 'ㄲ'은 '깎'처럼 종성에도 쓰이지만 '빠'의 'ㅃ'은 종성에는 쓰이지 않아서 '빪'과 같은 음절은 존재하지 않는다. 마찬가지로 '넋, 흙, 읊' 등의 'ㄳ, ㄺ, ㄻ'은 초성에는 쓰이지 않는다. 이러한 제약을 제외하면 총 11,172개의 음절이 만들어진다. 그러나 조합 가능한 음절 중에는 '잠, 말'처럼 자주 사용하는 음절도 있지만, '걁, 즙, 쉡'처럼 거의 사용하지 않는 음절도 있다.

[표 3-5] 한글 입력 층위에서 한글 음절 구성

초성	자음 (19자)	ㄱ ㄲ ㄴ ㄷ ㄸ ㄹ ㅁ ㅂ ㅃ ㅅ ㅆ ㅇ ㅈ ㅉ ㅊ ㅋ ㅌ ㅍ ㅎ
중성	모음 (21자)	ㅏ ㅐ ㅑ ㅒ ㅓ ㅔ ㅕ ㅖ ㅗ ㅘ ㅙ ㅚ ㅛ ㅜ ㅝ ㅞ ㅟ ㅠ ㅡ ㅢ ㅣ
종성	홑받침 (16자)	ㄱ ㄲ ㄴ ㄷ ㄹ ㅁ ㅂ ㅅ ㅆ ㅇ ㅈ ㅊ ㅋ ㅌ ㅍ ㅎ
	겹받침 (11자)	ㄳ ㄵ ㄶ ㄺ ㄻ ㄼ ㄽ ㄾ ㄿ ㅀ ㅄ (넋, 앉-, 않-, 읽-, 삶, 밟-, 돐, 핥-, 읊-, 싫-, 없-)

초성+중성	19자 × 21자 = 399자
초성+중성+종성	19자 × 21자 × 27자 = 10,773자
합계	399(초성×중성) + 10,773(초성×중성×종성) = 11,172자

2. 한글 코드의 역사와 종류

한글 코드라고 하면 좁은 의미에서 훈민정음에서 시작된 한글을 코드화한 것을 의미하지만 넓은 의미로는 우리나라에서 사용하는 문자 시스템을 가리킨다. 우리나라는 한글을 비롯하여 숫자, 영문자, 한자 및 기호 등을 문자로 사용하는데, 곧 우리나라에서 사용하는 문자를 코드로 정의한 것이 한글 코드이다.

컴퓨터가 우리나라에 보급되던 초기에는 컴퓨터에 한글을 입력하고 처리하는 일이 매우 중요한 과제였다. 영문자를 기반으로 개발된 컴퓨터는 기본적으로 한글의 입출력이 불가능하여서 우리가 독자적으로 한글 처리 시스템을 구현하였다. 이 시기에 컴퓨터에서의 한글 처리를 위한 한글 입력 방법이나 저장 방법에 대한 논의가 활발하게 이루어졌다. 자판 배열과 관련하여서는 두벌식(2벌식)과 세벌식(3벌식)의 논의가 주를 이루었고, 한글 코드의 저장 방법에 대해서는 완성형 코드와 조합형 코드의 논의가 주를 이루었다.

두벌식과 세벌식의 논쟁은 한글 자판 입력에 대한 것으로, 사용자 인터페이스와 직접적으로 관련이 있어 비교적 많이 알려져 왔다. 이에 비해 한글 코드의 저장 방법은 컴퓨터 프로그램이 내부적으로 처리하는 문제여서 일반 사용자는 관심이 적었지만 한글 처리를 담당하는 프로그램 개발자에게는 중요한 문제였다.

한글 코드의 역사

정보 처리 관점에서 한글 코드의 역사를 살펴보면, 대략 10년 단위로 커다란 도약이 있었다. 역사적으로 한글 코드의 중요한 변화는 크게 3단계로 구분할 수 있다.

- 1974년 처음으로 한글 코드가 도입되었다. 한글 코드가 도입된 이후 10년간 다양한 한글 코드 시스템이 만들어졌는데, 당시 컴퓨터는 영문 알파벳 코드를 기본으로 하고 있기 때문에 컴퓨터에 한글을 입출력할 수 있다는 것만으로 대단한 것이었다. 그러나 통일된 기준 없이 업체별로 각각 한글 코드 시스템을 개발하여 사용하여 기종이 다른 컴퓨터에서는 호환이 되지 않았다.

- 1987년 컴퓨터 기종이 달라도 호환될 수 있도록 한글 코드를 표준화하였다. 그러나 당시 표준 한글 코드는 전체 한글 음절의 21%만 수용하여 표현할 수 없는 문자가 많았다. 더욱이 완성형 방식을 채택하여 초성, 중성, 종성의 자모 단위 해석은 불가능하였다. 그 이후 10년간은 한글 코드에서 한글 음절을 완전하게 지원하지는 못하였다.

- 1995년 유니코드 버전 2.0을 국가표준 한글 코드로 채택함으로써 모든 한글 음절을 비롯하여 한자와 옛한글까지 처리할 수 있게 되었다.

한글 코드의 표준화 과정을 정리하면 다음과 같다.

[표 3-6] 한글 코드의 표준화 과정 및 내용

연도	표준 번호	바이트	내용
1974	KS C 5601-1974	N-바이트	한글 자모 51자, 가변 길이
1977	KS C 5714-1977	-	한자 7,200자에 코드 부여 (1982년 폐지)
1982	KS C 5601-1982	2바이트	조합형
	KS C 5619-1982	2바이트	완성형 한글 1,316자, 한자 1,692자 (1985년 폐지)
1987	KS C 5601-1987	2바이트	완성형 한글 2,350자, 한자 4,888자 (ISO 2022 규격 준수)
1991	KS C 5657-1991	2바이트	완성형 확장 한글 1,930자, 옛한글 1,675자, 한자 2,856자 추가 (KS C 5601-1987 보충, 총 한글 4,280, 한자 7,744)
1992	KS C 5601-1992	2바이트	조합형 (1987년 완성형 한글과 함께 복수 표준화)
1995	KS C 5700-1995	2바이트	한글 음절 11,172자, 한글 자모 240자, 한자 20,902자 (유니코드 2.0 버전을 국가 표준으로 삼음)

※ 한국전산원(1996) 참조

위의 한글 코드의 표준 번호는 이후 명칭이 바뀌었는데, 현재는 바뀐 명칭을 사용하고 있다.

[표 3-7] 한국 산업 규격 명칭 변경

표준 번호	한국 산업 규격	설명
KS C 5601	KS X 1001	정보 교환용 부호 (한글 및 한자)
KS C 5657	KS X 1002	정보 교환용 부호 확장 세트
KS C 5700	KS X 1005-1	국제 문자 부호계 (UCS)

한편 한글 코드와 관련하여 마이크로소프트사에서 개발한 PC 윈도(window) 운영체제의 한글 코드는 국가 표준은 아니지만 사실상 표준처럼 막강한 힘을 발휘하여 왔다. 1995년 마이크로소프트사가 발표한 통합 완성형 한글 코드(Unified Hangul Code, 이후 MS 통합 완성형으로 지칭함)는 1987년 완성형 코드를 확장한 것이다. MS 통합 완성형 한글 코드는 1987년 완성형 코드에 없는 한글 음절 8,822자를 추가하였다. MS 통합 완성형 한글 코드는

코드 페이지 949 (CP949)로 부르기도 하는데, 특히 PC 윈도 운영체제 환경에서 한글 처리를 하려면 반드시 CP949를 알아야 한다.

[표 3-8] MS 통합 완성형 한글 코드

연도	코드 번호	바이트	내용
1995	Windows CP949	2바이트	통합 완성형 한글 음절 11,172자 (마이크로소프트 Windows)

한글 코드의 종류

한글 코드의 발전 과정에서 보았듯이, 한글 코드는 조합형과 완성형에 대한 논의가 주를 이루면서 발전해 왔다. 이밖에도 코드의 바이트 수, 8번째 비트의 유무 등을 중심으로 다양하게 개발되어 왔는데, 분류 기준에 따라 한글 코드를 정리하면 [표 3-9]와 같다.

[표 3-9] 분류 기준에 따른 한글 코드의 종류

분류 기준		한글 코드
조합 원리	조합형	2바이트 조합형, 3바이트 조합형, N바이트 조합형, 유니코드 한글 자모, 유니코드 한글 음절
	완성형	2바이트 완성형, 7비트 완성형, MS 통합 완성형
바이트 수	2 바이트	2바이트 조합형, 2바이트 완성형, 7비트 완성형, 유니코드 한글 음절, MS 통합 완성형
	3 바이트	3바이트 조합형
	N 바이트	N바이트 조합형, 유니코드 한글자모
8번째 비트	7 비트	7비트 완성형, N바이트 조합형
	8 비트	2바이트 조합형, 2바이트 완성형, N바이트 조합형, MS 통합 완성형

※ 출처: 한국어정보처리연구소(1999)

[표 3-9]의 분류는 한글 코드가 다양한 방식으로 시도되고 구현되어 왔음을 보여준다. 이 책에서는 현재 중요하게 영향을 미치고 있는 N바이트 코드를 비롯하여 표준 완성형, 표준 조합형, 통합 완성형 코드를 중심으로 살펴본다.

3. N바이트 한글 코드

1974년 우리나라에서 최초로 제정된 표준 한글 코드는 자음 30자와 모음 21자의 총 51글자로 구성된 KS C 5601이다. 이 코드 시스템은 1바이트 길이의 자음과 모음을 조합하여 음절을 구성하는 N바이트 방식의 한글 코드이다. N바이트 한글 코드는 한글 1음절의 길이가 고정되어 있지 않고 가변적인 'N' 바이트를 사용하는 것을 의미한다. 이 방식은 1음절을 표현할 때 2바이트에서 5바이트까지 사용하는데, 1974년 KS C 5601이라는 표준 한글 코드가 제정된 이후에 여러 회사에서 자체적으로 N바이트 한글 코드를 만들어 사용하였다.

다음의 예는 자음과 모음의 조합에 따라 음절의 바이트가 2바이트부터 5바이트까지 확장되는 것을 보여준다.

[예 1] 세 = ㅅ + ㅔ ⇒ 2바이트
[예 2] 만 = ㅁ + ㅏ + ㄴ ⇒ 3바이트
[예 3] 봤 = ㅂ + ㅗ + ㅏ + ㅆ ⇒ 4바이트
[예 4] 뷁 = ㅂ + ㅜ + ㅔ + ㄹ + ㄱ ⇒ 5바이트

N바이트 한글 코드의 원리 및 특징

N바이트 한글 코드는 훈민정음 원리를 반영한 것으로 자음과 모음을 조합하여 하나의 음절을 만든다. N바이트 한글 코드는 논리적으로 자음과 모음에 각각 1바이트씩 배정하였지만 물리적으로 독립된 코드값을 가지고 있는 것이 아니라 7비트 아스키코드와 혼용하는 방식이다.

N바이트 한글 코드의 원리와 특징은 다음과 같다.

- 한글과 영문을 구분하기 위하여 제어 문자인 'SO, SI'를 사용하였다. 한글 조합을 시작할 때는 SO(Shift Out)를, 한글 조합을 끝낼 때는 SI(Shift In)를 입력하였다.

[표 3-10] 문자열 'Aa만세1'의 N바이트 한글 코드

순서	0	1	2	3	4	5	6	7	8	9
내부 코드	A	a	SO	Q	b	D	U	g	SI	1
화면 출력	A	a		만			세			1

[표 3-11] 아스키코드와 7비트 낱자 부호계 한글 자모 대응표(KS X 1001, Annex 4)

한글	ASCII	16진수	한글	ASCII	16진수
채움	@	0x40			
ㄱ	A	0x41		a	0x61
ㄲ	B	0x42	ㅏ	b	0x62
ㄳ	C	0x43	ㅐ	c	0x63
ㄴ	D	0x44	ㅑ	d	0x64
ㄵ	E	0x45	ㅒ	e	0x65
ㄶ	F	0x46	ㅓ	f	0x66
ㄷ	G	0x47	ㅔ	g	0x67
ㄸ	H	0x48		h	0x68
ㄹ	I	0x49		i	0x69
ㄺ	J	0x4A	ㅕ	j	0x6A
ㄻ	K	0x4B	ㅖ	k	0x6B
ㄼ	L	0x4C	ㅗ	l	0x6C
ㄽ	M	0x4D	ㅘ	m	0x6D
ㄾ	N	0x4E	ㅙ	n	0x6E
ㄿ	O	0x4F	ㅚ	o	0x6F
ㅀ	P	0x50		p	0x70
ㅁ	Q	0x51		q	0x71
ㅂ	R	0x52	ㅛ	r	0x72
ㅃ	S	0x53	ㅜ	s	0x73
ㅄ	T	0x54	ㅝ	t	0x74
ㅅ	U	0x55	ㅞ	u	0x75
ㅆ	V	0x56	ㅟ	v	0x76
ㅇ	W	0x57	ㅠ	w	0x77
ㅈ	X	0x58		x	0x78
ㅉ	Y	0x59		y	0x79
ㅊ	Z	0x5A	ㅡ	z	0x7A
ㅋ	[	0x5B	ㅢ	{	0x7B

ㅌ	\	0x5C	ㅣ	|	0x7C
ㅍ	]	0x5D			
ㅎ	^	0x5E			

- N바이트 한글 코드는 아스키코드를 혼용하기 때문에 코드값만으로는 한글인지 영문인지 구별할 수 없다. 따라서 한글 상태를 구분하기 위해서는 글자 앞에 제어 문자인 SO가 있는지를 확인하여, 제어 문자가 발견되면 한글 코드로 해석하고, 없으면 아스키코드로 해석한다. 한편 코드값만으로는 한글과 아스키코드를 구분할 수 없어서 코드값에 의한 정렬이 불가능하다.

- N바이트 한글 코드는 자음과 모음으로 구성되었기 때문에 종성 코드는 없다. 자음 코드를 초성과 종성에서 동시에 사용하기 때문에 코드값만으로는 초성과 종성을 구분할 수 없다. 따라서 종성 코드를 구분하기 위해서 앞 뒤 문자를 확인해야 하는데, 모음 뒤에 오는 자음은 뒤에 오는 글자가 모음이면 초성으로, 자음이면 종성으로 해석한다. 예를 들어, 한글 상태에서 'ㄴ'에 해당하는 코드 'D'가 초성인지 종성인지는 앞 뒤 글자에 따라서 달라진다. 관련 내용은 [표 3-12]에 제시하였다.

[표 3-12] N바이트 한글 코드 'ㄴ' 해석

초성 'ㄴ'	입력 순서	0	1	2	3	4	5	6
	자모 입력		ㅁ	ㅏ	ㄴ	ㅡ	ㄹ	
	내부 코드	SO	Q	b	D	z	l	SI
	자모 구분		초	중	초	중	종	
	출력 글자		마			늘		

종성 'ㄴ'	입력 순서	0	1	2	3	4	5	6
	자모 입력		ㅁ	ㅏ	ㄴ	ㅅ	ㅔ	
	내부 코드	SO	Q	b	D	U	g	SI
	자모 구분		초	중	종	초	중	
	출력 글자			만		세		

N바이트 한글 코드는 업체마다 규격이 달라서 한글 자모의 코드값과 글자수도 달랐다. KS C 5601-1974처럼 51자모 체계를 적용한 N바이트 한글 코드는 음절당 최대 길이가 3바이트이지만 33자모 체계를 적용한 한글 코드는 음절당 최대 길이가 5바이트이다. 글자수가 적은 33자모 체계는 자모 2개를 조합하여 겹받침과 이중 모음으로 확장하였다고 한다(이준희·정내권 1991).

N바이트 한글 코드의 의의

N바이트 한글 코드는 아스키코드와 혼용하여 한글과 영문의 구분이 어렵고, 가변적인 음절 계산법 때문에 음절 조합 알고리즘이 복합하고 불편하였다. 또한 업체마다 한글 코드의 글자수와 코드값이 달랐기 때문에 컴퓨터 간에 호환성도 없었다.

이러한 한계에도 불구하고 훈민정음의 원리를 반영하기 때문에 한글맞춤법에서 제시한 현대 한글 음절을 모두 표현할 수 있었다. 1980년대 들어서 PC 성능이 향상되어 효율적인 2바이트 고정 길이 한글 코드가 정착하면서 N바이트 한글 코드는 점차 사용하지 않게 되었다.

그러나 N바이트 한글 코드는 초성, 중성, 종성을 구분할 수 있도록 훈민정음 원리를 반영하기 때문에 형태소 분석과 같은 지능적인 언어 처리 분야에서는 꾸준히 사용하고 있다. 또한 1990년대 들어와 유니코드의 한글 자모 영역에 N바이트 한글 코드 원리가 적용되었다. 현재 유니코드에서 옛한글 음절은 N바이트 한글 코드처럼 1음절 코드 길이를 가변적으로 처리하고 있다.

4. 표준 완성형 코드

완성형 한글은 훈민정음의 초성, 중성, 종성을 조합해서 음절을 만들지 않고 음절 글자가 완성된 상태로 사용한다는 의미이다. 이는 완성형 한글에서는 한 음절에서 초성, 중성, 종성에 쓰인 각 음소를 해석할 수 없다는 뜻이기도 하다. 이 절에서는 완성형 코드의 원리와 표준 완성형 코드의 특징에 대해서 알아본다.

표준 완성형 코드의 제정

표준 한글 코드는 1974년부터 도입되었다. 그러나 당시에는 산업 현장에서 각자 한글 코드를 제정하여 사용하였기 때문에, 표준 한글 코드로서의 의미는 거의 없었다.

1974년 이후 오랫동안 논의를 거쳐 1987년 완성형 한글을 기반으로 한 국가 표준 코드 KS C 5601이 제정된다. KS C 5601의 정확한 명칭은 '정보 교환용 부호 (한글 및 한자)'인데, 한글을 완성형 방식으로 처리함으로써 KS C 5601은 완성형 한글 코드를 가리키는 대명사가 되었다. 이후 KS C 5601의 문자셋이 확장되면서 1987년 제정된 완성형 코드를 KS C 5601-1987로 지칭하게 된다. KS C 5601-1987은 국가 표준의 한글 코드라는 의미에서 표준 완성형 혹은 KS 완성형으로 부르기도 한다.

1998년 명칭이 변경되어 KS X 1001로 부르며, 2004년에 마지막으로 개정되었다.

표준 완성형 코드의 원리 및 특징

완성형 코드는 말 그대로 한글 자모의 조합 원리와 관계없이 코드를 배정한 것이다. 예를 들어, 한글 '가, 각, 간, 갇' 등의 음절을 일정한 순서대로 배치해 각각의 코드값을 부여하는 방식이다. 표준 완성형 코드의 원리와 특징을 간략하게 정리하면 다음과 같다.

- 표준 완성형 코드는 정보 교환용 부호 확장법인 ISO-2022를 따라 제정되었다. ISO-2022는 국제표준기구(ISO, International Standards Organization)에서 아스키 코드를 확장하여 2바이트 이상의 코드 시스템으로 확장할 때 준수해야 하는 국제 규격이다. ISO-2022에 따르면 7비트 혹은 8비트로 적용할 수 있으며 1바이트부터 4바이트까지 확장할 수 있는데, KS C 5601-1987은 2바이트 확장법을 적용하였다.[표 3-13]

- ISO-2022의 부호 확장법에 따르면, 첫 번째 바이트와 두 번째 바이트 모두 164 ~ 256까지의 영역만을 사용하여, 실제로 사용 가능한 문자는 94×94, 총 8,836자이다. 현대 한글 음절만으로도 11,172자이고, 한자와 특수 문자까지 포함하면 최소 2만 자 이상의 공간이 필요했지만, ISO-2022 부호 확장법을 지키려면 코드에 수록할 문자의 수를 줄일 수밖에 없었다. 결국 최종적으로 한글 음절 2,350자와 한자 4,888자, 특수 문자 1,128자, 사용자 영역 188자와 정의되지 않은 영역 282자를 배정한다.

[**표** 3-13] KS C 5601-1987 **표준 완성형 코드의 글자 배치도**

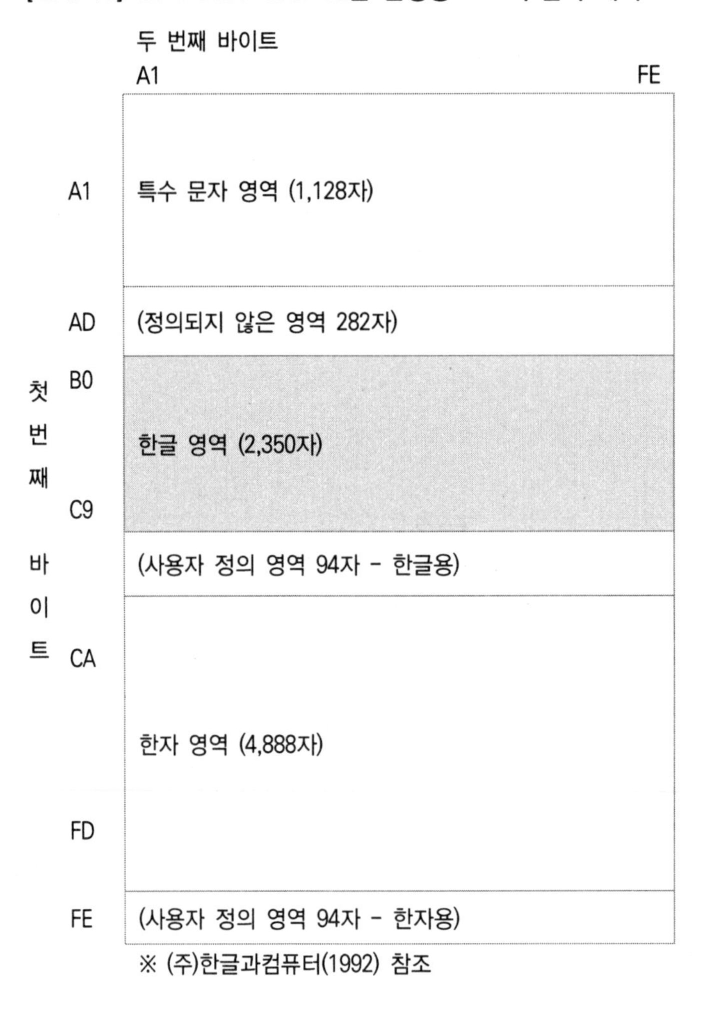

※ (주)한글과컴퓨터(1992) 참조

한글 음절은 11,172자를 모두 등록할 수 없어서 문서에서 자주 사용하는 한글 음절에 대한 빈도 통계를 구하여 사용 빈도가 높은 2,350자를 뽑아 사전 순서로 할당하였다. 한글 음절과 달리 한자는 4,888자가 할당되었다. 80년대에는 한자를 많이 사용하였고, 한글 코드 제정 당시 국어학 분야에서는 참여가 부족하여 이러한 결정이 갖는 문제에 대해서 크게 고민하지 못하였다. 또한 공학적 측면에서 상위 빈도 99.99%에 해당하는 2,350자만 있어도 정보 처리에는 문제가 없다고 보는 견해도 있었다 (한국전산원 1995).

- 표준 완성형 코드는 한글 음절 단위로 코드를 할당한 것인데, 이는 한글 자모의 조합 원리를 고려하지 않았다는 점에서 많은 논란이 되었다. 한글은 초성과 중성, 종성의 조합으로 음절을 이루는데, 완성형 코드는 이러한 한글 자모의 조합 원리를 근본적으로 따르지 않는 방식이다. 완성형 자체가 한글 자모의 조합을 통한 확장성을 제한하는 것이고, 이로 인해 '뛩'이나 '샾'과 같이 2,350자에 없는 음절은 입력하고 저장할 수 없다는 것이 문제가 되었다.

  1987년 표준 한글 코드를 제정하던 당시부터 10년 동안, 우리나라 PC 사용자들은 운영체제로 대부분 윈도를 사용하였는데, 윈도와 윈도 기반의 응용 프로그램이 대부분 완성형 코드를 사용하였다. 이 때문에 윈도를 기반으로 하는 프로그램에서는 한글 입력에 제약이 많았다. 예를 들어, '하얗다'의 활용형인 '하얬지만'의 '얬'이나, 표준어는 아니지만 '쬐차, 펩시콜라'의 '쬐, 펩' 등은 입력되지 않았다.

  한편 표준 완성형 코드는 옛한글을 지원하지 않는다는 것도 문제가 되었다.

- 표준 완성형 한글 2,350자 중에는 입력할 수 없는 글자가 있다. '퀬, 썅, 쏀, 쓩, 쭁'의 5개 글자로, 이 글자들을 입력하려면 초성과 중성 조합의 '쾌, 쌰, 쎼, 쓔, 쬬' 가 있어야 하는데 2,350자 중에는 중간 조합 음절이 없어서 입력이 불가능하였다. 이에 '퀬, 썅, 쏀, 쓩, 쭁'을 입력하려면 자판으로 입력하는 것이 아니라 해당 코드값을 직접 입력해야 했다고 한다 (신홍철 1987, 김충회 1989에서 재인용). 물론 당시 응용 프로그램에서는 소프트웨어적으로 보완하여 해당 글자를 입력하는 데에는 문제가 없었다.

- 표준 완성형 코드의 글자 배치도를 보면 사용자 정의 영역이 할당되어 있다. 사용자 정의 영역은 사용자가 코드 집합에서 제공하지 않는 문자 중 입력하고자 하는 문자를 임의로 코드를 배정하여 사용할 수 있도록 일정 영역을 비워놓은 것이다. 예를 들어, 한글 영역 이후의 C9부터 CA까지의 영역에 사용자가 입력하고자 하는 한글 음절을 임의로 정의하여 사용하는 것이다. 이러한 방법은 한글 코드에서 지원하지 않는 문자도 입력하고 저장할 수 있다는 점에서는 의의가 있다. 그러나 내가 지정한 코드가 나의 컴퓨터에서는 입력과 저장, 출력이 가능하지만, 다른 사용자의 컴퓨터에서는 호환되지 않기 때문에 한계가 있다. 또한 사용자 정의 영역에 저장된 한글 음절은 배열 순서가

2,350자의 뒤에 놓이기 때문에 정렬에서는 항상 문제가 되었다.

[표 3-14]는 KS C 5601-1987의 한글 부분 코드 표이다. '아'의 경우 '0xBEC6'과 같은 방식으로 읽는다.

[표 3-14] KS C 5601-1987 **한글 코드 표**

0x	0	1	2	3	4	5	6	7	8	9	A	B	C	D	E	F
BEA0		쐴	쐼	쐽	쑈	쑤	쑥	쑨	쑬	쑴	쑵	쑹	쒀	쒔	쒜	쒸
BEB0	쒼	쓩	쓰	쓱	쓴	쓸	쓺	쓿	씀	씁	씌	씐	씔	씜	씨	씩
BEC0	씬	씰	씸	씹	씻	씽	아	악	안	앉	않	알	앍	앎	앓	암
BED0	압	앗	았	앙	앝	앞	애	액	앤	앨	앰	앱	앳	앴	앵	야
BEE0	약	얀	얄	얇	얌	얍	얏	양	얕	얗	얘	얜	얠	얩	어	억
BEF0	언	얹	얻	얼	얽	얾	엄	업	없	엇	었	엉	엊	엌	엎	

표준 완성형 코드의 확장

표준 완성형 한글 코드를 보완하기 위해 1991년에 한국어 보조 문자 집합을 만들어 추가한다 (KS C 5657-1991). 이때 한글 1,930자, 한자 2,856자, 옛한글 1,675자 등이 추가되었으나, 여전히 현대 한글 6,892자는 포함되지 않았다. 표준 완성형 코드에 추가된 한자와 옛한글의 글자 수에 관하여 (주)한글과컴퓨터(1992), 김병선(1993), 한국전산원(1995), Lunde(1999)를 참고하였으나 네 문헌의 글자 수에 차이가 있었다. 이에 이 책에서는 KS C 5601-1991의 코드표에 등록된 글자 수를 계산하여 한자 2,856자, 옛한글 1,675자임을 확인하였다.

그러나 한자 영역이 늘어나고 특히 옛한글이 표준 코드에 반영되었다는 점에서는 중요한 의의를 지닌다. 현재 이 코드는 사용하지 않지만, 이후에 확장 한자와 옛한글을 표준 코드에 포함시키는 데에 중요한 역할을 한다.

한편 KS C 5657-1991은 문자열 정렬에서 문제가 된다. 컴퓨터에서 문자열 정렬은 문자의 코드 순으로 이루어지는데, 한글 영역이 두 군데로 분리되어 있어서 정렬을 수행하면 'ㄱ, ㄴ, ㄷ' 순으로 정렬되지 않고 등록된 코드 순으로 정렬이 이루어진다.

5. 표준 조합형 코드

조합형은 훈민정음 원리를 기반으로 자음과 모음을 조합하여 글자를 표현하도록 한 문자 인코딩 형식을 의미한다. 이 절에서는 조합형 코드의 원리와 표준 조합형 코드의 특징에 대해서 알아본다.

표준 조합형 코드의 제정

1980년대 들어서 컴퓨터 성능이 향상되면서 많은 업체가 자신들이 개발한 조합형 한글 코드를 사용하기 시작하였다. 1987년 KS C 5601 완성형 코드로 표준화를 이루게 되었지만 당시 완성형 코드는 한글 입력에 제한이 있어 논란이 많았고, 학계와 산업 현장에서도 현대 한글을 완벽하게 표현할 수 있는 조합형 코드의 필요성을 강하게 주장하였다. 이에 정부는 1992년 또 하나의 표준 코드를 제정하는데, 이것이 KS C 5601-1992 조합형 코드로, 표준 조합형 혹은 KS 조합형이나 KSSM으로 부르기도 한다.

이렇게 표준 한글 코드가 KS C 5601-1987 완성형과 KS C 5601-1992 조합형으로 제정되었지만, 표준 조합형 코드는 완벽한 한글 처리가 필요했던 일부 회사와 개발자들 중심으로 사용되었고, 대부분의 사용자는 완성형 코드를 사용하였다.

표준 조합형 코드의 원리 및 특징

조합형 코드는 한글 1음절을 표현하기 위하여 초성, 중성, 종성을 조합하여 하나의 음절을 이루도록 만든 것이다. 조합형 코드는 초성, 중성, 종성에 각각 5비트씩 배정하고, 7비트 아스키코드에서 사용하지 않는 최상위 비트(MSB)를 '1'로 배정하여 하나의 음절을 2바이트로 처리하는 형식이다. 아스키코드에서는 최상위 비트를 '0'으로 배정하고 있다. 곧 최상위 비트가 '1'로 되어 있으면 프로그램에서 한글 1음절로 해석하고, '0'으로 되어 있으면 영문자로 구분하도록 하였다.[표 3-15]

표준 조합형 코드 배열표를 중심으로 조합형 코드의 특징을 설명하면 다음과 같다.[표 3-16]

[표 3-15] 조합형 코드의 구성 원리

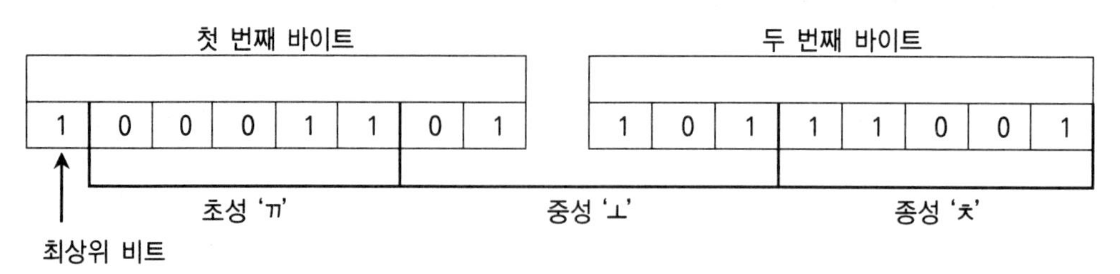

'*' 표시는 사용할 수 없다는 표시이다. 이 부분을 사용하지 못하는 이유는 다른 코드와 겹치기 때문이다.

[표 3-16] 조합형 코드의 배열표

	십육진수	이진수	초성	중성	종성
0	00	00000	*	*	*
1	01	00001	(FILL)	*	(FILL)
2	02	00010	ㄱ	(FILL)	ㄱ
3	03	00011	ㄲ	ㅏ	ㄲ
4	04	00100	ㄴ	ㅐ	ㄳ
5	05	00101	ㄷ	ㅑ	ㄴ
6	06	00110	ㄸ	ㅒ	ㄵ
7	07	00111	ㄹ	ㅓ	ㄶ
8	08	01000	ㅁ	*	ㄷ
9	09	01001	ㅂ	*	ㄹ
10	0A	01010	ㅃ	ㅔ	ㄺ
11	0B	01011	ㅅ	ㅕ	ㄻ
12	0C	01100	ㅆ	ㅖ	ㄼ
13	0D	01101	ㅇ	ㅗ	ㄽ
14	0E	01110	ㅈ	ㅘ	ㄾ
15	0F	01111	ㅉ	ㅙ	ㄿ
16	00	10000	ㅊ	*	ㅀ
17	11	10001	ㅋ	*	ㅁ
18	12	10010	ㅌ	ㅢ	–
19	13	10011	ㅍ	ㅛ	ㅂ
20	14	10100	ㅎ	ㅜ	ㅄ
21	15	10101		ㅝ	ㅅ
22	16	10110		ㅞ	ㅆ

23	17	10111		ㅟ	ㅇ
24	18	11000		*	ㅈ
25	19	11001		*	ㅊ
26	1A	11010		ㅠ	ㅋ
27	1B	11011		ㅡ	ㅌ
28	1C	11100		ㅢ	ㅍ
29	1D	11101		ㅣ	ㅎ
30	1E	11110			
31	1F	11111			

※ 출처: 한국어정보처리연구소(1999)

- 'FILL'은 해당 위치에 자모가 입력되지 않은 상태일 때를 의미한다. 예를 들어, '아'는 초성 'ㅇ', 중성 'ㅏ'와 함께 종성에는 'FILL' 곧 이진법으로는 '00001'이 들어가는 것이다. 초성이 빠진 입력도 가능하여, 'ㅓㄴ, ㅓㄱ'과 같은 형태도 같은 방식으로 처리한다. 이러한 방식은 한글 자모와 문자 코드의 차이를 보여준다. 조합형 코드에서는 초성과 중성, 종성의 해당 비트를 모두 마련해 놓았기 때문에 초성이나 종성이 입력되지 않았더라도 해당 자리에 코드값을 부여해야 한다.

- '보람'의 조합형 코드를 알아보면 다음과 같다.

[표 3-17] '보람'의 조합형 코드

	최상위비트	초성	중성	종성
보		ㅂ	ㅗ	(FILL)
	1	01001	01101	00001
	10100101 10100001 → A5 A1 (2바이트)			
람		ㄹ	ㅏ	ㅁ
	1	00111	00011	10001
	10011100 01110001 → 9C 71 (2바이트)			

- 조합형 코드는 미완성 음절 문자를 표현할 수 있다. 미완성 음절 문자는 초성으로 시작하지 않거나 중성 글자가 없는 한글 문자를 가리킨다. 조합형 코드 방식으로는 초성, 중성, 종성, 중성+종성, 초성+종성 등과 같은 글자로 1,147자가 있다. 내부적으로 초성+

중성(Fill), 초성(Fill)+중성, 초성(Fill)+중성(Fill)+종성, 초성(Fill)+중성+종성, 초성+중성(Fill)+종성 등의 조합 문자를 미완성 음절 문자라고 한다. 미완성 음절 문자는 표준 완성형의 자모 낱글자와는 다르다.

[표 3-18] 미완성 음절 문자 유형과 완성형 자모의 비교

화면 출력 상태		자모형 한글 코드 내부 상태	음절 수	완성형 자모 글자
자모	글자			
초성	'ㄱ'	초성+중성(Fill)	19	'ㄱ' 자음
중성	'ㅓ'	초성(Fill)+중성	21	'ㅓ' 모음
종성	'ㅁ'	초성(Fill)+중성(Fill)+종성	27	없음
중성+종성	'ᅡᆺ'	초성(Fill)+중성+종성,	567	없음
초성+종성	'ᄀᆷ'	초성+중성(Fill)+종성	513	없음

조합형 코드는 훈민정음의 창제 원리와 한글 음절 구성의 원리를 적용한 것이어서 의의가 크다. 정인지는 《훈민정음》 혜례 서문에서 정음 28자로 "**雖風聲鶴唳鷄鳴狗吠 皆可得而書矣**(바람소리, 학 울음소리, 닭 우는 소리, 개 짖는 소리일지라도 모두 이 글자를 가지고 적을 수 있다)"라고 밝히었다. 이에 따르면 현재 사용하지 않는 한글 음절이라 할지라도, 한글 자모를 이용하여 어떠한 음절도 만들어 낼 수 있다는 것이다. 실제로 통신 언어에서는 '홓, 뷁'과 같이 일상적으로 사용하지 않는 음절을 다수 만들어 사용하고 있는데, 정보화 시대에 우리가 사용하는 컴퓨터에서 한글 자모를 이용하여 어떠한 음절도 입력, 저장, 출력할 수 있도록 하는 것은 매우 중요하다.

6. 통합 완성형 코드

통합 완성형 한글 코드(Unified Hangul Code)는 마이크로소프트사가 판매하는 PC 윈도 운영체제에서 지원하는 것으로 표준 완성형 코드(KS C 5601-1987)를 확장하여 1995년에 발표한 것이다. 통합 완성형 코드는 국가 표준은 아니지만 윈도 운영체제를 기반으로 하여 '사실상 표준'처럼 사용하는 한글 코드이다.

통합 완성형 한글 코드는 1987년 완성형 코드에는 포함되지 않은 한글 음절 8,822자를 추가하였다. 누락되었던 한글 음절을 모두 추가함으로써 현대어 한글 음절 11,172자를 운영체제에서 모두 처리할 수 있게 되었다. 통합 완성형 한글 코드는 표준 완성형 코드에 나머지 8,822를 추가로 확장했다는 의미로 확장 완성형 코드로 불리기도 하며, 마이크로소프트사가 도입한 코드 페이지 949 (CP949)로 부르기도 한다.

통합 완성형 코드의 원리 및 특징

통합 완성형 코드는 기본적으로는 표준 완성형 코드를 그대로 사용하고, 표준 완성형 코드에서 표현할 수 없었던 한글 8,822자를 표준 완성형 코드에서 사용하지 않는 영역에 추가로 배정해 사용하는 형식이다. 통합 완성형 코드의 원리와 특징을 간략하게 정리하면 다음과 같다.

- 통합 완성형 코드는 한글 음절 11,172자를 문자 코드로 등록함으로써 표준 완성형 코드의 문제를 보완했다는 점에서는 의의가 있다. 또한 기존의 표준 완성형만을 지원하는 프로그램과의 호환성을 유지하면서 그동안 표현할 수 없었던 나머지 8,822자를 처리할 수 있었다.
  그러나 통합 완성형 코드가 도입된 이후에 새로운 문제가 발생하였다. 통합 완성형에서 추가한 8,822자는 표준 완성형만을 지원하는 응용 프로그램에서는 보이지 않았다. 표준 완성형만을 지원하는 응용 프로그램은 한글 2,350자만을 처리하기 때문에 통합 완성형에서 추가된 8,822자를 처리할 수 없었다. 새로 추가된 8,822자를 처리할 수 없는 프로그램은 화면에서 해당 글자를 상자 문자(□)로 처리하였다.

문자 코드는 의사소통의 매개가 되는 언어와 매우 흡사하다. 문자 코드를 체계적으로 만드는 것도 중요하지만, 그것이 어떠한 컴퓨터에서도 저장되고 출력될 수 있어야만 의미가 있다. A코드로 작성된 문서나 데이터가 B코드 체계에서 호환이 되지 않으면 A코드와 B코드, 둘 중 하나는 폐기될 수밖에 없다. 컴퓨터에서 언어 처리는 입력, 저장, 출력과 함께 다른 컴퓨터에서의 호환성 여부도 반드시 고려해야 한다.

- 통합 완성형 코드는 표준 완성형 코드를 확장하였기 때문에 한글에 대한 사전식 순서는 유지할 수 없었다. 즉 한글 단어를 코드값을 기준으로 정렬(sorting)하면 사전식 순서로 배열되지 않아서 추가로 정렬 프로그램을 사용하여야 한다.[표 3-19]

[표 3-19] **통합 완성형 코드 영역**

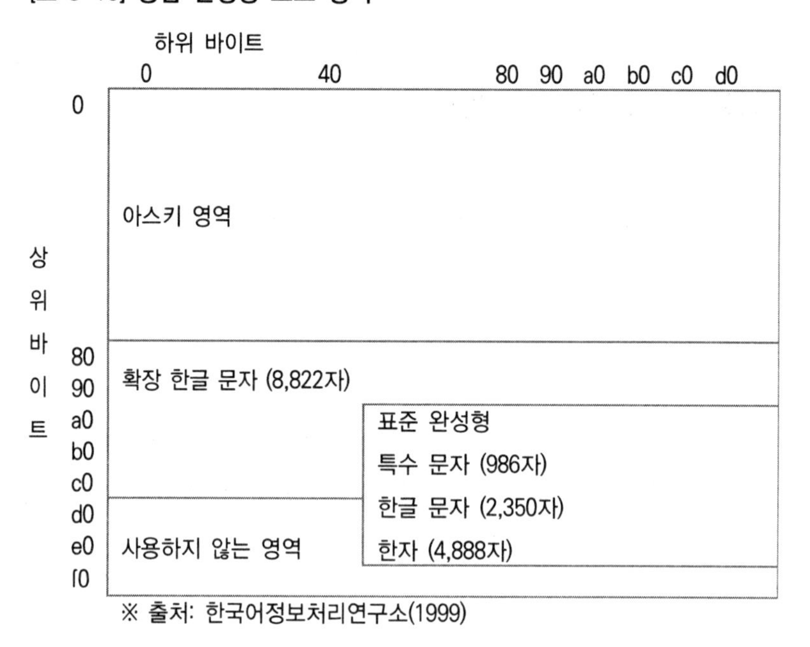

※ 출처: 한국어정보처리연구소(1999)

지금까지 N바이트, 표준 완성형, 표준 조합형, 통합 완성형 한글 코드에 대해서 알아보았다. 이들의 조합 원리와 특징을 비교하여 정리하면 [표 3-20]과 같다.

[표 3-20] **N바이트, 표준 완성형, 표준 조합형, 통합 완성형 한글 코드의 비교**

	N바이트	표준 완성형	표준 조합형	통합 완성형
한글 조합 원리	O	X	O	X
표현 글자 수	11,172	2,350	11,172	11,172
사전식 코드 정렬	X	X	O	X
국제 호환성 (ISO-2022)	O	O	X	O/X
옛한글 처리	X	X	X	X
미완성 음절 문자	X	X	O	X

유니코드와 한글

한글 코드는 컴퓨터에서 한글을 입출력하려는 노력으로부터 출발하였다. 그러나 영문 알파벳을 기본으로 한 문자 코드 체계가 자리를 잡은 상태에서, 문자 체계가 전혀 다른 한글을 코드화하는 것은 쉬운 일이 아니었다. 이는 한글 코드만의 문제는 아니었는데, 영문 알파벳을 제외한 전 세계 많은 문자를 코드화하면서 비슷한 문제에 직면하게 되었다.

- 영문 알파벳 코드는 1바이트 단위로 구성되어 있는데, 한글 코드는 2바이트 단위로 구성된다. 각 나라의 문자 집합마다 바이트 수가 다른데, 다양한 문자 체계에 적용할 수 있는 통일된 코드 구성에 대한 논의가 필요했다.

- 문자 코드는 인간이 의사소통을 목적으로 사용한 자연 언어의 '문자'를 컴퓨터가 인식하도록 하는 것이다. 여기에서 일반 프로그래밍 언어와는 다른 '문자 코드'의 특징을 찾아볼 수 있다. 문자 코드는 한국어, 영어, 중국어 등 자연 언어의 문자를 코드화하는 것이어서 언어 사용자의 직관에서 벗어나서는 안 된다. 또한 한글 코드를 개발하여 우리가 사용하는 컴퓨터가 '한글'을 인식할 수 있도록 하였더라도 다른 나라, 다른 지역에서

사용하는 컴퓨터가 이를 인식하지 못하면 문제가 된다. 곧 호환성이 없으면 그 코드의 사회성과 지속성은 유지되기 어렵다.

문자 코드는 인간과 컴퓨터, 컴퓨터와 컴퓨터의 의사소통 매개체이다. 문자 코드가 의사소통의 매개체로써 원활하게 운용되기 위해서는 언어와 마찬가지로 사회성을 가져야 한다. 한글 코드는 한글 사용자의 언어 직관과 일치해야 하며, 세계 어느 곳에서도 한글로 작성된 문서를 읽거나 작성할 수 있는 호환성을 가져야 한다. 이러한 문제에 대한 논의 끝에 유니코드 협회가 출범하여 유니코드를 발표하게 된다.

1. 유니코드(Unicode)

유니코드는 컴퓨터에서 세계 각국의 언어를 통일된 방법으로 쓸 수 있게 만든 국제적인 문자 코드 규약으로, 문자 한 개에 부여되는 값을 통일한 것이다. 유니코드 협회(Unicode Consortium)는 국제 표준화 기구는 아니지만, 컴퓨터 관련 업계를 중심으로 다국어 언어를 효율적으로 처리하기 위해 1989년 컨소시엄 형태로 설립된 기구이다. 유니코드 버전 1.0은 1991년 10월에 발표되었고, 2019년에 버전 12.1까지 발표되었다.

유니코드의 등장 배경

컴퓨터의 문자 코드는 영문자를 처리하는 것에서 시작하였다. 초기 컴퓨터의 문자 코드는 영문자 처리에 최적화되어 있어, 아스키코드(ASCII)는 1바이트 체계로 문자를 처리하였다. 아스키코드에서 128부터 255까지의 영역을 확장하여 각 나라별로 자신만의 문자를 배정하여 사용하거나 개별적으로 문자 코드를 개발하여 사용하였다.

그러나 개발 시스템 혹은 국가에 따라서 코드에 배정된 문자가 서로 다르다 보니 시스템이 달라지면 문자 코드가 호환되지 않는 문제가 발생하였다. 컴퓨터에 저장된 자료가 시스템에 따라 호환되지 않아 화면에 보이지 않고 프린터로 출력되지 않는 것은 매우 심각한 문제이다. 이러한 문제로 시스템 간에 통일된 문자 코드 집합을 사용해야 할 필요성이 대두되었다.

유니코드의 문자 처리 방식

통일된 문자 코드 집합이 필요하다는 점에는 모두 공감하였지만, 문제가 된 것은 문자 코드의 배정을 위한 바이트 크기였다. 라틴 문자를 사용하는 언어권에서는 1바이트로 충분하지만, 한국어, 중국어, 일본어 등의 아시아권 언어들은 문자 코드 배정에 2바이트가 필요했다. 이에 유니코드는 전 세계의 모든 문자를 담고자 1바이트가 아닌 2바이트 체계를 채택한다. 영어와 같이 1바이트로 충분한 문자는 2바이트 체계가 비효율적이지만, 한국어, 중국어, 일본어는 2바이트 체계를 사용하기 때문에 문자 코드의 공간을 넉넉하게 유지하는 2바이트 체계를 공통적으로 사용한다.

유니코드의 발전 과정에서 문자 처리 방식의 중요한 특징을 간략하게 제시하면 다음과 같다.

- 유니코드는 초기에 16비트(2바이트) 단위로 문자를 처리하였는데 버전 3.1부터는 21비트까지 확장되었다. 글자 범위는 'U+10FFFF'까지이며, 최대 글자수는 1,114,112자이다. 최신 버전 12.1을 기준으로 137,994자의 문자 코드가 할당되어 있다.

- 유니코드는 통합(Unification) 원리를 적용하여 여러 나라에서 두루 사용하는 문자는 하나로 통합한다. 예를 들어, 우리나라에서 사용하는 한자는 중국, 일본, 베트남에서도 서로 다른 코드로 사용해 왔기 때문에 같은 글자가 중복되지 않도록 통합한 것이다.

- 유니코드는 동등 서열(Equivalent Sequences) 원리에 의해서 조합하여 한 글자를 이룬 것과 이미 음절로 구성되어 있는 글자를 동등한 것으로 간주한다. 예를 들어, 완성형 음절 '가'와 'ㄱ'과 'ㅏ'를 조합한 음절 '가'는 동등하게 취급한다. 라틴 문자의 경우, 독일어 움라우트(umlaut)와 프랑스어 악상(accents) 기호를 함께 표기하는 글자도 동등 서열 원리를 적용한다.

- 유니코드는 인코딩 형식으로 UTF-32(32비트), UTF-16(16비트), UTF-8(8비트)을 제공한다. 이때 UTF는 'Unicode Transformation Format'의 약자이다.

2. 유니코드의 한글 영역

유니코드 버전 1.0은 1991년 10월에 발표되었다. 유니코드에서 한글 영역의 배정 과정을 간략하게 정리하면 다음과 같다.

- 유니코드 1.0에서 한글 코드는 KS C 5601-1987 표준 완성형 코드를 반영하여서 이때 유니코드에 등록된 한글은 2,350자였다. 이에 유니코드 1.1 개정 과정에서 우리나라는 현대 한글 음절 11,172자를 모두 수용할 것을 강력하게 요청하였다. 그러나 한글의 글자 수가 너무 많다는 이유로 다른 나라들이 반대하여 수용되지 않았다. 그 대신에 한글 음절 4,306자를 추가로 할당하여 총 6,656자로 늘어났고, 새롭게 초성, 중성, 종성으로 구분되는 한글 자모 240자를 할당하였다. 유니코드에서는 한글 자모 240자를 할당함으로써 한글 6,656자에 없는 음절 글자는 한글 자모를 조합해서 사용하도록 하였다. 이는 음절 코드에 있는 음절은 한 글자로 사용하고 음절에 없는 한글은 자모 두세 글자로 조합하는 방식이라서 효율적이지 않았고, 특히 한글을 영문 알파벳처럼 다루려는 태도 때문에 국내에서는 반대가 심했다.

- 유니코드 2.0에서는 우리나라의 강력한 요청으로 유니코드 1.1까지의 한글 음절 영역을 삭제하고 새로운 영역에 한글 음절 11,172자를 모두 할당하였다. 유니코드 2.0에서 한글 음절은 조합 원리를 반영하여 미리 조합된 음절을 코드 순으로 배열한 것이다. 기존의 완성형 코드와는 달리 조합 원리를 반영하였기 때문에 초성, 중성, 종성 음소를 해석할 수 있다. 또한 유니코드 1.1에서 채택된 한글 자모는 그대로 계승하였다. 유니코드 2.0에서는 현대 음절은 한 글자로 표현하고, 옛한글 음절은 초성, 중성, 종성 자모를 조합해서 두세 글자로 표현할 수 있다.

- 유니코드 2.0이 발표되자 우리나라는 유니코드를 국가 표준으로 삼아서 KS C 5700으로 발표하였다. 따라서 유니코드 2.0 이후부터는 유니코드가 표준 한글 코드이다.

유니코드 5.2에서는 새로운 옛한글 자모를 추가하여 한글 자모는 총 357자가 되었다.

[표 4-1] 유니코드의 한글 음절

0x	0	1	2	3	4	5	6	7	8	9	A	B	C	D	E	F
AC0	가	각	갂	갃	간	갅	갆	갇	갈	갉	갊	갋	갌	갍	갎	갏
AC1	감	갑	값	갓	갔	강	갖	갗	갘	같	갚	갛	개	객	갞	갟
AC2	갠	갡	갢	갣	갤	갥	갦	갧	갨	갩	갪	갫	갬	갭	갮	갯
AC3	갰	갱	갲	갳	갴	갵	갶	갷	갸	갹	갺	갻	갼	갽	갾	갿
AC4	걀	걁	걂	걃	걄	걅	걆	걇	걈	걉	걊	걋	걌	걍	걎	걏
AC5	걐	걑	걒	걓	걔	걕	걖	걗	걘	걙	걚	걛	걜	걝	걞	걟
AC6	걠	걡	걢	걣	걤	걥	걦	걧	걨	걩	걪	걫	걬	걭	걮	걯
AC7	거	걱	걲	걳	건	걵	걶	걷	걸	걹	걺	걻	걼	걽	걾	걿
AC8	검	겁	겂	것	겄	겅	겆	겇	겈	겉	겊	겋	게	겍	겎	겏
AC9	겐	겑	겒	겓	겔	겕	겖	겗	겘	겙	겚	겛	겜	겝	겞	겟
ACA	겠	겡	겢	겣	겤	겥	겦	겧	겨	격	겪	겫	견	겭	겮	겯
ACB	결	겱	겲	겳	겴	겵	겶	겷	겸	겹	겺	겻	겼	경	겾	겿
ACC	곀	곁	곂	곃	계	곅	곆	곇	곈	곉	곊	곋	곌	곍	곎	곏
ACD	곐	곑	곒	곓	곔	곕	곖	곗	곘	곙	곚	곛	곜	곝	곞	곟
ACE	고	곡	곢	곣	곤	곥	곦	곧	골	곩	곪	곫	곬	곭	곮	곯
ACF	곰	곱	곲	곳	곴	공	곶	곷	곸	곹	곺	곻	과	곽	곾	곿

[표 4-2] 유니코드의 한글 자모

0x	0	1	2	3	4	5	6	7	8	9	A	B	C	D	E	F
110	ᄀ	ᄁ	ᄂ	ᄃ	ᄄ	ᄅ	ᄆ	ᄇ	ᄈ	ᄉ	ᄊ	ᄋ	ᄌ	ᄍ	ᄎ	ᄏ
111	ᄐ	ᄑ	ᄒ	ᄓ	ᄔ	ᄕ	ᄖ	ᄗ	ᄘ	ᄙ	ᄚ	ᄛ	ᄜ	ᄝ	ᄞ	ᄟ
112	ᄠ	ᄡ	ᄢ	ᄣ	ᄤ	ᄥ	ᄦ	ᄧ	ᄨ	ᄩ	ᄪ	ᄫ	ᄬ	ᄭ	ᄮ	ᄯ
113	ᄰ	ᄱ	ᄲ	ᄳ	ᄴ	ᄵ	ᄶ	ᄷ	ᄸ	ᄹ	ᄺ	ᄻ	ᄼ	ᄽ	ᄾ	ᄿ
114	ᅀ	ᅁ	ᅂ	ᅃ	ᅄ	ᅅ	ᅆ	ᅇ	ᅈ	ᅉ	ᅊ	ᅋ	ᅌ	ᅍ	ᅎ	ᅏ
115	ᅐ	ᅑ	ᅒ	ᅓ	ᅔ	ᅕ	ᅖ	ᅗ	ᅘ	ᅙ	ᅚ	ᅛ	ᅜ	ᅝ	ᅞ	CF
116	JF	ᅡ	ᅢ	ᅣ	ᅤ	ᅥ	ᅦ	ᅧ	ᅨ	ᅩ	ᅪ	ᅫ	ᅬ	ᅭ	ᅮ	ᅯ
117	ᅰ	ᅱ	ᅲ	ᅳ	ᅴ	ᅵ	ᅶ	ᅷ	ᅸ	ᅹ	ᅺ	ᅻ	ᅼ	ᅽ	ᅾ	ᅿ
118	ᆀ	ᆁ	ᆂ	ᆃ	ᆄ	ᆅ	ᆆ	ᆇ	ᆈ	ᆉ	ᆊ	ᆋ	ᆌ	ᆍ	ᆎ	ᆏ
119	ᆐ	ᆑ	ᆒ	ᆓ	ᆔ	ᆕ	ᆖ	ᆗ	ᆘ	ᆙ	ᆚ	ᆛ	ᆜ	ᆝ	ᆞ	ᆟ
11A	ᆠ	ᆡ	ᆢ	ᆣ	ᆤ	ᆥ	ᆦ	ᆧ	ᆨ	ᆩ	ᆪ	ᆫ	ᆬ	ᆭ	ᆮ	ᆯ
11B	ᆰ	ᆱ	ᆲ	ᆳ	ᆴ	ᆵ	ᆶ	ᆷ	ᆸ	ᆹ	ᆺ	ᆻ	ᆼ	ᆽ	ᆾ	ᆿ
11C	ᇀ	ᇁ	ᇂ	ᇃ	ᇄ	ᇅ	ᇆ	ᇇ	ᇈ	ᇉ	ᇊ	ᇋ	ᇌ	ᇍ	ᇎ	ᇏ
11D	ᇐ	ᇑ	ᇒ	ᇓ	ᇔ	ᇕ	ᇖ	ᇗ	ᇘ	ᇙ	ᇚ	ᇛ	ᇜ	ᇝ	ᇞ	ᇟ
11E	ᇠ	ᇡ	ᇢ	ᇣ	ᇤ	ᇥ	ᇦ	ᇧ	ᇨ	ᇩ	ᇪ	ᇫ	ᇬ	ᇭ	ᇮ	ᇯ
11F	ᇰ	ᇱ	ᇲ	ᇳ	ᇴ	ᇵ	ᇶ	ᇷ	ᇸ	ᇹ	ᇺ	ᇻ	ᇼ	ᇽ	ᇾ	ᇿ

※ CF는 초성 채움 문자, JF는 중성 채움 문자이다.

- 한자는 1992년 유니코드 버전 1.0.1에서 처음으로 20,902자를 할당하였다. 이때 한자는 우리나라뿐만 아니라 중국, 일본 등에서 사용하던 한자를 통합 원칙에 의하여 부수와 획수 순서로 배열한 것이다. 그 이후에 버전 3.0부터 버전 12.1까지 계속해서 확장되어 총 87,887자까지 늘어났다. 버전 13.0 베타에서는 추가로 4,939자를 확장할 예정이다. 한편 한자와 관련하여 유니코드와 한국 표준 완성형 코드의 차이점은 배열 기준이다. 표준 완성형 코드에서는 한자에 대한 한국어 발음을 기준으로 하여 사전 순서에 의해서 배열하였기 때문에 '伽(가), 佳(가)'로 시작하여 '稀(희), 羲(희), 詰(힐)'로 끝난다. 반면 유니코드는 자전(字典)처럼 부수와 획수 순서로 배열하였다.[표 4-3]

[표 4-3] 유니코드의 한중일 통합 한자(CJK Unified Ideographs)

0x	0	1	2	3	4	5	6	7	8	9	A	B	C	D	E	F
4E0	一	丁	丂	七	丄	丅	丆	万	丈	三	上	下	丌	不	与	丏
4E1	丐	丑	丒	专	且	丕	世	丗	丘	丙	业	丛	东	丝	丞	丟
4E2	丠	両	丢	丣	两	严	並	丧	丨	丩	个	丫	丬	中	丮	丯
4E3	丰	丱	串	丳	临	丵	丶	丷	丸	丹	为	主	丼	丽	举	丿
4E4	乀	乁	乂	乃	乄	久	乆	乇	么	义	乊	之	乌	乍	乎	乏
4E5	乐	乑	乒	乓	乔	乕	乖	乗	乘	乙	乚	乛	乜	九	乞	也
4E6	习	乡	乢	乣	乤	乥	书	乧	乨	乩	乪	乫	乬	乭	乮	乯
4E7	买	乱	乲	乳	乴	乵	乶	乷	乸	乹	乺	乻	乼	乽	乾	乿
4E8	亀	亁	亂	亃	亄	亅	了	亇	予	争	亊	事	二	亍	于	亏
4E9	亐	云	互	亓	五	井	亖	亗	亘	亙	亚	些	亜	亝	亞	亟
4EA	亠	亡	亢	亣	交	亥	亦	产	亨	亩	亪	享	京	亭	亮	亯
4EB	亰	亱	亲	亳	亴	亵	亶	亷	亸	亹	人	亻	亼	亽	亾	亿
4EC	什	仁	仂	仃	仄	仅	仆	仇	仈	仉	今	介	仌	仍	从	仏
4ED	仐	仑	仒	仓	仔	仕	他	仗	付	仙	仚	仛	仜	仝	仞	仟
4EE	仠	仡	仢	代	令	以	仦	仧	仨	仩	仪	仫	们	仭	仮	仯
4EF	仰	仱	仲	仳	仴	仵	件	价	仸	仹	仺	任	仼	份	仾	仿

지금까지 유니코드의 발전 과정을 한글 영역을 중심으로 살펴보았다. 유니코드에서 한글 영역과 한자 영역의 변천 과정을 표로 정리하면 [표 4-4]와 같다.

[표 4-4] 유니코드에서 한글 영역 및 한자 영역의 발전 과정

버전	연도	특징
1.0.0	1991년	2바이트(16비트) 유니코드 개시
		KS X 1001에 있던 한글 음절 2350자와 한글 자모 94자, 반각 자모 52자 (한글 자모: 자음, 모음)
1.0.1	1992년	한중일 통합 한자 20,902 할당
1.1	1993년	한글 음절 4,306자 추가, 한글 자모 240자 할당 (한글 자모: 초성, 중성, 종성)
2.0	1996년	이전 버전 한글 음절을 삭제하고, 새로 한글 음절 11,172자를 할당.

버전	연도	특징
3.0	1999년	한중일 통합 한자 확장A 6,582자 추가
3.1	2001년	한중일 통합 한자 확장B 42,711자 추가
		21비트로 확장(110만자 수용)
5.2	2009년	한글 자모 117자 추가 = 한글 자모 16자 + 옛한글 확장 자모A 29자 추가 + 옛한글 확장 자모B 72자
		한중일 통합 한자 확장C 4149자 추가
6.0	2010년	한중일 통합 한자 확장D 222자 추가
8.0	2015년	한중일 통합 한자 확장E 5,762자 추가
10.0	2017년	한중일 통합 한자 확장F 7,473자 추가
12.1	2019년	최종 버전(총 글자수: 137,994자), 13.0 베타 진행 중

음절 영역과 자모 영역

유니코드에서는 한글을 음절과 자모로 구분한다. 유니코드에서 한글 코드가 음절과 자모, 두 영역으로 나누어진 것은 현대어 한글 음절은 한 글자로 처리하고, 나머지 글자 즉 미완성 음절이나 옛한글 음절은 자모를 조합하여 두세 글자로 처리하기 위해서이다.

유니코드에서의 한글 음절 코드와 자모 코드를 설명하면 다음과 같다.

- 한글 음절 영역은 한글맞춤법에서 제시하는 현대어 음절 11,172자가 배정되어 있다.

- 한글 자모 영역은 자모, 호환 자모, 반각 자모로 나누어진다. 한글 자모는 초성 125자(초성 채움 포함), 중성 95자(중성 채움 포함), 종성 137자를 합하여 총 357자로 이루어져 있다. 한글 호환 자모는 표준 완성형에 있는 자모 코드와 유니코드의 자모 코드를 호환하기 위한 것으로, 총 94자이다. 한글 반각 자모는 절반 크기의 글자로 52자이며, 유니코드 호환 자모로 변환할 수 있다.

[표 4-5] 유니코드에서의 한글 코드 영역

구분		글자수	설명
음절		11,172	한글맞춤법에서 제시하는 현대어 음절 11,172자 (예) 가, 갂, 갃, …
자모	한글 자모	357	초성 125자(초성 채움 포함), 중성 95자(중성 채움 포함), 종성 137자
	한글 호환 자모	94	표준 완성형의 자모 코드와 유니코드의 자모 코드를 호환하는 데에 사용하는 코드 (예) ㄱ, ㄲ, ㄳ, ㄴ …
	반각 자모	52	출력할 때 자모의 크기를 절반으로 줄인 것

자모 중에서 한글 호환 자모와 반각 자모는 특수한 목적으로 사용하기 때문에 주로 화면 출력과 변환을 목적으로만 사용하고 정보 처리를 위한 한글 처리에서는 다루지 않는다. 한글 처리 관점에서는 훈민정음 제자 원리에 의해서 초성, 중성, 종성으로 해석하고 조합할 수 있는 '한글 음절'과 '한글 자모' 영역을 정확하게 알아야 한다.

따라서 이 책에서는 한글 음절 코드와 한글 자모 코드를 각각 '음절형 한글 코드'와 '자모형 한글 코드'로 구분하여 지칭하고, 이를 중심으로 설명한다.

[표 4-6] 음절형 한글 코드와 자모형 한글 코드

구분	음절 코드 길이	표현 가능한 음절 수
음절형 한글 코드	1	11,172자 = 초성(19)×중성(21)×종성(27+1)
자모형 한글 코드	2~3	1,608,528자 = 초성(124)×중성(94)×종성(137+1)

3. 음절형 한글 코드

음절형 한글 코드는 한글 맞춤법에서 제시한 초성, 중성, 종성으로 조합 가능한 모든 음절을 만든 후에 코드값을 차례대로 부여한 것이다. 음절형 한글 코드는 음절을 미리 만들어 코드값을 할당했다는 점에서 표준 완성형 코드와 유사해 보이지만 원리는 완전히 다르다. 표준 완성형 코드는 초성, 중성, 종성을 해석할 수 없지만 음절형 한글 코드는 훈민정음 원리에 의해서 조합한 것이어서 초성, 중성, 종성으로 해석할 수 있다.

음절형 한글 코드의 원리를 설명하면 다음과 같다.

- 음절형 한글 코드는 한글 자모 순서에 맞게 음절 목록을 만들었다. 첫 번째 초성 'ㄱ'을 선택하고, 첫 번째 중성 'ㅏ'를 선택하여 초성과 중성을 조합하여 음절 '가'를 만든다. 음절 '가'에 종성 'ㄱ'부터 'ㅎ'까지 차례로 조합하여 음절을 만든다.

[표 4-7] 'ㄱ+ㅏ'의 종성 결합 음절 순서

ㄱ × ㅏ ×

순서	0	1	2	3	4	5	6	7	8	9	10	11	12	13	14	15	16	17	18	19	20	21	22	23	24	25	26	27
종성		ㄱ	ㄲ	ㄳ	ㄴ	ㄵ	ㄶ	ㄷ	ㄹ	ㄺ	ㄻ	ㄼ	ㄽ	ㄾ	ㄿ	ㅀ	ㅁ	ㅂ	ㅄ	ㅅ	ㅆ	ㅇ	ㅈ	ㅊ	ㅋ	ㅌ	ㅍ	ㅎ
음절	가	각	갂	갃	간	갅	갆	갇	갈	갉	갊	갋	갌	갍	갎	갏	감	갑	값	갓	갔	강	갖	갗	갘	같	갚	갛

음절 '가'에 대한 종성 조합이 끝나면, 초성 'ㄱ'에 중성 'ㅐ'부터 'ㅣ'까지, 종성 'ㄱ'부터 'ㅎ'까지 차례로 조합하여 음절을 만든다.[표 4-8]

[표 4-8] 초성 'ㄱ'의 중성 및 종성 결합 음절

초성	중성 \ 종성		0	1	2	3	4	5	6	7	8	9	10	11	12	13	14	15	16	17	18	19	20	21	22	23	24	25	26	27
				ㄱ	ㄲ	ㄳ	ㄴ	ㄵ	ㄶ	ㄷ	ㄹ	ㄺ	ㄻ	ㄼ	ㄽ	ㄾ	ㄿ	ㅀ	ㅁ	ㅂ	ㅄ	ㅅ	ㅆ	ㅇ	ㅈ	ㅊ	ㅋ	ㅌ	ㅍ	ㅎ
ㄱ	1	ㅏ	가	각	갂	갃	간	갅	갆	갇	갈	갉	갊	갋	갌	갍	갎	갏	감	갑	값	갓	갔	강	갖	갗	갘	같	갚	갛
	2	ㅐ	개	객	갞	갟	갠	갡	갢	갣	갤	갥	갦	갧	갨	갩	갪	갫	갬	갭	갮	갯	갰	갱	갲	갳	갴	갵	갶	갷
	3	ㅑ	갸	갹	갺	갻	갼	갽	갾	갿	걀	걁	걂	걃	걄	걅	걆	걇	걈	걉	걊	걋	걌	걍	걎	걏	걐	걑	걒	걓
	4	ㅒ	걔	걕	걖	걗	걘	걙	걚	걛	걜	걝	걞	걟	걠	걡	걢	걣	걤	걥	걦	걧	걨	걩	걪	걫	걬	걭	걮	걯
	5	ㅓ	거	걱	걲	걳	건	걵	걶	걷	걸	걹	걺	걻	걼	걽	걾	걿	검	겁	겂	것	겄	겅	겆	겇	겈	겉	겊	겋
	6	ㅔ	게	겍	겎	겏	겐	겑	겒	겓	겔	겕	겖	겗	겘	겙	겚	겛	겜	겝	겞	겟	겠	겡	겢	겣	겤	겥	겦	겧
	7	ㅕ	겨	격	겪	겫	견	겭	겮	겯	결	겱	겲	겳	겴	겵	겶	겷	겸	겹	겺	겻	겼	경	겾	겿	곀	곁	곂	곃
	8	ㅖ	계	곅	곆	곇	곈	곉	곊	곋	곌	곍	곎	곏	곐	곑	곒	곓	곔	곕	곖	곗	곘	곙	곚	곛	곜	곝	곞	곟
	9	ㅗ	고	곡	곢	곣	곤	곥	곦	곧	골	곩	곪	곫	곬	곭	곮	곯	곰	곱	곲	곳	곴	공	곶	곷	곸	곹	곺	곻
	10	ㅘ	과	곽	곾	곿	관	괁	괂	괃	괄	괅	괆	괇	괈	괉	괊	괋	괌	괍	괎	괏	괐	광	괒	괓	괔	괕	괖	괗
	11	ㅙ	괘	괙	괚	괛	괜	괝	괞	괟	괠	괡	괢	괣	괤	괥	괦	괧	괨	괩	괪	괫	괬	괭	괮	괯	괰	괱	괲	괳
	12	ㅚ	괴	괵	괶	괷	괸	괹	괺	괻	괼	괽	괾	괿	굀	굁	굂	굃	굄	굅	굆	굇	굈	굉	굊	굋	굌	굍	굎	굏
	13	ㅛ	교	굑	굒	굓	굔	굕	굖	굗	굘	굙	굚	굛	굜	굝	굞	굟	굠	굡	굢	굣	굤	굥	굦	굧	굨	굩	굪	굫
	14	ㅜ	구	국	굮	굯	군	굱	굲	굳	굴	굵	굶	굷	굸	굹	굺	굻	굼	굽	굾	굿	궀	궁	궂	궃	궄	궅	궆	궇
	15	ㅝ	궈	궉	궊	궋	권	궍	궎	궏	궐	궑	궒	궓	궔	궕	궖	궗	궘	궙	궚	궛	궜	궝	궞	궟	궠	궡	궢	궣
	16	ㅞ	궤	궥	궦	궧	궨	궩	궪	궫	궬	궭	궮	궯	궰	궱	궲	궳	궴	궵	궶	궷	궸	궹	궺	궻	궼	궽	궾	궿
	17	ㅟ	귀	귁	귂	귃	귄	귅	귆	귇	귈	귉	귊	귋	귌	귍	귎	귏	귐	귑	귒	귓	귔	귕	귖	귗	귘	귙	귚	귛
	18	ㅠ	규	귝	귞	귟	균	귡	귢	귣	귤	귥	귦	귧	귨	귩	귪	귫	귬	귭	귮	귯	귰	귱	귲	귳	귴	귵	귶	귷
	19	ㅡ	그	극	귺	귻	근	귽	귾	귿	글	긁	긂	긃	긄	긅	긆	긇	금	급	긊	긋	긌	긍	긎	긏	긐	긑	긒	긓
	20	ㅢ	긔	긕	긖	긗	긘	긙	긚	긛	긜	긝	긞	긟	긠	긡	긢	긣	긤	긥	긦	긧	긨	긩	긪	긫	긬	긭	긮	긯
	21	ㅣ	기	긱	긲	긳	긴	긵	긶	긷	길	긹	긺	긻	긼	긽	긾	긿	김	깁	깂	깃	깄	깅	깆	깇	깈	깉	깊	깋

- 초성을 'ㄲ'부터 'ㅎ'까지 차례대로 위의 과정을 반복하여 음절을 만든다.[표 4-9]

[표 4-9] 유니코드 한글 음절 순서

순서	초성	중성	종성	음절	순서
1	ㄱ	ㅏ		가각갂갃간갅갆갇갈갉갊갋갌갍갎갏감갑값갓갔강갖갗갘같갚갛	1 28
2	ㄲ	ㅐ	ㄱ	개객갞갟갠갡갢갣갤갥갦갧갨갩갪갫갬갭갮갯갰갱갲갳갴갵갶갷	29 56
3	ㄴ	ㅑ	ㄲ	갸갹갺갻갼갽갾갿걀걁걂걃걄걅걆걇걈걉걊걋걌걍걎걏걐걑걒걓	57 84
4	ㄷ	ㅒ	ㄳ	:	... ...
5	ㄸ	ㅓ	ㄴ	:	... ...
6	ㄹ	ㅔ	ㄵ	:	... ...
7	ㅁ	ㅕ	ㄶ	:	... ...
8	ㅂ	ㅖ	ㄷ	:	... ...
9	ㅃ	ㅗ	ㄹ	:	... ...
10	ㅅ	ㅘ	ㄺ	:	... ...
11	ㅆ	ㅙ	ㄻ	:	... ...
12	ㅇ	ㅚ	ㄼ	:	... ...
13	ㅈ	ㅛ	ㄽ	:	... ...
14	ㅉ	ㅜ	ㄾ	:	... ...
15	ㅊ	ㅝ	ㄿ	:	... ...
16	ㅋ	ㅞ	ㅀ	:	... ...
17	ㅌ	ㅟ	ㅁ	:	... ...
18	ㅍ	ㅠ	ㅂ	:	... ...
19	ㅎ	ㅡ	ㅄ	:	... ...
20		ㅢ	ㅅ	:	... ...
21		ㅣ	ㅆ	:	... ...
22			ㅇ	:	... ...
23			ㅈ	:	... ...
24			ㅊ	:	... ...
25			ㅋ	:	... ...
26			ㅌ	:	... ...
27			ㅍ	희흭흮흯흰흱흲흳흴흵흶흷흸흹흺흻흼흽흾흿힀힁힂힃힄힅힆힇	11116 ... 11144
28			ㅎ	히힉힊힋힌힍힎힏힐힑힒힓힔힕힖힗힘힙힚힛힜힝힞힟힠힡힢힣	11145 ... 11172

- 한글 음절 기준값 '0xAC00'을 첫 번째 음절 '가'에 할당하고 차례대로 맨 마지막 음절 '힣'까지 '+1'씩 하면서 코드값을 할당한다. 이때 코드값은 16진수이다.

[표 4-10] 유니코드 한글 음절 코드 순서

순서	1	2	3	...	11170	11171	11172
음절	가	각	갂	...	힡	힢	힣
인덱스	0	+1	+2	...	+11169	+11170	+11171
코드값	AC00	AC00+1	AC00+2	...	AC00+11169	AC00+11170	AC00+11171
	AC00	AC01	AC02	...	D7A1	D7A2	D7A3

4. 자모형 한글 코드

자모형 한글 코드는 음절형 한글 코드에 없는 글자를 표현하기 위한 것으로 미완성 음절과 옛한글 음절을 만들 때 사용한다. 자모형 한글 코드는 초성, 중성, 종성 모두 합해서 357자가 있는데, 자모 글자 355자에 채움 문자 2개가 합쳐진 것이다. 한글 코드에서는 초성 코드 끝에 초성 채움 문자가, 중성 코드 시작에 중성 채움 문자가 있다. 이러한 채움 문자는 미완성 음절을 만들 때 사용하는 것으로 코드값만 있고 출력할 때는 보이지 않는 글자이다.

[표 4-11] 한글 자모 목록

구분	자모
초성 (125자)	ᄀ ᄁ ᄂ ᄃ ᄄ ᄅ ᄆ ᄇ ᄈ ᄉ ᄊ ᄋ ᄌ ᄍ ᄎ ᄏ ᄐ ᄑ ᄒ ᄓ ᄔ ᄕ ᄖ ᄗ ᄘ ᄙ ᄚ ᄛ ᄜ ᄝ ᄞ ᄟ ᄠ ᄡ ᄢ ᄣ ᄤ ᄥ ᄦ ᄧ ᄨ ᄩ ᄪ ᄫ ᄬ ᄭ ᄮ ᄯ ᄰ ᄱ ᄲ ᄳ ᄴ ᄵ ᄶ ᄷ ᄸ ᄹ ᄺ ᄻ ᄼ ᄽ ᄾ ᄿ ᅀ ᅁ ᅂ ᅃ ᅄ ᅅ ᅆ ᅇ ᅈ ᅉ ᅊ ᅋ ᅌ ᅍ ᅎ ᅏ ᅐ ᅑ ᅒ ᅓ ᅔ ᅕ ᅖ ᅗ ᅘ ᅙ ᅚ ᅛ ᅜ ᅝ ᅞ HCF ꥠ ꥡ ꥢ ꥣ ꥤ ꥥ ꥦ ꥧ ꥨ ꥩ ꥪ ꥫ ꥬ ꥭ ꥮ ꥯ ꥰ ꥱ ꥲ ꥳ ꥴ ꥵ ꥶ ꥷ ꥸ ꥹ ꥺ ꥻ ꥼ

구분	자모
중성 (95자)	HJF ᅡ ᅢ ᅣ ᅤ ᅥ ᅦ ᅧ ᅨ ᅩ ᅪ ᅫ ᅬ ᅭ ᅮ ᅯ ᅰ ᅱ ᅲ ᅳ ᅴ ᅵ ᅶ ᅷ ᅸ ᅹ ᅺ ᅻ ᅼ ᅽ ᅾ ᅿ ᆀ ᆁ ᆂ ᆃ ᆄ ᆅ ᆆ ᆇ ᆈ ᆉ ᆊ ᆋ ᆌ ᆍ ᆎ ᆏ ᆐ ᆑ ᆒ ᆓ ᆔ ᆕ ᆖ ᆗ ᆘ ᆙ ᆚ ᆛ ᆜ ᆝ ᆞ ᆟ ᆠ ᆡ ᆢ ᆣ ᆤ ᆥ ᆦ ᆧ ힰ ힱ ힲ ힳ ힴ ힵ ힶ ힷ ힸ ힹ ힺ ힻ ힼ ힽ ힾ ힿ ퟀ ퟁ ퟂ ퟃ ퟄ ퟅ ퟆ
종성 (137자)	ᆨ ᆩ ᆪ ᆫ ᆬ ᆭ ᆮ ᆯ ᆰ ᆱ ᆲ ᆳ ᆴ ᆵ ᆶ ᆷ ᆸ ᆹ ᆺ ᆻ ᆼ ᆽ ᆾ ᆿ ᇀ ᇁ ᇂ ᇃ ᇄ ᇅ ᇆ ᇇ ᇈ ᇉ ᇊ ᇋ ᇌ ᇍ ᇎ ᇏ ᇐ ᇑ ᇒ ᇓ ᇔ ᇕ ᇖ ᇗ ᇘ ᇙ ᇚ ᇛ ᇜ ᇝ ᇞ ᇟ ᇠ ᇡ ᇢ ᇣ ᇤ ᇥ ᇦ ᇧ ᇨ ᇩ ᇪ ᇫ ᇬ ᇭ ᇮ ᇯ ᇰ ᇱ ᇲ ᇳ ᇴ ᇵ ᇶ ᇷ ᇸ ᇹ ᇺ ᇻ ᇼ ᇽ ᇾ ᇿ ퟋ ퟌ ퟍ ퟎ ퟏ ퟐ ퟑ ퟒ ퟓ ퟔ ퟕ ퟖ ퟗ ퟘ ퟙ ퟚ ퟛ ퟜ ퟝ ퟞ ퟟ ퟠ ퟡ ퟢ ퟣ ퟤ ퟥ ퟦ ퟧ ퟨ ퟩ ퟪ ퟫ ퟬ ퟭ ퟮ ퟯ ퟰ ퟱ ퟲ ퟳ ퟴ ퟵ ퟶ ퟷ ퟸ ퟹ ퟺ ퟻ

※ HCF는 한글 초성 채움, HJF는 한글 중성 채움을 의미한다.

자모형 한글 코드의 음절 조합

자모형 한글 코드는 현대어 음절에는 쓰이지 않고 미완성 음절과 옛한글 음절 조합에 사용된다. 또한 음절형 한글 코드와는 달리 음절 계산에서 유의해야 한다. 자모형 한글 코드의 음절 조합에 대해 설명하면 다음과 같다.

- 자모형 한글 코드는 미완성 음절 조합에 사용된다. 미완성 음절은 초성으로 시작하지 않거나 중성 없이 구성된 음절로 1,147자가 있다. 이러한 미완성 음절은 음성학이나 음운론처럼 음소와 음운 단위의 설명에서도 중요하지만 특히 한글 처리 프로그래밍에서는 반드시 필요한 글자이다. 예를 들면, 한글 처리 프로그래밍을 통해 다음과 같은 작업이 가능하다.

[예 1] 초성과 종성에 같은 자음이 포함된 단어 찾기: ‘ᄀᆨ, ᄁᆩ, ᄂᆫ, ᄇᆸ, …’

[예 2] 중성 ‘ㆍ’와 종성 ‘ᆫ’으로 끝나는 음절 찾기: ‘ᄂᆞᆫ, ᄋᆞᆫ, ᄒᆞᆫ, ᄐᆞᆫ, ᄑᆞᆫ, ᄫᆞᆫ’

1980년대부터 한글 코드 표준화 과정에서 미완성 음절 1,147자의 현대어 음절 포함 여부에 대해 오랫동안 논쟁이 있었다. 미완성 음절을 포함해서 한글 음절수를 계산하면 총 12,319자까지 늘어나지만, 최종적으로 유니코드에서는 포함되지 않았다. 이러한 미완성 음절은 자모 영역에 있기 때문에 미완성 음절이 섞여있는 텍스트를 정렬하면, 사전 순서대로 정렬되지 않으므로 추가 작업을 해야 한다.

[표 4-12] **미완성 음절 문자 유형**

화면 출력 상태		자모형 한글 코드 내부 상태
자모	글자 예	
초성	'ㄱ'	초성+중성(Fill)
중성	'ㅢ'	초성(Fill)+중성
종성	'ㅁ'	초성(Fill)+중성(Fill)+종성
중성+종성	'ㅑㅅ'	초성(Fill)+중성+종성,
초성+종성	'ㄱㅁ'	초성+중성(Fill)+종성

- 자모형 한글 코드는 옛한글 음절 조합에 사용된다. 한글 음절 표기는 '초성+중성'과 '초성+중성+종성'으로 구성되므로, 옛한글 음절 역시 '초성, 중성'이나 '초성, 중성, 종성'의 순서대로 자모 코드를 입력해야 한다. 여기에서 말하는 '초성, 중성, 종성의 순서대로의 입력'이란, 초성 다음에 중성이 오면 '초성+중성'의 음절로 해석하고, 중성이 없는 연속된 초성은 모두 낱글자로 처리한다는 것을 의미한다. 예를 들어, 초성 'ㅂ'과 'ㅅ'이 연속해서 있으면 'ㅄ'의 한 글자로 해석하지 않고 'ㅂ, ㅅ'의 초성 두 글자로 해석한다. 자모형 한글 코드에는 초성 'ㅄ'이 한 글자로 코드가 부여되어 있기 때문에 초성 조합을 통한 어두자음군의 변환은 허용하지 않는다.

- 자모형 한글 코드로 조합된 한글 음절의 길이는 음절형 한글 코드의 길이와 다르다. 일반적으로 한글 문자열에서 음절의 수는 글자 수와 일치한다. 그러나 한글 처리와 같이 프로그래밍 관점에서 글자 수를 계산하는 과정은 간단하지 않다. 프로그램은 물리적인 데이터 길이만 계산하여 코드 길이를 곧 글자 수로 계산하기 때문이다.

예를 들어 '나랏말쌋미'의 글자 수는 5자이다. 그러나 프로그램에서 데이터의 길이, 곧 코드 길이를 계산하면 6자가 된다. 이를 표로 나타내면 다음과 같다.

[표 4-13] 자모형 한글 코드 조합 음절의 길이

출력 문자	나	랏	말	ᄊᆞ		미
출력 위치	1	2	3	4		5
코드 문자	나	랏	말	ᄊ	ᆞ	미
코드 위치	1	2	3	4	5	6
코드값(hex)	B098	B78F	B9D0	110A	119E	BBF8

유니코드에서는 한글을 음절형 코드와 자모형 코드를 모두 사용하는데 대부분의 응용 프로그램에서는 음절형으로 표현이 가능한 것은 음절 한 글자로 처리하고 나머지는 자모로 처리한다. 위의 표를 보면, 음절형 코드에 있는 글자 '나, 랏, 말, 미'는 각각 한 글자로 처리하고 'ᄊᆞ'는 초성 'ᄊ'과 중성 'ᆞ'로 구성된 두 개의 글자로 처리하여 코드값은 6개가 되고, 이 때문에 자모형 한글 코드가 조합된 문자열은 눈에 보이는 음절 수보다 더 많은 코드 길이를 갖게 된다. 곧 음절 'ᄊᆞ'는 내부적으로는 두 개의 글자이지만, 한글 문서처리기와 같은 응용 프로그램에서 조합된 하나의 글자로 출력하는 것뿐이다.

눈에 보이는 글자 수와 내부적인 코드 길이가 일치하지 않는 것은, 한글 처리에서는 반드시 해결해야 하는 문제이다. 따라서 한글 처리에서 글자 수로 통계를 구하려면, 직접 프로그램을 구현하여 글자 수를 계산해야 한다.

자모 조합과 정보교환용 한글 처리 지침(KS X 1026-1)

2007년에 우리나라에서는 공식적으로 '정보교환용 한글 처리 지침', 이른바 KS X 1026-1을 발표하였다. 이것의 주요 내용을 살펴보면 다음과 같다.

- 첫째, 한글 자모 117자를 추가하여 총 355자로 확장한다. 이는 매우 중요한 일로, 지금껏 옛한글을 충분히 표현할 수 있는 코드가 없어서 한양 사용자 정의 영역에 문자를 임의 지정해서 사용하였는데 이제는 이런 임시방편을 사용하지 않고 유니코드로만 완벽하게

표현할 수 있게 되었다. 새로 추가된 자모는 2009년 유니코드 버전 5.2에 반영되었다.

- 둘째, 새로 추가된 한글 자모 355자에 맞게 사전 순서에 맞는 정렬 방법을 제시하였다. 새로운 자모가 추가됨으로 코드 순서로 정렬하면 사전식으로 정렬이 되지 않아 사전식 정렬 방법을 제시하고, 이에 대한 정렬 알고리즘을 제공하였다. 정렬 알고리즘은 'KS X 1026-1, Annex C A Hangul Sorting Algorithm'에 수록되어 있다.

- 셋째, 현대어 음절은 자모 코드로 조합하지 않고 음절형 코드(한 글자)를 사용하도록 권장하였다. 이는 현대어 한글과 옛한글을 함께 사용할 때 현대어 음절은 한 글자의 음절형 코드를 사용하고, 현대어 음절이 없는 경우에만 자모형 코드를 조합하여 사용하기를 권장한 것이다. 앞서 기술하였듯이 유니코드에서는 동등 서열 원리에 의해 조합하여 한 글자를 이룬 것과 이미 음절로 구성되어 있는 글자를 동등한 것으로 간주하지만, 정보 처리 관점에서 저장 공간을 아끼기 위하여 현대어 음절은 음절 코드 한 문자로 처리하도록 권장한 것이다.

이러한 측면에서 한글 처리에서 현대어 음절은 음절 코드 하나로 입력된 것인지, 자모 코드 둘 이상이 조합하여 입력된 것인지 확인할 필요가 있다. 예를 들어, 응용 프로그램에서 초성 'ㅎ', 중성 'ㅏ', 종성 'ㄴ'으로 입력된 글자는 음절 코드로 입력된 '한'과 차이가 없다. 따라서 응용 프로그램에서 화면에 글자 '한'으로 출력되더라도 음절 문자인 '한'과 자모 조합 문자인 'ㅎ ㅏ ㄴ'은 데이터의 길이를 계산해 봄으로써 구별할 수 있다.

참고로 한글 문서처리기에서는 'CTL+F10' 키를 입력한 후에 유니코드 표를 선택하고 차례대로 초성, 중성, 종성 자모를 입력하면 자모 단위 음절을 만들 수 있다.

[예 3] 자모 조합: 'ᄂ ᅡ' (0x1102, 0x1161) [X] ⇒ '나' (0xB098)

[예 4] 음절과 종성 조합: '가ᇙ' (0xAC00, 0x11D9) [X] ⇒ '갊' (0x1100, 0x1161, 0x11D9)

- 넷째, 두 개 이상의 자음, 혹은 모음을 모아 한 글자 자음 혹은 모음으로 만들지 않도록 권장하였다. 예를 들어, 초성 'ㄱ' 두 개를 조합하여 'ㄲ'으로 만들거나, 중성 'ㅗ'와 'ㅏ'를 조합하여 'ㅘ'로 사용하지 말라는 것을 의미한다. 앞에서 언급한 초성 'ㅂ'과 'ㅅ'을 연속해서 조합하여 어두자음군 'ㅄ' 글자를 만들 때, 유니코드에서는 초성 'ㅂ'과 초성 'ㅅ'을 'ㅄ'의 한 글자로 처리하지 않고 'ㅂ, ㅅ'의 초성 두 글자로 출력하는 것도 이 권장 지침에 해당하는 것이다.

[예 5] 자음 조합: 'ㄱㄱ' (0x1100, 0x1100) [X] ⇒ 'ㄲ' (0x1101)
[예 6] 모음 조합: 'ㅗㅏ' (0x1169, 0x1100) [X] ⇒ 'ㅘ' (0x116A)

이 지침 역시 정보 처리 관점에서 저장 공간을 아끼고 복잡한 알고리즘을 간결하게 하기 위하여 결정한 것으로 보인다.

음절과 자모의 상호 변환

유니코드에서는 음절 글자와 자모 조합 글자의 상호 변환이 가능하다. 앞에서 정보교환용 한글 처리 지침에서는 현대어 음절은 자모 코드로 조합하지 않고 음절형 코드(한 글자)를 사용하도록 권장하고 있지만, 언어 정보 처리를 위해서는 음절 글자를 자모 조합 코드로 변환하거나 자모 조합 문자를 음절 코드로 변환해야 하는 경우가 있다. 이러한 경우 음절형 한글 코드는 훈민정음 원리에 의해서 조합한 상태이므로 간단한 수식을 적용하면 초성, 중성, 종성으로 분해할 수 있다.

예를 들어 글자 '한'을 분해하여 초성 'ㅎ', 중성 'ㅏ', 종성 'ㄴ'으로 나누어진 자모 문자 코드로 변환할 수 있다. 반대로 초성 'ㅎ', 중성 'ㅏ', 종성 'ㄴ' 자모 코드를 '한'이라는 음절 코드로도 변환할 수 있다.[표4-14]

상호 변환은 음절 코드가 있는 경우에만 가능하다. 곧 옛한글 음절인 'ᄒᆞᆫ'은 자모 조합으로만 가능하고 음절 코드값은 없으므로 음절로의 변환은 불가능하다.[표 4-15]

[표 4-14] **한글 음절 '한'의 음절과 자모의 상호 변환**

음절			자모	
코드값	글자		글자	코드값
0xD55C	한	⇔	ᄒ	0x1112
			ᅡ	0x1161
			ᆫ	0x11AB

[표 4-15] **옛한글 음절 'ᄒᆞᆫ'의 음절과 자모**

음절			자모	
코드값	글자		글자	코드값
없음	ᄒᆞᆫ	⇎	ᄒ	0x1112
			ᆞ	0x119E
			ᆫ	0x11AB

한편 정보교환용 한글 처리 지침(KS X 1026-1 Annex B)에서는 음절과 자모의 상호 변환을 지원하는 알고리즘 소스를 제공하고 있다.

5. 유니코드와 한글 처리

한글 처리는 형태소 분석을 비롯하여 문장 해석, 의미 해석, 문서 분류, 말뭉치 구축 등 목적에 따라 다양하게 발전해 왔다. 현재는 문장은 물론 텍스트 단위에 대한 분석까지 이루어지고 있지만, 한글 처리의 기본은 자모, 음절에 대한 분석과 통계로부터 시작한다. 이를 위해서는 유니코드에서 알아두어야 할 것이 있는데, 이에 대해 간단하게 설명하고자 한다.

한글 음절 수 계산

한글 음절 수는 자모 글자가 조합된 음절과 자모 코드가 조합된 음절에 차이가 있다.

이로 인해 한글 처리와 관련하여 음절과 자모의 글자 수를 계산할 때 유의해야 한다.

일반적으로 현대어 음절은 한글 맞춤법에 의거하여 11,172자이다. 그러나 한글 자모를 기준으로 현대어 음절 수를 계산할 때에는 자모 글자를 조합한 음절과 자모 코드를 조합한 음절의 수는 다르다. 자모 코드에는 초성 채움 문자와 중성 채움 문자가 포함되어 있어서 자모의 수가 2자 더 많은 357자가 된다. 다만 자모 코드 조합의 경우, 초성 채움은 음절 조합이 가능하지만, KS X 1026-1에서 중성 채움 문자의 음절 조합은 금지하므로, 초성 채움이 포함된 음절과 자모 낱자까지 포함하여 계산한다.

[표 4-16] 한글 음절 수 계산

유형	음절 수	자모 수	계산 방법	
현대어 음절	11,172	67자	초성(19)×중성(21)	= 399
			초성(19)×중성(21)×종성(27)	= 10,773
자모 글자 조합 음절	1,608,528	355자	초성(124)×중성(94)	= 11,656
			초성(124)×중성(94)×종성(137)	= 1,596,872
자모 코드 조합 음절	1,621,761	357자 (채움 문자 포함)	초성(124)×중성(94)	= 11,656
			초성(124)×중성(94)×종성(137)	= 1,596,872
			초성 채움(1)×중성(94)×종성(137)	= 12,878
			초성(124)+중성(94)+종성(137)	= 355
			※ KS X 1026-1에서는 '초성(124)×중성 채움(1)×종성(137)'의 음절 조합을 금지함.	

한글 인코딩과 한글 코드 변환

한글 처리를 위해 프로그래밍을 하다 보면 유니코드 이외에도 다양한 인코딩 용어들을 볼 수 있다. 특히 한글 처리와 관련하여 꼭 알아야 하는 것이 있는데, 대표적으로 EUC-KR, CP949, UTF-32, UTF-16 및 UTF-8 등이 있다. CP949는 3장에서 다루었으므로 여기에서는 EUC-KR과 UTF에 대해서 설명한다.

EUC-KR은 'Extended Unix Code-Korea'의 줄임말로 유닉스(UNIX)에서 표준 완성형

을 지원하기 위한 인코딩 방식이다. 다시 말해 표준 완성형 코드를 유닉스 계열에서 부르는 명칭이라 할 수 있다.

- 유니코드는 UTF-32(32비트), UTF-16(16비트), UTF-8(8비트) 등 세 가지 인코딩을 제공한다. UTF는 'Unicode Transformation Format'의 약자로, 유니코드를 32비트나 16비트, 8비트 값으로 인코딩하는 방식이다. 유니코드는 21비트로 설계되었는데, 라틴 문자와 같이 1바이트 곧 8비트를 사용하는 문자권에서는 정보 처리의 효율이 낮아지므로 UTF-8을 이용하여 유니코드를 8비트 값으로 인코딩하여 사용하기도 한다. 실제 UTF-16과 UTF-8을 가장 많이 사용하고 있으며, 웹페이지와 DB에서도 유니코드를 지원하는 경우에는 대부분 UTF-8을 사용한다.

- 우리나라에서는 유니코드 외에 표준 완성형과 통합 완성형도 많이 사용하고 있다. 따라서 유니코드와 표준 완성형 혹은 통합 완성형을 서로 변환할 수 있어야 한다. 특히 통합 완성형은 표준 완성형을 확장하여 현대 한글 음절을 모두 표현할 수 있기 때문에, 유니코드와 변환할 때에는 통합 완성형으로 변환하는 것이 좋다. 만약 유니코드를 표준 완성형으로 변환하면 2,350음절에 없는 음절은 네 글자(채움+초성+중성+종성) 자모로 바뀌기 때문에 데이터의 길이가 늘어나므로 유의해야 한다.
  예를 들어, 유니코드 '갂' 글자를 통합 완성형으로 변환하면 한 글자로 바뀌는데, 표준 완성형으로 변환하면 네 글자로 바뀐다. 표준 완성형은 2,350자로 표현할 수 없는 음절은 자모로 조합해서 처리하는데, 이때 채움 문자로 시작하여 '채움, ㄱ, ㅏ, ㄲ'의 네 글자로 변환된다. 또한 종성 받침이 없는 '쌰' 음절을 표준 완성형으로 변환하여도 '채움, ㅆ, ㅑ, 채움'의 네 글자로 변환된다.[표 4-17]
  따라서 유니코드를 완성형 코드로 변환할 때에는 통합 완성형으로 변환하여 사용하도록 한다.

[표 4-17] 한글 코드 변환에서 글자 길이의 비교(16진수)

음절		유니코드	통합 완성형	표준 완성형(EUC-KR)
갂	코드값	AC02	8141	A4D4 A4A1 A4BF A4A2
	글자 수	1 (갂)	1 (갂)	4 (채움, ㄱ, ㅏ, ㄲ)
쌰	코드값	C330	9B58	A4D4 A4B6 A4C1 A4D4
	글자 수	1 (쌰)	1 (쌰)	4 (채움, ㅆ, ㅑ, 채움)
가	코드값	AC00	B0A1	B0A1
	글자 수	1 (가)	1 (가)	1 (가)

유니코드와 통합 완성형 코드를 변환할 때 통합 완성형 글자가 사전 순으로 배치되지 않았기 때문에 '가'보다 '갂'이 앞에 제시되어 있다.[표 4-18]

[표 4-18] 유니코드와 통합 완성형 코드의 변환 목록

글자	통합 완성형	유니코드
갂	0x8141	0xAC02
갃	0x8142	0xAC03
갅	0x8143	0xAC05
...	...	...
컾	0xB09F	0xCEFE
컿	0xB0A0	0xCEFF
가	0xB0A1	0xAC00
각	0xB0A2	0xAC01
간	0xB0A3	0xAC04
...	...	...
힙	0xC8FC	0xD799
힛	0xC8FD	0xD79B
힝	0xC8FE	0xD79D

한양 사용자 정의 영역과 옛한글 처리

1990년대 유니코드에서 자모형 한글 코드가 도입되면서 옛한글을 표현할 수 있게 되었다. 그러나 이는 코드 시스템에 코드값이 할당되었다는 뜻이지 현실에서 옛한글을 마음대로 사용할 수 있다는 뜻은 아니었다. 옛한글을 처리하는 것은 쉽지 않았지만, 우리 나름대로의 방식으로 코드화하여 사용해 왔는데 이를 간략하게 정리하면 다음과 같다.

- 옛한글 자모는 1993년 유니코드 버전 1.1부터 한글 자모 영역에 포함되었다. 유니코드 1.1에 할당된 한글 자모 수는 240자로, 이는 1980년대 한글 코드 표준화 과정에서 국어학자들이 정리한 자료였다. 그러나 당시에는 현대어 음절 11,172자 중에서 2,350자만을 간신히 수용하던 시기여서 한글 코드에 옛한글을 포함시키는 것은 쉽지 않았다. 이러한 상황에서 유니코드에서 한글 코드를 할당할 때, 그동안 정리했던 옛한글 자모를 제출하여 한글 자모 240자가 등록되었다(홍윤표 1995).

- 유니코드에 옛한글 자모 240자를 등록하였지만, 이 글자만으로 옛한글 음절을 표현하기에는 충분하지 않았다. 이 때문에 2000년에 들어서면서 당시까지 확인된 옛한글 자모 및 옛한글 음절 5 천여 개를 유니코드의 '사용자 정의 영역(PUA: Private Use Area)'에 임시로 할당하여 옛한글을 처리하였는데, 이것이 '한양 사용자 정의 영역(이후 '한양 PUA 코드'로 지칭함)' 코드이다. 이 코드를 한글 문서처리기와 마이크로소프트사 문서처리기에서 지원하면서 옛한글의 처리가 가능해졌다.

- 한양 PUA 코드는 옛한글을 완벽하게 사용할 수 있게 했다는 점에서 의의가 있다. 한글 정보화와 관련하여 오랜 꿈이 이루어진 셈이었다. 한양 PUA 코드를 사용하여 국어학계와 정부 기관에서 옛 문헌을 정리하여 데이터베이스를 구축하고 이렇게 구축한 정보를 검색하거나 정렬까지 할 수 있게 되었다.

- 한양 PUA 코드는 유니코드의 사용자 정의 영역을 사용하였기 때문에 호환성이 없다는 한계가 있다. 유니코드 표준에 맞게 설계된 다른 응용 프로그램과는 호환성이 없었으며

옛한글 폰트를 설치하지 않으면 볼 수도 없었다. 결국 유니코드 5.2에 옛한글 자모가 추가되면서 한양 PUA 코드는 사용이 중단되었다. 이후 한양 PUA 코드를 포함한 문서는 유니코드 5.2의 변환기를 통해서 읽어야 한다. 한글 문서처리기 역시 2010 버전부터는 옛한글을 입력할 때 한양 PUA 코드를 사용하지 않는다.

[표 4-19] **한양 PUA 코드의 문자 수 및 코드 범위**

문자 구분		코드 범위
완성형 음절(5,299자)		U+E0BC~U+EFFF, U+F100~U+F66E
자모(361자)	초성: 125자	U+F784~U+F800(초성 채움 포함)
	중성: 95자	U+F806~U+F864(중성 채움 포함)
	종성: 142자	U+F86A~U+F8F7(종성 채움 포함)
구결(255자)		U+F67E~U+F77C
공백		U+E000~U+E0BB

구결 문자 처리

구결 문자는 유니코드에는 포함되어 있지 않지만 우리의 역사에서 사용하였던 문자이기 때문에 한글 처리를 위해서는 구결 문자에 대한 코드화에 대해서도 알아두어야 한다.

- 우리 조상들은 훈민정음의 창제 이전에 우리말을 글로 표현하기 위해서 한자를 우리식으로 차용한 표기법을 이용하였는데, 이것이 바로 이두(吏讀), 향찰(鄕札), 구결(口訣) 등이다. 이 중에서 구결은 한문을 읽을 때 그 뜻이나 독송(讀誦)을 위하여 각 구절 아래에 달아 쓰던 문법적 요소를 통틀어 이르는 말로, '隱(은, 는)', '伊(이)'와 같이 한자를 쓰기도 하였지만, '亻(伊의 한 부)', '厂(厓의 한 부)'와 같이 한자의 일부를 떼어 쓰기도 하였는데, 한자를 변형하여 사용했다는 점에서 일본어의 가나(かな) 문자와 유사하다.

- 자료에 따르면 구결 문자가 코드로 채택된 것은 1992년 한글 문서처리기 2.0부터였다고 한다. 이때 구결 문자의 수는 244자였으나 그 이후 계속 보완하여 총 269자까지 늘어났

지만 유니코드에는 구결 문자가 포함되지 않았다 (홍윤표 1995, 박진호 2015). 2000년대 들어서면서 유니코드의 사용자 정의 영역 코드를 확장한 한양 PUA 코드에서 구결 문자를 지원하면서 유니코드에서도 구결 문자를 사용할 수 있게 되었다.

- 한양 PUA 코드가 보급되면서 옛한글 연구와 문화 유산 데이터베이스 구축에 한양 PUA 코드를 사용하였다. 그러나 유니코드에 정식으로 등록된 코드가 아니라 임시방편으로 사용하는 것이어서 이를 해결하기 위해서 우리나라에서는 구결 문자를 유니코드에 포함시키고자 노력하고 있다.

[표 4-20] **한양** PUA **구결** (255**자**)

0x	0	1	2	3	4	5	6	7	8	9	A	B	C	D	E	F
F67															丌	可
F68	亐	厺	去	去	巨	令	ナ	口	古	昆	戈	木	人	曰	果	官
F69	尒	尓	豈	這	皆	艮	八	只	尹	尹	那	乃	難	汝	女	又
F6A	乂	奴	論	了	卜	匕	尼	行	乇	飞	飛	斤	𠃌	卩	卩	隱
F6B	丨	夕	多	如	支	大	力	ガ	叻	加	氐	底	丁	了	田	刁
F6C	刀	都	斗	斗	豆	扌	地	矢	知	陳	ホ	等	月	の	入	冬
F6D	厶	矣	弋	代	、	亽	四	罖	羅	驴	驢	要	吕	⺍	灬	灬
F6E	以	条	仒	矛	才	才	禾	利	里	吝	尸	乚	乙	广	広	麻
F6F	麽	亇	个	万	萬	末	賣	ス	か	旀	弥	彌	丆	面	毛	勿
F70	未	米	ㄣ	亍	音	巳	火	卫	巴	邑	氵	沙	三	入	全	舍
F71	立	彳	一	西	户	所	小	寸	时	時	二	示	氏	申	士	亣
F72	白	生	七	叱	旧	児	見	牙	阿	乄	ろ	良	厂	厓	乛	也
F73	方	才	扌	於	亠	古	言	藥	予	余	与	亠	冫	亦	人	曳
F74	乃	五	⺊	午	玉	昷	溫	臥	于	牛	位	身	般	ラ	衣	乀
F75	リ	是	伊	己	卬	印	引	成	應	刃	忍	上	乡	者	共	其
F76	司	司	斉	齊	心	之	造	他	打	土	吐	下	何	ノ	亇	乎
F77	好	忽	兮	今	屎	ソ	為	爲	亽	十	中	子	甲			

6. 유니코드와 한자

유니코드에서 한자는 최초의 유니코드 버전에 포함되지 않고 한글보다 나중에 할당되었다. 한자는 여러 지역에서 오랫동안 사용되면서 각 나라에서 사용하는 글자가 중복되는 경우가 많아서 이를 정리하는 데에 오랜 시간이 걸렸기 때문이다. 1990년대 초반에 국제 한자 특별 위원회에 제안된 한자는 27,486자였지만 중복된 글자를 정리하여 최종적으로 20,902자를 한자 영역으로 배정하였다. 그 이후 꾸준히 증가하여 현재 버전 12.1에서는 총 87,887자가 등록되어 있다.

유니코드의 한자는 한국, 중국, 일본에서 사용하는 한자를 모아놓은 것이어서 한중일 통합 한자(CJK Unified Ideographs)라고 부른다. 한중일 통합 한자는 버전 1.01에서 20,902자가 등록된 이후 A, B 등으로 확장되면서 한자를 추가하였는데, 현재는 CJK-F까지 확장되었으며 등록 한자 수는 8만 개를 넘어섰다.

[표 4-21] **한중일 통합 한자**(CJK Unified Ideographs)**의 등록 과정**

유니코드 버전	CJK	CJK-A	CJK-B	CJK-C	CJK-D	CJK-E	CJK-F
1.0.1	20,902						
3.0		6,582					
3.1			42,711				
4.1	22						
5.1	8						
5.2	8			4,149			
6.0					222		
6.1	1						
8.0	9					5,762	
10.0	21						7,473
11.0	5						
합계	20,976	6,582	42,711	4,149	222	5,762	7,473

유니코드에서 한자 글자 수

한중일 통합 한자의 글자 수는 문헌마다 약간씩 차이가 있다. 이는 코드가 부여된 문자 중 한자 글자 수를 어느 범위까지 인정하느냐에 대한 관점의 차이로 인한 것인데, 간단히 설명하면 다음과 같다.

- 유니코드 버전 1.0.1에서는 한중일 호환 한자(CJK Compatibility Ideographs)를 배정하였다. 한중일 호환 한자는 유니코드 통합 한자와 유니코드 이전에 사용된 한자 코드를 상호 변환하는 목적으로 사용하는 것이다. 우리나라의 호환 한자의 예를 보면 다음과 같다.

[표 4-22] 유니코드에서 한자 '樂'

음	한자	KS X 1001	유니코드	영역
낙	樂	0xD1E2	U+F914	호환 한자
락	樂	0xD5A5	U+F95C	호환 한자
악	樂	0xE4C5	U+6A02	통합 한자
요	樂	0xE8F9	U+F9BF	호환 한자

표에서 보듯이 한자 '樂'은 단어에 놓이는 위치와 의미에 따라 음이 달라진다. KS X 1001에서는 한자 음을 중심으로 네 개의 글자로 등록하였지만, 한자로는 동일한 글자이기 때문에 유니코드에서는 KS X 1001의 0xE4C5에 해당하는 글자만 통합 한자에 등록하였다. 나머지 세 개의 글자, '낙(0xD1E2), 락(0xD5A5), 요(0xE8F9)'는 호환 한자 영역에 등록하여 유니코드의 통합 한자와 KS X 1001의 문자 코드를 상호 변환할 수 있도록 한 것이다. 이러한 문자는 우리만 있는 것이 아니어서 한중일의 호환 한자를 모아 배정한 것이다.

- 유니코드 버전 1.0.1에서는 한중일 호환 한자 영역에 302자를 등록하였는데, 이 중 통합 한자 영역에 없는 12자가 호환 영역에 등록되었다. 자료에 따르면 이 글자는 일본의 IBM 32에서 유래된 글자인데, 유니코드의 원칙 상 호환 한자는 통합 한자 영역에 변환 가능한 같은 글자가 있어야 하는데, 통합 한자 영역에 없는 글자를 호환 한자

영역에 잘못 배치한 것이었다. 그러나 이미 확정된 코드를 바꾸기 어려워 현재까지 굳어지게 된다.

이러한 배경으로, 통합 한자에 부여된 문자 코드는 87,875자이지만, 글자 수를 기준으로 호환 한자 영역의 12자를 포함하여 87,887자로 설명하기도 한다. 그러나 이 책에서는 통합 한자의 수는 등록 코드를 중심으로 하여 87,875자로 계산한다.

- 코드 영역에 등록된 글자가 없는 빈칸을 글자 수에 포함시키느냐에 따라서도 글자 수가 달라진다. 한중일 통합 한자 확장E 영역이 여기에 해당하는데, 코드 영역에 글자가 없는 빈칸을 포함하면 5,776자가, 빈칸을 제외하면 5,762자가 된다. 이 책에서는 빈칸을 제외한 5,762자로 정리한다.

- 유니코드 버전 12.1에서는 한중일 통합 한자 이외에도 부수, 호환 한자 등 나머지 모든 한자를 합치면 89,937자가 등록되어 있다. 앞으로 발표될 유니코드 버전 13.0 베타에서 '통합 한자G' 영역이 추가되면 한자의 글자수는 더 늘어날 예정이다. '통합 한자G' 영역은 총 4,939자이며, 범위는 U+30000부터 U+31349이다.

- 유니코드에 등록된 한자도 한글 자모처럼 뒤늦게 글자가 추가됨으로써 코드값을 기준으로 정렬하면 부수와 획수에 따라 정렬되지 않는 문제가 발생한다. 이에 한자 역시 부수와 획수에 따라 정렬하려면 추가적인 작업이 필요하다.

한자의 한국 한자음

유니코드를 표준 코드로 채택하면서 한자에 대한 우리식 한자음을 기준으로 한 한글 처리에 문제가 생긴다. 유니코드의 통합 한자는 자전에 제시된 부수와 획수 순서로 배열하였지만, 한글 처리에서는 한자에 대한 우리식 한자음을 기준으로 정렬하기 때문이다. 한글 처리를 위해서는 명확한 한자음을 정리하는 것이 필요한데, 이러한 작업을 학계와 정부에서 진행하고 있다.

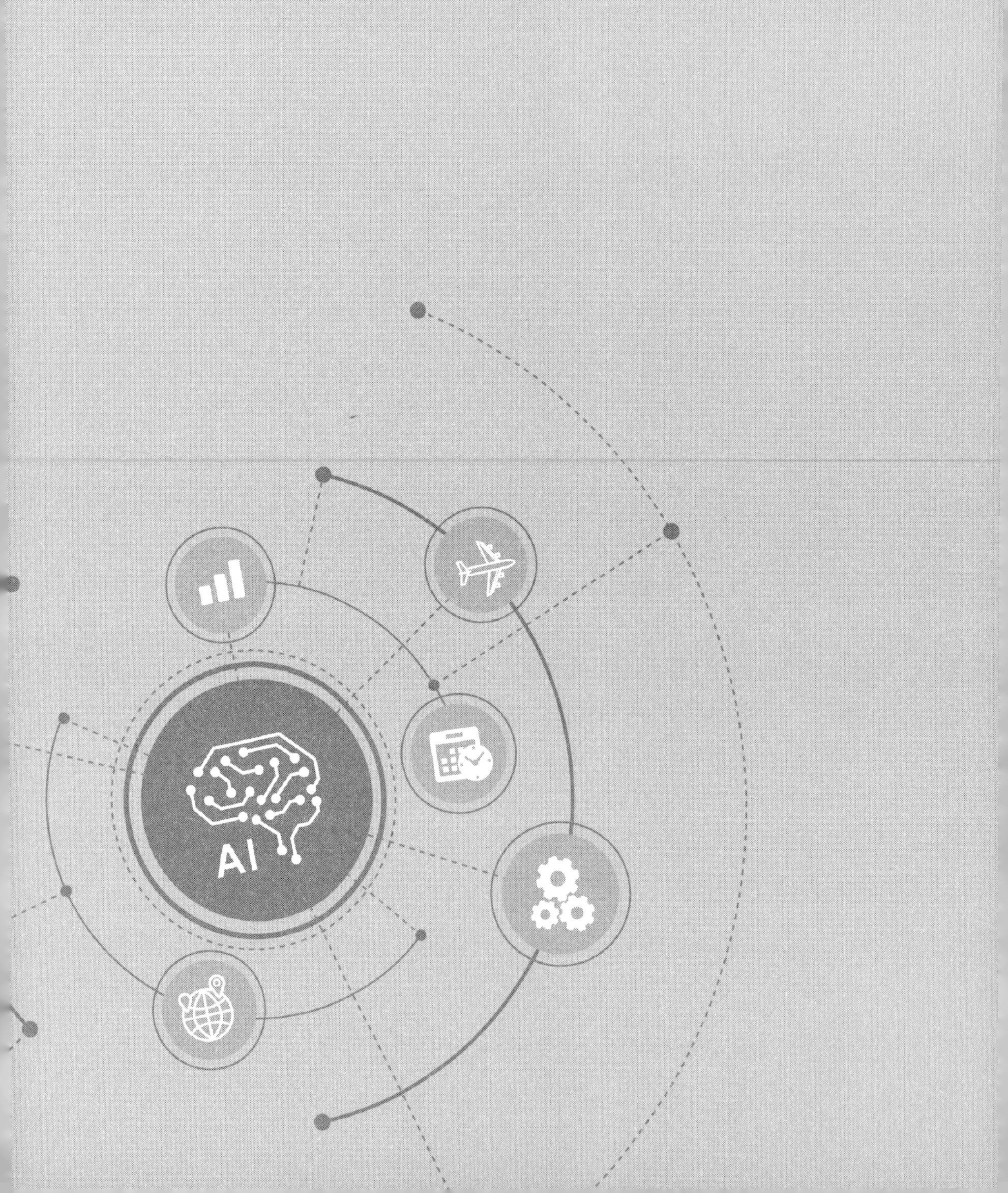
AI

PART 2

한글 처리를 위한 파이썬(Python) 기초

5
Chapter

파이썬 기초

파이썬(Python)은 귀도 반 로섬(Guido van Rossum)이 1991년에 발표한 프로그래밍 언어이다. 파이썬은 비영리로 운영하는 파이썬 소프트웨어 재단에 의해서 오픈 소스(Open Source) 방식으로 관리된다. 오픈 소스 방식으로 운영하면서 고급 기능을 탑재한 다양한 패키지를 무료로 제공하고 모든 플랫폼에서 사용할 수 있다는 장점 때문에 이용자가 빠르게 증가하고 있다.

소프트웨어 개발을 해 본 사람이라면 이전에는 C, C++, 자바(java) 등의 프로그램이 훨씬 대중적으로 사용되고 있었음을 알 것이다. 2010년 중반 이전까지는 대학에서 이공계 학생을 중심으로 C, C++, 자바 등 실용적인 프로그래밍 언어를 가르쳤으나, 인공지능이 인기를 끌면서 최근에는 우리나라의 많은 대학에서 신입생들의 기초 교양으로 파이썬을 가르치고 있다. 파이썬이 이렇게 빠른 속도로 자리잡게 된 것은, 다양한 패키지를 오픈 소스 방식으로 제공한다는 점이 가장 큰 이유라 할 수 있다.

파이썬의 특징을 간략하게 제시하면 다음과 같다.

- 파이썬은 다른 프로그램 언어와 다르게 들여쓰기 방식으로 블록을 구분하는 문법을 사용한다. 다른 프로그램은 들여쓰기가 프로그램 문법으로 존재하지 않는다. C나 C++

에서 들여쓰기로 작성된 소스 코드를 본 적이 있겠지만, 이것은 프로그램 작성자가 계층을 시각적으로 이해하기 위해 사용한 것일 뿐이다. 이와 달리 파이썬은 들여쓰기로 블록을 구분하지 않으면 문법적으로 오류가 발생한다.

- 인터프리터 방식의 언어라서 컴파일 방식의 언어에 비하여 속도가 느린 단점이 있다. 인터프리터 언어는 단말기를 통하여 컴퓨터와 대화하면서 작성할 수 있는 프로그래밍 언어를 의미한다. HTML이나 자바와 같이 원시 프로그램을 한 문장 단위로 번역하여 실행하기 때문에 오류가 있어도 실행 가능한 범위 내에서는 동작한다.

- 한글 처리 관점에서 유니코드를 기반으로 설계되었기 때문에 한글 처리가 자유롭다. 물론 자바나 C언어에서도 유니코드를 사용한다.

- 파이썬의 철학(the Zen of Python)은 파이썬이 어떤 프로그래밍 언어인지를 잘 보여준다. 몇 가지를 제시하면 다음과 같다.
  Beautiful is better than ugly.
  Explicit is better than implicit.
  Simple is better than complex.

파이썬은 단순함과 명료함을 지향하는 언어이다. 사용자가 쉽게 배워서 사용할 수 있게 하는 것이 목적이고, 이것이 파이썬이 빠르게 자리잡게 된 원동력이기도 하다.

마지막으로 파이썬 명칭에 대해 정리하고자 한다. 'Python'의 한글 명칭은 '파이썬' 혹은 '파이선'으로 지칭하고 있는데, 외래어 표기법 제1장 제4항에 따르면 외래어를 적을 때 파열음 표기는 된소리를 쓰지 않는 것을 원칙으로 하므로 '파이선'으로 표기하는 것이 원칙에 맞는다. 그러나 관례적으로 '파이썬'으로 불리기 시작하여 '파이선'보다 '파이썬'의 표기 비중이 훨씬 높고, 외래어 표기법에서도 굳어진 외래어는 관용을 존중한다고 밝히고 있다. 따라서 이 책에서도 관례에 따라 '파이썬'으로 지칭하고자 한다.

1. 파이썬 설치

파이썬을 설치하려면 파이썬 공식 사이트인 python.org에서 해당 프로그램을 다운로드하여 실행시켜야 한다. 파이썬 사이트로 이동하여 [Python] 메뉴를 누르면 다음과 같은 화면을 볼 수 있다.

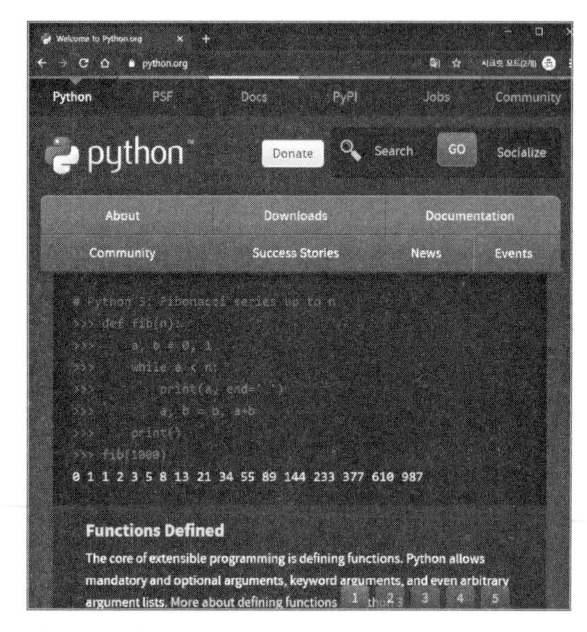

[그림 5-1] 파이썬 홈페이지 화면

PC 윈도 버전 다운로드

파이썬은 PC, Mac, Unix 등 모든 환경에서 사용이 가능하다. 다만 한글 처리는 PC의 윈도에서만 옛한글까지 완벽하게 지원하기 때문에 이 책에서는 PC 윈도를 중심으로 설명한다.

다음과 같이 파이썬 홈페이지에서 윈도 버전을 선택하여 프로그램을 다운로드한다.

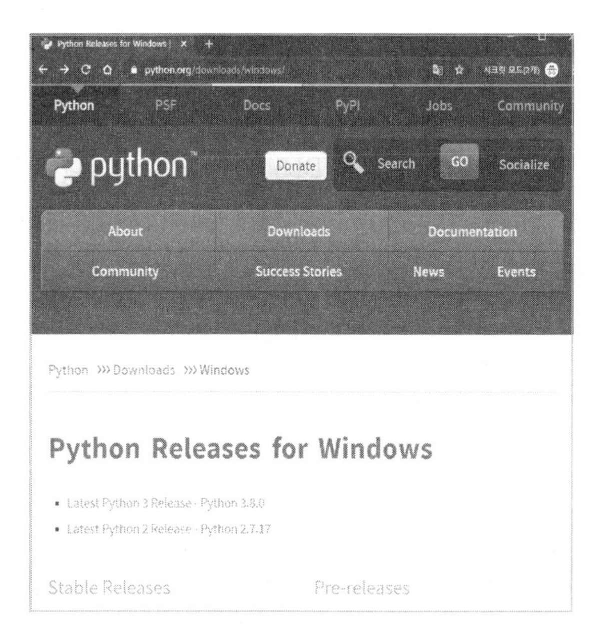

[그림 5-2] 파이썬 홈페이지에서 윈도 버전 선택하기

설치 파일 실행

다운로드한 파일을 실행하면 다음과 같은 창이 나타난다.

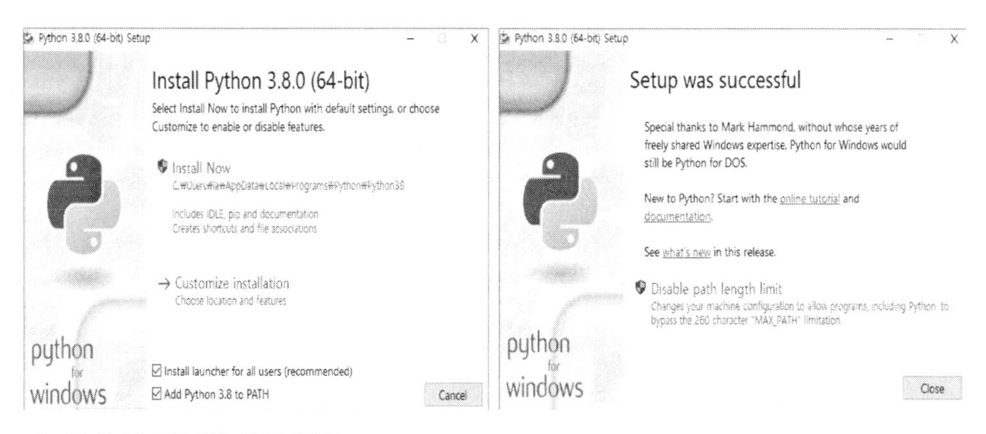

[그림 5-3] 파이썬 설치 화면

파이썬 실행

프로그램 설치가 끝나면 이제 제대로 설치되었는지 확인하기 위해 실행해 보아야 한다. 윈도의 [시작 〉 모든 앱 〉 파이썬 폴더 〉 IDLE 실행]을 누르면 다음과 같은 창이 화면에 나타난다. 'IDLE'는 통합 개발 환경(Integrated Development and Learning Environment)의 약자로, 프로그램 개발과 관련된 작업, 소스 코드 입력 및 편집, 컴파일, 디버그 등을 모두 통합적으로 지원하는 환경을 의미한다. 'IDLE'는 사용하기 쉬워서 처음 배우는 초보자에게 매우 적합하다.

[그림 5-4] **파이썬 실행 화면**

파이썬 IDLE를 실행하면 입력창이 뜬다. 화면에 "print("안녕하세요")"를 입력하고 엔터키를 누르면 다음과 같은 화면이 나온다.

[그림 5-5] **파이썬 IDLE 실행 화면**

2. 파이썬 개발 환경

파이썬을 설치하고 정상적으로 동작하는 것을 확인하였다면, 이제 프로그램을 중심으로 파이썬의 개발 환경을 간단히 살펴보자.

우리가 설치한 파이썬은 두 개의 기본적인 프로그램을 제공하는데, 명령 프롬프트 방식의 콘솔(consol)과 통합 개발 환경(IDLE) 콘솔이다. 콘솔은 시스템 관리자가 시스템의 상태를 알아보거나 각종 업무를 처리하기 위하여 사용하는 단말 장치를 의미한다.

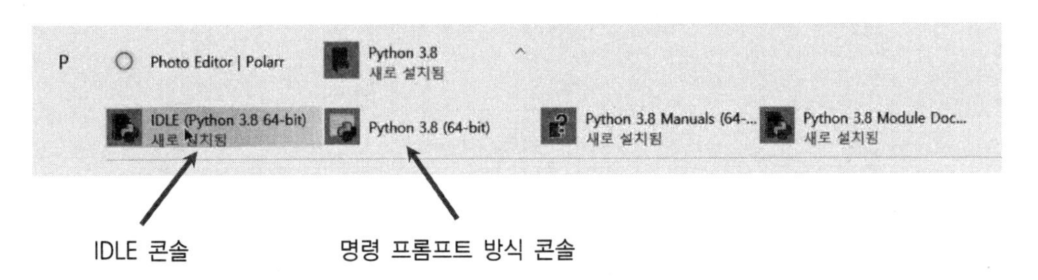

[그림 5-6] 파이썬 제공 콘솔

명령 프롬프트 방식의 콘솔에서는 파이썬의 간단한 명령을 실행시킬 수 있다.

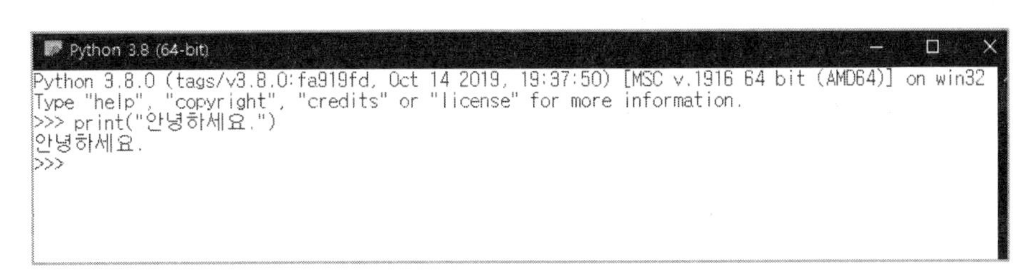

[그림 5-7] 명령 프롬프트 방식의 콘솔

파이썬의 IDLE는 앞에서 살펴보았으므로 생략한다.

한편 파이썬에서 기본적으로 제공하는 편집기 말고도 Visual Studio Code, PyCharm, Spyder 등의 IDLE에서도 파이썬을 프로그래밍할 수 있다. “print(“안녕하세요”)”의 출력을 다른 IDLE에서 실행하면 다음과 같다.

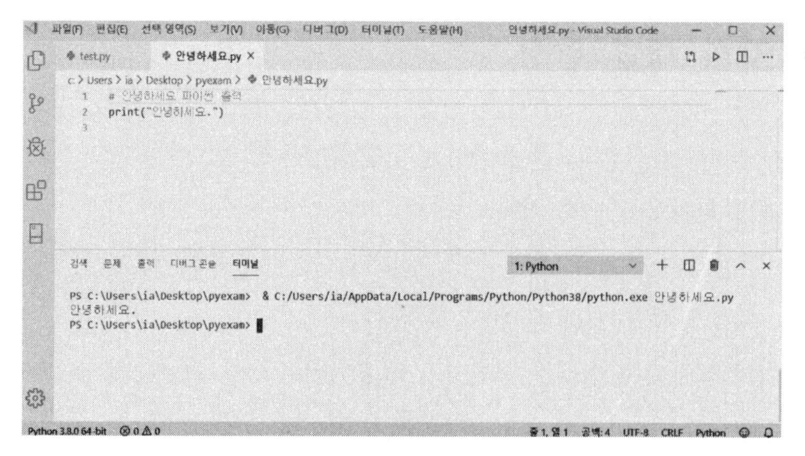

[그림 5-8] Visual Studio Code에서의 실행 화면

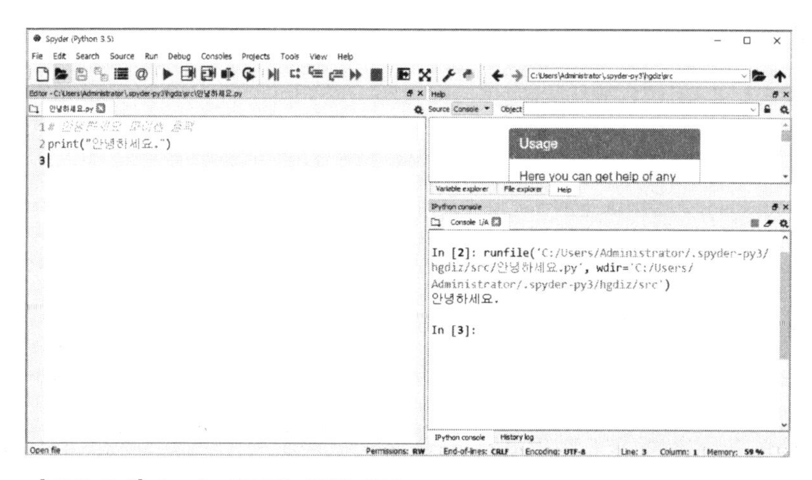

[그림 5-9] Spyder에서의 실행 화면

3. 파이썬 코딩의 시작

프로그램 언어를 처음 배울 때 가장 먼저 연습하는 코딩이 "hello"를 출력하는 것이다. 이 책에서는 "hello" 대신에 한글 처리에 적합한 "안녕하세요."를 출력한다.

새 편집창 열기

파이썬에서 IDLE을 실행한 후 [File 〉 New File]을 누르면 다음과 같은 창이 뜬다.

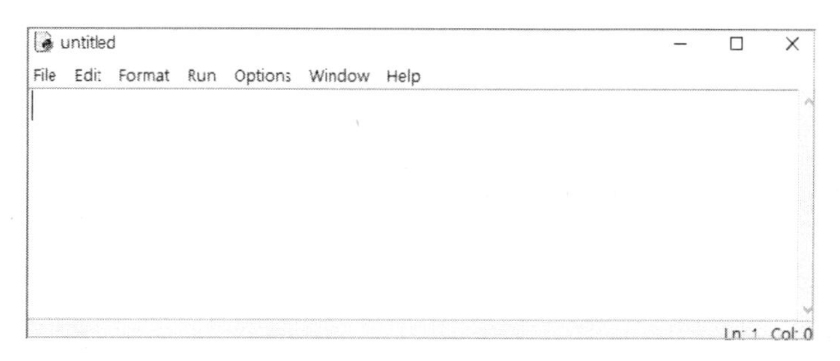

[그림 5-10] **새파일 창 열기**

파이썬 소스 저장

앞에서 우리는 "안녕하세요"를 화면에 출력하였다. 여기에서는 "print("안녕하세요")" 소스 코드를 저장하고자 한다. 먼저 "안녕하세요." 출력문을 코딩한 후 이 파일을 저장한다. 파이썬은 한글을 사용할 수 있으므로 "안녕하세요.py"로 저장한다. 파이썬 소스 코드는 '.py' 확장자를 사용한다.

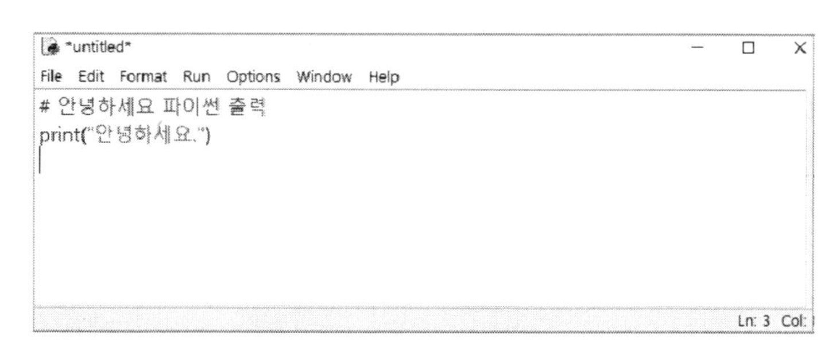

[그림 5-11] **"안녕하세요." 출력문 코딩**

pyexam
파일 홈 공유 보기
내 PC › 바탕 화면 › pyexam
이름 수정한 날짜 유형 크기
안녕하세요.py 2019-11-11 오전 10... Python 원본 파일 1KB
바로 가기
바탕 화면
다운로드
OneDrive
문서
사진

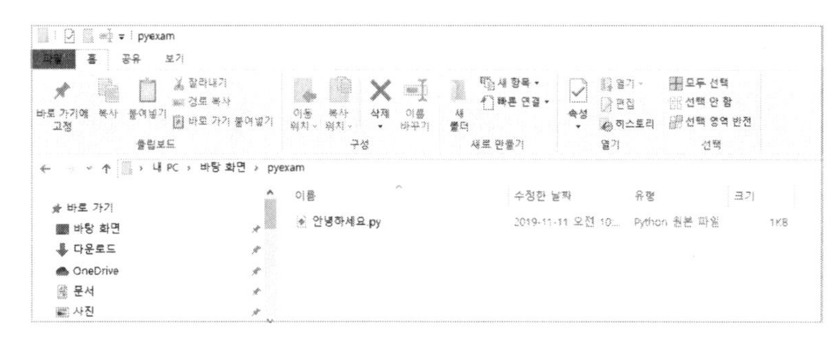

[그림 5-12] 소스 코드 저장하기

파이썬 소스 실행

소스 코드를 저장한 후 실행하면 다음과 같은 결과가 출력된다.

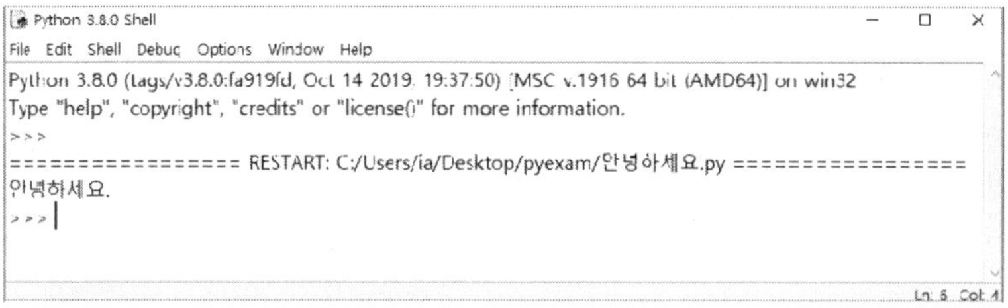

Python 3.8.0 Shell
File Edit Shell Debug Options Window Help
Python 3.8.0 (tags/v3.8.0:fa919fd, Oct 14 2019, 19:37:50) [MSC v.1916 64 bit (AMD64)] on win32
Type "help", "copyright", "credits" or "license()" for more information.
>>>
================= RESTART: C:/Users/ia/Desktop/pyexam/안녕하세요.py =================
안녕하세요.
>>>
Ln: 6 Col: 4

[그림 5-13] 실행 결과 화면

Spyder에서의 실행 결과는 다음과 같다.

Spyder (Python 3.5)
print("안녕하세요.")
Usage
Here you can get help of any
In [2]: runfile('C:/Users/Administrator/.spyder-py3/hgdiz/src/안녕하세요.py', wdir='C:/Users/Administrator/.spyder-py3/hgdiz/src')
안녕하세요.
In [3]:

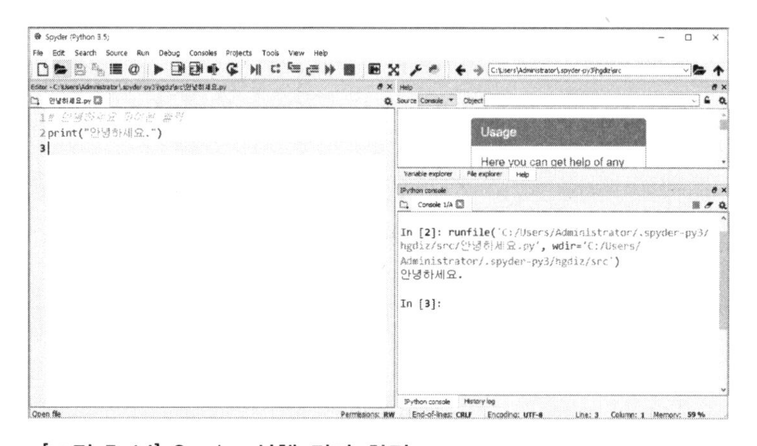

[그림 5-14] Spyder 실행 결과 화면

파이썬 주석(comment)

프로그램에서 주석은 본문 가운데 포함되어 있으나 프로그램의 실행에는 영향을 주지 않는 언어 구성 요소를 의미한다. 일반적으로 개발자가 명령어 혹은 변수의 의미와 기능에 대해서 설명하기 위해 기술하는 것으로 프로그램의 실행에는 전혀 영향을 주지 않는다. 1줄(문단)로 지정하거나 여러 줄(문단)로 지정하는 방법이 있다. 구체적인 원칙은 다음과 같다.

- '샵 문자(#)'는 1줄(문단)용 주석 기호로 문단 끝까지 적용된다.

- 큰따옴표(") 혹은 작은따옴표(') 세 개를 연속해서 사용하면 여러 줄(문단)을 주석으로 처리할 수 있다. 여러 줄의 주석을 끝내려면 마찬가지로 큰따옴표(") 혹은 작은따옴표(') 세 개를 연속해서 넣는다.

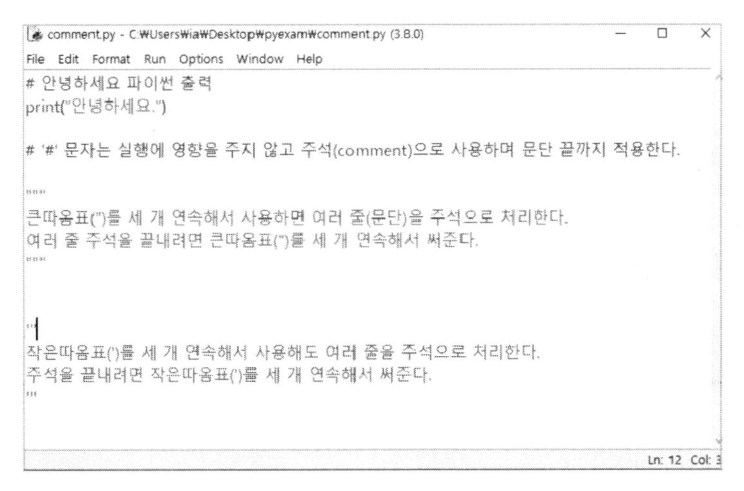

[그림 5-15] 파이썬 주석 예

4. 변수 선언

프로그램 언어에서 변수는 다른 값을 가질 수 있지만 어떤 시점에는 한 개의 값만을 갖는 언어 대상물을 의미한다. 변수는 데이터를 보관하는 곳으로, 프로그램 작성자는 변수를 선언하여 데이터를 지정할 수 있다.

파이썬의 변수 선언 규칙

파이썬의 변수 선언 규칙은 다음과 같다.

- 변수는 한글, 영문자, 유니코드 문자(script), '_'(언더스코어)로 시작한다. 영문자는 대문자와 소문자를 구분한다.
- 변수는 한글, 영문자, 숫자, 유니코드 문자, '_'를 사용한다.
- 파이썬 고유 키워드(if, for, and 등)는 사용할 수 없다. 기본적인 프로그램 명령어와 중복되기 때문이다.

변수 생성 및 선언

'asd'와 'qwe'라는 변수를 생성하고, 각 변수에 '37, 대한민국'이라는 값을 지정하고자 한다. 변수 생성 및 선언은 다음과 같다.

```
asd = 37
qwe = "대한민국"

print(asd)
print(qwe)
```

이를 IDLE에서 편집하고 출력 명령인 print를 사용하여 화면에 출력한다. 실행 결과는

[IDLE 〉 Run 〉 Run Module]을 눌러 확인할 수 있다.

```
Python 3.8.0 Shell
File  Edit  Shell  Debug  Options  Window  Help
Python 3.8.0 (tags/v3.8.0:fa919fd, Oct 14 2019, 19:37:50) [MSC v.1916 64 bit (AMD64)] on win32
Type "help", "copyright", "credits" or "license()" for more information.
>>>
================= RESTART: C:\Users\ia\Desktop\pyexam\var1.py =================
37
대한민국
>>>
```

[그림 5-16] **변수 선언 실행 결과**

여러 변수 선언

앞에서는 하나의 변수에 하나의 값만을 선언하였으나, 여러 변수의 값을 한 번에 선언하는 것도 가능하다. 'aaa, aab, aac'라는 변수에 각각 '37, 38, 대한민국'이라는 값을 선언하여 출력하면 다음과 같다.

```
aaa, aab, aac = 37, 38, "대한민국"
print(aaa)
print(aab)
print(aac)
```

실행 과정은 앞에서 제시한 것과 동일하다.

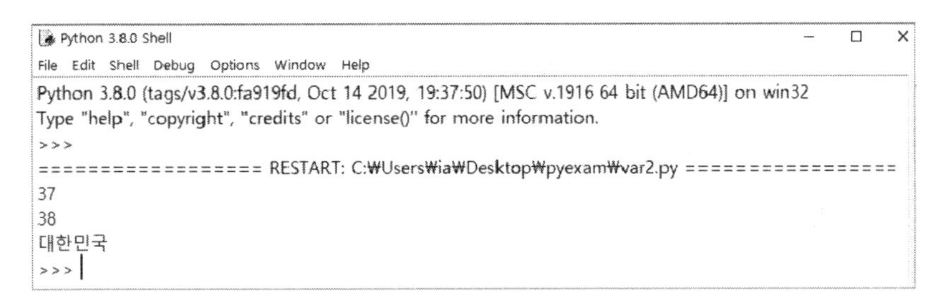

```
Python 3.8.0 Shell
File  Edit  Shell  Debug  Options  Window  Help
Python 3.8.0 (tags/v3.8.0:fa919fd, Oct 14 2019, 19:37:50) [MSC v.1916 64 bit (AMD64)] on win32
Type "help", "copyright", "credits" or "license()" for more information.
>>>
================= RESTART: C:\Users\ia\Desktop\pyexam\var2.py =================
37
38
대한민국
>>>
```

[그림 5-17] **여러 변수 선언 실행 결과**

여러 변수에 동일값 선언

세 개의 변수인 'aaa, aab, aac'에 "대한민국"이라는 문자열을 한 번에 선언하는 것도 가능하다.

```
aaa = aab = aac = "대한민국"
print(aaa)
print(aab)
print(aac)
```

실행 과정은 앞에서 제시한 것과 동일하다.

```
>>>
================= RESTART: C:₩Users₩ia₩Desktop₩pyexam₩var3.py ========
=========
대한민국
대한민국
대한민국
>>>
```

[그림 5-18] 여러 변수에 동일값 선언 실행 결과

변수 출력

변수를 화면에 출력할 때는 print 명령을 사용한다. print 명령 안에서 숫자끼리 더하면 결과값이 출력된다. 그러나 문자열과 숫자를 더하면 타입 오류(TypeError)가 발생하면서 프로그램이 중단된다. '+' 기호를 사용할 때는 항상 타입이 일치해야 한다.

```
print(37)
print("대한민국")

print(37 + 38) # ==> 75
print("아름다운" + "대한민국")

print(37 + "대한민국")
==>(error) TypeError: unsupported operand type(s) for +: 'int' and 'str'
```

실행 과정은 앞에서 제시한 것과 동일하다.

```
>>>
================= RESTART: C:\Users\ia\Desktop\pyexam\print1.py ========
========
37
대한민국
75
아름다운대한민국
Traceback (most recent call last):
  File "C:\Users\ia\Desktop\pyexam\print1.py", line 8, in <module>
    print(37 + "대한민국")
TypeError: unsupported operand type(s) for +: 'int' and 'str'
>>> |
```

[그림 5-19] **변수 출력 실행 결과**

한글 변수 선언

파이썬에서는 변수와 함수 이름을 한글로 작성할 수 있다. 유니코드가 보급되기 이전에는 프로그램을 개발할 때 변수와 함수를 한글로 지정할 수 없었지만, 유니코드가 일반화되면서 변수와 함수를 한글로 표기할 수 있게 되었다. 현재 파이썬 외에 C, 자바 등의 프로그램 언어에서도 한글로 변수와 함수를 지정할 수 있다.

"원더풀 코리아"라는 문자열을 '한글변수'라는 변수로 선언하고 출력한다.

```
한글변수 = "원더풀 코리아"
print(한글변수);
```

실행 과정은 앞에서 제시한 것과 동일하다.

```
>>>
=============== RESTART: C:\Users\ia\Desktop\pyexam\var-hangul.py =======
=======
원더풀 코리아
>>> |
```

[그림 5-20] **한글 변수 실행 결과**

6
Chapter

파이썬 자료형

파이썬이 다른 프로그램 언어에 비하여 뛰어난 점은 강력한 자료형을 제공한다는 것이다. 파이썬에서 제공하는 자료형은 숫자, 논리, 텍스트, 목록, 사전 등이 있다.

[표 6-1] **자료형 유형과 예**

유형		예
숫자	int(정수) float(실수) complex(복소수)	37 3.1415 21.5j
논리	bool	True, False
텍스트(문자열)	str	“안녕하세요”
목록	list tuple	abc = ["Korea", "아름다운", "대한민국"] def = ("Korea", "아름다운", "대한민국") tuple: list와 기능이 같지만 변경할 수 없음.

사전	dict: 키와 값의 쌍	KoreaDict = {
		"Seoul": "아름답다",
		"Busan": "바다",
		"Jeju": “섬”
		}

먼저 파이썬에서 제공하는 숫자형은 자릿수의 제한이 없다. 일반적으로 다른 프로그램 언어들은 자릿수에 제한이 있어서 어느 범위 이상의 큰 수를 다루기 어렵다. 이에 비해 파이썬의 숫자형은 매우 큰 수도 다룰 수 있다는 장점이 있다. 또한 목록형과 사전형을 내장하고 있어 별도의 프로그램(라이브러리, 패키지)을 사용하지 않고도 간단하게 조작할 수 있다. 목록형과 사전형은 언어 처리에서 가장 많이 사용하는 자료형이다. 간단한 명령으로 정렬하고 탐색할 수 있어서 한글 처리에도 적합하다. 이 장에서는 한글 처리에서 가장 중요한 문자열과 목록, 사전 처리에 대해서 설명하고자 한다.

1. 문자열 처리

문자열 처리는 출력을 비롯하여 길이 계산, 문자열 자르기, 정렬 등 다양하다. 여기에서는 문자열 처리에 사용되는 함수를 상세하게 다루고자 한다.

문자열 출력

```
# 문자열 처리

print ('안녕하세요 1')
print ("안녕하세요 2")

안녕하세요 1
안녕하세요 2
```

```
# 문자열 변수 할당

str1 = '안녕하세요 1'
str2 = "안녕하세요 2"

print(str1)
print(str2)

안녕하세요 1
안녕하세요 2
```

print() 함수를 이용하여 문자열을 출력한 것으로, 위에 제시한 두 개 코드의 실행 결과는 같다. 다만 첫 번째 예는 직접 출력하는 것이고, 두 번째 예는 변수에 문자열을 선언한 후에 변수를 통해서 출력하는 것이다.

문자열 길이 계산

```
str1 = "아름다운 금수강산"
print(len(str1))

9
```

len() 함수는 문자열의 길이를 계산할 때 사용한다. 파이썬은 유니코드로 글자를 처리하기 때문에 위에 입력된 "아름다운 금수강산"의 문자열 길이는 공백 문자를 포함하여 9로 계산한다.

문자열 자르기

```
str1 = "아름다운 금수강산"
str2 = str1[2:6] # 2번째 글자부터 6번째 글자까지 출력
print(str2)

다운 금
```

str[] 명령은 문자열을 자를 때 사용한다. 입력된 문자열에서 2번째 글자부터 6번째 글자까지 자른 후에 출력한 것이다. 위의 출력 결과를 보면 확인할 수 있다.

문자열 앞뒤 공백 문자 제거

```
str2 = "   아름다운 금수강산   " # 맨앞, 맨뒤 공백 3글자
print(len(str2))
str3 = str2.strip()
print(len(str3))
print(str3)

15
9
아름다운 금수강산
```

strip() 함수는 문자열 앞뒤의 공백 문자를 제거할 때 사용한다. 여기에서는 "아름다운 금수강산"이라는 문자열 앞뒤로 공백 문자가 있는데, 공백 문자가 있을 때의 문자열 길이와 공백 문자를 제거했을 때의 문자열 길이를 출력하며, 마지막에 공백 문자가 제거된 문자열을 출력한다.

문자열 바꾸기

```
str1 = "아름다운 금수강산"
str2 = str1.replace("금수강산", "대한민국")
print(str1 + " --> " + str2)

아름다운 금수강산 --> 아름다운 대한민국
```

replace() 함수를 이용하여 '금수강산'을 '대한민국'으로 바꾸었다. 여기에서는 앞에서 사용한 '+' 기호를 사용하였는데, 출력문을 보면, str1, " -->", str2를 나란히 출력하도록 한 것을 확인할 수 있다.

문자열 검사

```
str1 = "아름다운 금수강산"
str2 = "아름" in str1  # 결과는 True or False
print(str2)

True

str2 = "아름" not in str1  # 결과는 True or False
print(str2)

False
```

위의 코드는 "아름다운 금수강산"이라는 문자열에 "아름"이 '있다 혹은 없다'에 대한 'True'와 'False'를 출력하도록 한 것이다.

문자열 합치기

```
str1 = "아름다운 금수강산"
str2 = " 대한민국"
str3 = str1 + str2
print(str3)

아름다운 금수강산 대한민국
```

앞서 본 '+' 기호를 사용한 예이다. str1의 문자열과 str2의 문자열을 합쳐서 출력하고 있다.

특수 문자(Escape Character) 처리

```
# 특수 문자
# \" 큰따옴표(Double Quote)
# \' 작은따옴표(Single Quote)
# \\ Backslash
# \n 새 줄(New Line)
# \r 줄바꿈(Carriage Return)
# \t 탭문자(Tab)
# \xhh 16진수(Hex value)

str1 = "아름다운 금수강산"
str2 = "아름다운 금수\"강\"산"
print(str1)
print(str2)

아름다운 금수강산
아름다운 금수"강"산
```

중앙 정렬(KWIC: Key Word In Center)

문자열 처리에서 중앙 정렬은 자주 사용하는 것으로 주로 용례를 출력할 때 사용한다. 예제에서는 9글자 문자열을 24글자로 변경하여 중앙에 위치하도록 만든다.

```
str1 = "아름다운 금수강산" # 9글자
str2 = str1.center(24)
str3 = "123456789012345678901234567890"
print(str3)
print(str1)
print(str2) # 24 - 9 ==> 15 글자 여백이 있으므로 앞에 7칸 공백 채움

123456789012345678901234567890
아름다운 금수강산
       아름다운 금수강산
```

문자열 빈도

```
str1 = "아름다운 금수강산 아름다운 대한민국"
str2 = "아름다운"
res1 = str1.count(str2)
print('"' + str2 + '"' + " 빈도: " + str(res1))

"아름다운" 빈도: 2
```

count() 함수는 탐색 문자열이 몇 번이나 포함되었는지 계산하여 반환한다. 예제에서는 count() 함수를 이용하여 '아름다운'의 빈도가 2회라고 출력한다.

문자열의 끝 검사

```
str1 = "아름다운 금수강산."
str2 = "아름다운 대한민국!"
res1 = str1.endswith(".") # True
print (res1)
res2 = str2.endswith(".") # False
print (res2)

True
False
```

문자열의 마지막 글자부터 비교할 때 endswith() 함수를 사용한다. 예제에서는 문자열 끝에 마침표 '.'가 있는지 검사하여 찾는 문자열이 있으면 True, 없으면 False로 반환한다.

문자열 찾기 find()

```
str1 = "아름다운 금수강산."
str2 = "강산"
res1 = str1.find(str2)  # 찾는 '강산'이 있는 위치 '7'
print (res1)

str3 = "대한"
res2 = str1.find(str3)  # 찾는 문자열 '대한'이 없어서 '-1'
print (res2)

7
-1
```

find()는 문자열의 위치를 찾는 함수이다. 배열은 0부터 시작하기 때문에 '강산'의 위치는 '7'이다. 한편 찾고자 하는 '대한'은 "아름다운 금수강산" 문자열에 없으므로 '-1' 값을 출력한다.

문자열 찾기 index()

```
str1 = "아름다운 금수강산."
str2 = "강산"
res1 = str1.index(str2)  # 찾는 '강산'이 있는 위치 '7'
print (res1)

7

str3 = "대한"
res2 = str1.index(str3)  # 찾는 문자열 '대한'이 없어서 error
print (res2)

Traceback (most recent call last):
  File "C:\Users\ia\Desktop\pyexam\sring\string.py", line 116, in <module>
    res2 = str1.index(str3)  # 찾는 문자열 '대한'이 없어서 error
ValueError: substring not found
```

문자열 찾기를 수행하는 함수는 find()와 index()가 있는데, 두 함수의 차이는 거의 없다. 다만 index() 함수는 찾는 문자열이 없으면 오류를 일으키면서 중단되기 때문에 사용할 때 주의해야 한다. 앞에서 보았듯이 find() 함수는 찾는 문자열이 없으면 '-1' 값을 돌려주기 때문에 오류를 일으키지 않는다. 따라서 index() 함수를 이용할 때, 찾는 문자열이 없어도 오류를 일으키지 않도록 별도의 오류 처리를 추가하는 것이 필요하다.

```
try:
    res2 = str1.index(str3)  # 찾는 문자열 '대한'이 없어서 error
    print (res2)
except ValueError:
    print ('Not found :' , str3)
```

예제에서는 'try ~ except ~' 명령문을 추가하여 오류가 발생해도 멈추지 않고 오류를 처리한 후에 다음 명령을 진행한다.

문자열 뒤집기

```
hgstr4 = '아름다운 금수강산'

print('origin (%i):' %len(hgstr4))
print(hgstr4)

# slicing
revstr1 = hgstr4[::-1]
print ('reverse 1 (%i):' %len(revstr1))
print(revstr1)

origin(9):
아름다운 금수강산
reverse 1 (9):
산강수금 운다름아
```

문자열을 뒤집기 위해서는 앞에서 설명한 문자열 자르기 기능을 이용하면 된다. 문자열

"아름다운 금수강산"을 뒤집으면 "산강수금 운다름아"로 바뀐다. 이런 기능은 거의 사용하지 않을 것처럼 보이지만 한글 처리와 같이 대량의 텍스트 데이터를 읽어서 정렬할 때 매우 유용하다. 어휘 목록에서 단어의 마지막 음절을 기준으로 정렬할 경우가 있는데, 예를 들어 한국어 단어 목록을 대상으로 '과학자, 수학자' 등의 접사 '-자'로 끝나는 단어만 찾고 싶을 때에는 단어의 끝 음절을 기준으로 정렬하는 것이 필요하다.

2. 문자열 처리 응용

앞에서 살펴본 문자열 처리 함수를 직접 프로그램으로 실현해 보는 것이 필요하다. 이 절에서는 문자열 처리에 관한 소스 코드를 제공하므로, 해당 소스 코드를 입력하여 결과를 직접 확인해 보자.

글자 단위로 출력

```
# 문자열 길이 - 파이썬은 유니코드로 글자를 처리
hgstr1 = "아름다운 금수강산"

# 문자열에서 각 문자 처리
hglen = len(hgstr1)
for i in range(0, hglen):
    print( "%i 번째 글자 : " %i , hgstr1[i])

0 번째 글자 : 아
1 번째 글자 : 름
2 번째 글자 : 다
3 번째 글자 : 운
4 번째 글자 :
5 번째 글자 : 금
6 번째 글자 : 수
7 번째 글자 : 강
8 번째 글자 : 산
```

글자 단위로 10진수, 16진수 코드값 출력

예제에서 ord() 함수는 글자를 숫자로 바꾸고, hex() 함수는 숫자를 16진수 문자열로 바꾼다.

```
# 문자열 길이 - 파이썬은 유니코드로 글자를 처리
hgstr2 = "아름다운 금수강산"

# 글자 단위로 10진수, 16진수 코드값 출력하기
hglen = len(hgstr2)
for i in range(0, hglen):
    char1 = hgstr2[i]
    print( "%i 번째 글자 : " %i , char1, ord(char1), hex(ord(char1)))

0 번째 글자 : 아  50500 0xc544
1 번째 글자 : 름  47492 0xb984
2 번째 글자 : 다  45796 0xb2e4
3 번째 글자 : 운  50868 0xc6b4
4 번째 글자 :    32 0x20
5 번째 글자 : 금  44552 0xae08
6 번째 글자 : 수  49688 0xc218
7 번째 글자 : 강  44053 0xac15
8 번째 글자 : 산  49328 0xc0b0
```

문자열 길이 출력

파이썬은 유니코드로 글자를 처리한다. 이 예제에서는 프로그램 내부에서 글자를 어떻게 처리하는지 바이트 단위로 길이를 계산한다. 파이썬은 내부적으로 문자열을 다룰 때 가변 길이로 처리하는데, 영문자와 숫자는 1바이트, 한글은 2바이트로 다룬다.

```
import sys

# 문자열 길이 - 파이썬은 유니코드로 글자를 처리
hgstr3 = "아름다운 금수강산"
hgstr31 = "아"
hgstr32 = "아름"
```

```
hgstr33 = "아름다"
str_zero = ''
str1 = '1'
str12 = '12'
str123 = '123'

print ("getsizeof - byte len : ", sys.getsizeof(str_zero), str_zero)
print ("getsizeof - byte len : ", sys.getsizeof(str1), str1)
print ("getsizeof - byte len : ", sys.getsizeof(str12), str12)
print ("getsizeof - byte len : ", sys.getsizeof(str123), str123)
print ("getsizeof - byte len : ", sys.getsizeof(hgstr31), hgstr31)
print ("getsizeof - byte len : ", sys.getsizeof(hgstr32), hgstr32)
print ("getsizeof - byte len : ", sys.getsizeof(hgstr33), hgstr33)
print ("getsizeof - byte len : ", sys.getsizeof(hgstr3))

byte_string_utf8 = bytes(hgstr3.encode())
print ("utf8 len : ", len(byte_string_utf8))
print (byte_string_utf8)

getsizeof - byte len :  49
getsizeof - byte len :  50 1
getsizeof - byte len :  51 12
getsizeof - byte len :  52 123
getsizeof - byte len :  76 아
getsizeof - byte len :  78 아름
getsizeof - byte len :  80 아름다
getsizeof - byte len :  92
utf8 len :  25
b'\xec\x95\x84\xeb\xa6\x84\xeb\x8b\xa4\xec\x9a\xb4
\xea\xb8\x88\xec\x88\x98\xea\xb0\x95\xec\x82\xb0'
```

한편 파이썬 프로그램 내부에서 이모지(emoji)를 어떻게 처리하는지 바이트 단위로 길이를 계산해보자. 이모지는 감정을 표현하기 위해 만든 그림 문자를 의미한다. 파이썬은 내부적으로 문자열을 다룰 때 가변 길이로 처리하는데 이모지는 4바이트로 다룬다.

```
import sys

# 문자열 길이 - 이모지 처리
hgstr11 = '😀🐶🍏⚽🚗⏰❤☃☑⌛☎'
hglen = len(hgstr11)
print ("string len : ", hglen)
for i in range(0, hglen):
    char1 = hgstr11[i]
    byte_string_utf8 = bytes(char1.encode())
    utf8_len = len(byte_string_utf8)
    sub_str = hgstr11[0:i+1]
    print( i, '번째 글자 [', len(char1) ,'/', sys.getsizeof(sub_str) ,']: ', end='');
    print(char1, ord(char1), hex(ord(char1)), byte_string_utf8, "(", utf8_len, ")")

print ("getsizeof - byte len : ", sys.getsizeof(hgstr11))
```

```
string len :  11
0 번째 글자 [ 1 / 80 ]: 😀 128512 0x1f600 b'\xf0\x9f\x98\x80' ( 4 )
1 번째 글자 [ 1 / 84 ]: 🐶 128054 0x1f436 b'\xf0\x9f\x90\xb6' ( 4 )
2 번째 글자 [ 1 / 88 ]: 🍏 127823 0x1f34f b'\xf0\x9f\x8d\x8f' ( 4 )
3 번째 글자 [ 1 / 92 ]: ⚽ 9917 0x26bd b'\xe2\x9a\xbd' ( 3 )
4 번째 글자 [ 1 / 96 ]: 🚗 128663 0x1f697 b'\xf0\x9f\x9a\x97' ( 4 )
5 번째 글자 [ 1 / 100 ]: ⏰ 9200 0x23f0 b'\xe2\x8f\xb0' ( 3 )
6 번째 글자 [ 1 / 104 ]: ❤ 10084 0x2764 b'\xe2\x9d\xa4' ( 3 )
7 번째 글자 [ 1 / 108 ]: ☃ 9731 0x2603 b'\xe2\x98\x83' ( 3 )
8 번째 글자 [ 1 / 112 ]: ☑ 9745 0x2611 b'\xe2\x98\x91' ( 3 )
9 번째 글자 [ 1 / 116 ]: ⌛ 8987 0x231b b'\xe2\x8c\x9b' ( 3 )
10 번째 글자 [ 1 / 120 ]: ☎ 9742 0x260e b'\xe2\x98\x8e' ( 3 )
getsizeof - byte len :  120
```

3. 목록(list) 처리

list()는 하나의 변수에 여러 자료를 모아서 목록처럼 사용할 때 편리하다. list() 관련 함수 중에서 한글 처리에서 자주 사용하는 것을 정리하면 다음과 같다.

- len(list): 목록의 개수는 len() 함수로 계산함.

- list.append(item): 목록에 항목을 추가함. 맨 뒤에 덧붙음.

- list.insert(index, item): 목록에서 지정한 index 위치에 항목을 추가함.

- list.remove(item): 목록에서 item 값과 일치하는 항목 한 개를 삭제함. 만약 일치하는 항목이 없으면 오류(ValueError)가 발생함 (del list[index]).

- list.clear(): 목록에 있는 모든 항목을 삭제함.

- list.index(item): 목록에서 item 값과 일치하는 항목의 위치(index)를 돌려줌. 만약 일치하는 항목이 없으면 오류(ValueError)가 발생함.

- list.extend(listNew): 현재 목록에 새로운 목록(listNew)의 항목을 추가하여 확장함.

- list.sort(): 목록의 항목을 정렬함.

- list.reverse(): 목록의 항목을 역순으로 배열함. 첫 항목은 마지막 항목에, 마지막 항목은 첫 항목에 놓음.

- list.copy(): 목록을 복제하여 새로운 목록을 돌려줌.

위에서 설명한 list() 함수는 다음과 같이 사용할 수 있다.

```
목록(list) 함수 예:

>>> hglist1 = ['조사', '흙', '값', '형태', '여덟', '체언']
```

```
>>> print( "목록(list) 개수:", len(hglist1))
목록(list) 개수: 6

>>> hglist1.append('첫소리')
>>> print( "목록(list) 개수:", len(hglist1))
목록(list) 개수: 7

>>> hglist1.insert(3, '받침')
>>> print( "목록(list) 개수:", len(hglist1))
목록(list) 개수: 8

>>> pos = hglist1.index('형태')
>>> print( "'형태' 위치:", pos)
'형태' 위치: 4

>>> print( "전:", hglist1)
전: ['조사', '흙', '값', '받침', '형태', '여덟', '체언', '첫소리']
>>> hglist1.remove('형태')
>>> print( "후:", hglist1)
후: ['조사', '흙', '값', '받침', '여덟', '체언', '첫소리']

>>> hglist_new = hglist1.copy()
>>> hglist_new.clear()
>>> print(hglist_new)
[]

>>> hglist2 = ['앞', '형태소', '콩']
>>> hglist1.extend(hglist2)
>>> print(len(hglist1),':', hglist1)
10 : ['조사', '흙', '값', '받침', '여덟', '체언', '첫소리', '앞', '형태소', '콩']

>>> hglist1.sort()
>>> print(hglist1)
['값', '받침', '앞', '여덟', '조사', '첫소리', '체언', '콩', '형태소', '흙']

>>> hglist1.reverse()
>>> print(hglist1)
['흙', '형태소', '콩', '체언', '첫소리', '조사', '여덟', '앞', '받침', '값']
```

[표 6-2]는 리스트의 함수를 이용하여, 영문 소설 '이상한 나라의 앨리스'(Alice's Adventures in Wonderland)에서 어절 단위로 단어 끝부터 정렬을 수행한 후에 '-able', '-ful', '-ly'로 끝나는 어휘만을 추출하여 정리한 목록이다.

[표 6-2] 접미사 '*able, *ful, *ly'가 붙은 단어 목록 추출 결과

'-able' 목록	'-ful' 목록	'-ly' 목록	
remarkable(2)	graceful (1)	possibly (2)	dreadfully (2)
miserable (1)	beautiful (2)	humbly (1)	carefully (1)
advisable (2)	wonderful (1)	sadly (1)	beautifully (2)
table (14)	barrowful (2)	hurriedly (2)	doubtfully (1)
uncomfortable (1)	sorrowful (1)	good-naturedly (1)	thoughtfully (1)
feeble (1)		splendidly (1)	Suddenly (3)
possible (1)		timidly (4)	suddenly (8)
impossible (1)		rapidly (2)	plainly (1)
tremble (1)		stupidly (1)	certainly (4)
double (1)		secondly (1)	solemnly (1)
trouble (4)		hardly (3)	only (14)
		loudly (3)	sternly (1)
		likely (1)	melancholy (1)
		lonely (1)	reply (2)
		merely (1)	sharply (1)
		severely (3)	Nearly (1)
		closely (1)	familiarly (1)
		immediately (1)	eagerly (1)
		affectionately (3)	fairly (1)
		alternately (1)	crossly (1)
		completely (1)	anxiously (5)
		politely (1)	Exactly (1)
		gravely (1)	exactly (2)
		inquisitively (1)	directly (1)
		lovely (2)	quietly (2)
		fly (1)	softly (1)
		Luckily (1)	indignantly (2)

'-able' 목록	'-ful' 목록	'-ly' 목록	
		luckily (1)	instantly (2)
		family (1)	evidently (1)
		angrily (1)	gently (1)
		easily (1)	impatiently (2)
		uneasily (1)	violently (3)
		busily (1)	Presently (1)
		hastily (8)	earnestly (1)
		really (3)	mostly (2)
		occasionally (1)	slowly (4)
		generally (3)	shyly (1)
		actually (1)	

또한 '이상한 나라의 앨리스'에서 추출한 단어를 빈도순으로 정렬하면 해당 문서에서 가장 높은 빈도로 사용된 단어가 무엇인지 알 수 있다. 아래 제시된 목록은 상위 빈도어 20개 단어를 정리한 것이다. 일반적으로 영어 문서에서 가장 많이 등장하는 단어는 'the'라는 것을 확인할 수 있다.

[표 6-3] 텍스트 '이상한 나라의 앨리스'의 상위 빈도 단어

순위	단어 (빈도)	순위	단어 (빈도)
1	the (577)	11	said (143)
2	and (319)	12	I (133)
3	a (269)	13	her (108)
4	to (248)	14	that (93)
5	she (203)	15	you (91)
6	of (198)	16	as (81)
7	was (166)	17	at (72)
8	Alice (163)	18	with (66)
9	in (155)	19	had (65)
10	it (154)	20	on (62)

4. 사전(dict) 처리

일반적으로 사전은 어떤 범위 안에서 쓰이는 낱말을 모아서 일정한 순서로 배열하여 싣고 그 각각의 발음, 의미, 어원, 용법 따위를 해설한 책을 의미한다. 현재에는 종이로 묶인 책의 형태가 아닌 저장 매체에 담긴 형태의 사전이 훨씬 대중적으로 사용되고 있지만, 표제어를 중심으로 해당 표제어를 설명하는 다양한 정보, 곧 의미, 용법 등을 제공한다는 점에서는 책 사전이나 전자사전 모두 동일하다. 파이썬에서 사전 처리는 '키(key)'와 키에 대응하는 '값(value)'을 다루기 위한 자료형을 의미하는 것으로 언어 처리에서는 매우 유용한 기능이다.

사전 처리에 관한 내용을 간략히 제시하면 다음과 같다.

- 키를 생성할 때는 중괄호를 쌍으로 지정함.

- 사전(dict)의 키는 중복되지 않도록 하는 것이 좋음. 만약 키가 중복되면 하나만 처리하고 나머지는 무시됨.

- 각 항목은 '키:값' 쌍으로 생성함.

- len(dict): len() 함수로 사전의 항목수를 계산함.

- value = dict['key']: key의 값을 value에 전달함. 만약 key가 없으면 오류(KeyError)가 발생함.

- dict['key'] = value: key가 있으면 기존의 값을 value로 변경하고, key가 없으면 key와 value를 추가함.

- del dict['key']: key 항목을 삭제함.

- dict.copy(): 사전을 복제하여 새로운 사전을 돌려줌.

- 'key' in dict: 사전에 key가 있는지 검사함. key가 있으면 True를, 없으면 False를 반환함.

사전 처리에 관한 예제는 다음과 같다.

```
>>> 한글사전 = {'표제어':'흙', '품사':'명사', '등록자':'세종대왕'}
>>> print( 한글사전)
{'표제어': '흙', '품사': '명사', '등록자': '세종대왕'}

>>> print( "사전(dict) 항목수:", len(한글사전)) # 사전 항목 수
사전(dict) 항목수: 3

>>> 한글사전['빈도'] = 10 # 사전(dict)에 항목 추가
>>> print( 한글사전)
{'표제어': '흙', '품사': '명사', '등록자': '세종대왕', '빈도': 10}

>>> print( "사전(dict) '표제어':", 한글사전['표제어'] ) # 사전(dict)에서 키-값 조회
사전(dict) '표제어': 흙
>>> 한글사전['표제어'] = '훈민정음' # 사전(dict)에 키 내용 변경
>>> print( 한글사전)
{'표제어': '훈민정음', '품사': '명사', '등록자': '세종대왕', '빈도': 10}

>>> del 한글사전['빈도'] # 사전(dict)에 항목 삭제
>>> print(한글사전)
{'표제어': '훈민정음', '품사': '명사', '등록자': '세종대왕'}

>>> if('표제어' in 한글사전): print("(O) '표제어' 키가 있습니다.")
(O) '표제어' 키가 있습니다.
>>> if(('빈도' in 한글사전) == False): print("(X) '빈도' 키가 없습니다.")
(X) '빈도' 키가 없습니다.

>>> print( 한글사전.keys()) # '키:'
dict_keys(['표제어', '품사', '등록자'])

>>> print(한글사전.values()) # '값:'
```

```
dict_values(['훈민정음', '명사', '세종대왕'])

>>> print(한글사전.items()) # '항목:'
dict_items([('표제어', '훈민정음'), ('품사', '명사'), ('등록자', '세종대왕')])

>>> 새한글사전 = 한글사전.copy() # 사전(dict)을 복제하여 새로운 사전을 돌려준다.
>>> 새한글사전.clear() # 사전(dict)에 있는 모든 항목을 삭제
>>> print(새한글사전)
{}
```

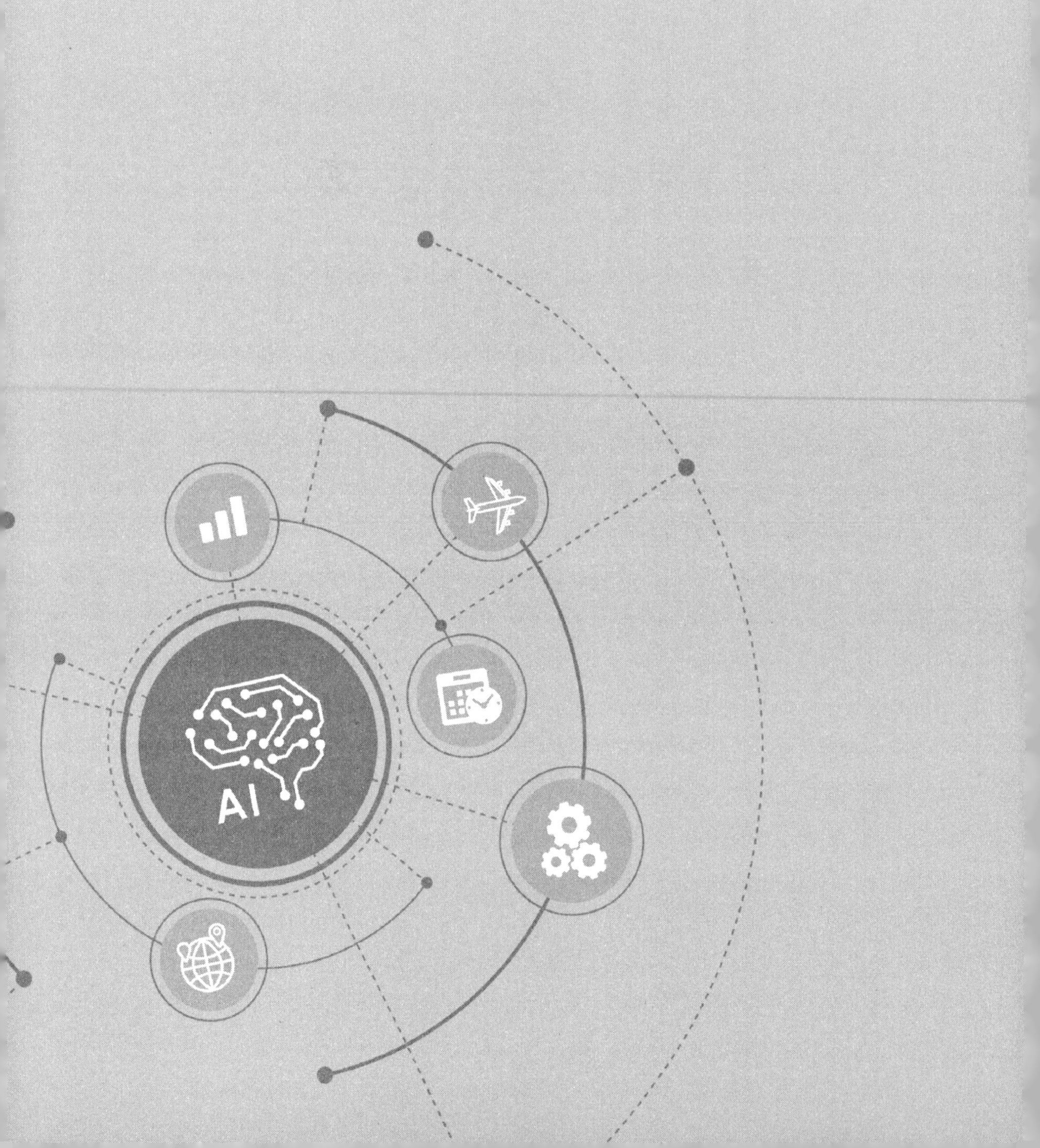
AI

PART 3

파이썬(Python) 한글 처리

7
Chapter

단어와 토큰

한글 처리를 비롯한 언어 처리의 첫 단계는 텍스트에서 단어를 분리하는 것이다. 한국어 문법에서 가장 먼저 단어와 형태소의 개념을 다루는 이유는 단어가 텍스트를 형성하는 기본 단위이기 때문이다. 한글 처리에서도 일차적으로 단어를 분리해야 그 다음 작업을 이어갈 수 있다.

단어를 분리하는 것은 간단할 것 같지만, 실제 컴퓨터로 작성된 텍스트에서 언어 정보를 추출하는 과정은 까다롭고 복잡하다. 그렇다면 '단어'란 무엇인가?

- 한국어에서 '단어'는 분리하여 자립적으로 쓸 수 있는 말이나 이에 준하는 말, 또는 그 말의 뒤에 붙어서 문법적 기능을 나타내는 말을 의미한다. 예를 들어 "내일은 날씨가 좋을 것 같다."에서 '내일, 날씨, 좋을, 같다'처럼 자립하여 쓰는 말과, '은, 가, 것'과 같은 조사나 의존명사 등이 해당된다.

- 영어에서 'word'는 말과 글을 구성하는 하나의 의미 단위로 정의하면서, 글에서는 띄어쓰기로 구별할 수 있음을 밝히고 있다 (Oxford Dictionary: A single distinct meaningful element of speech or writing, used with others (or sometimes alone) to form a sentence and typically shown with a space on either side when written or printed.).

위의 정의를 비교하면, 영어 처리와 한국어 처리는 단어를 분리하는 것부터 차이가 있다. 이 장에서는 한글 처리에서 단어와 토큰의 개념에 대해 알아보고 각각의 처리 과정을 구체적으로 설명한다.

1. 단어

한글 처리에서 단어 분리에 들어가기에 앞서 한국어의 형태적 특징에 대해 간단히 알아보자.

한국어는 조사와 어미가 발달한 첨가어이다. 첨가어는 실질적인 의미를 가진 단어 또는 어간에 문법적인 기능을 가진 요소가 차례로 결합함으로써 문장 속에서의 문법적인 역할이나 관계의 차이를 나타내는 언어를 의미한다. 여기서 중요한 부분이 '문법적인 기능을 가진 요소가 차례로 결합'한다는 것이다. 한글 처리에서 단어 분리는, 이 문법적 기능을 가진 요소를 정확하게 분리해내는 것이 가장 어려우면서도 중요하다.

앞에서 영어는 띄어쓰기로 단어를 구별할 수 있다고 하였는데, 한국어는 조금 다르다. 한글 맞춤법 제2항에서는 다음과 같이 설명하고 있다.

제 2 항 문장의 각 단어는 띄어 씀을 원칙으로 한다.

[해설] 단어는 독립적으로 쓰이는 말의 단위이기 때문에, 글은 단어를 단위로 하여 띄어 쓰는 것이 가장 합리적인 방식이라 할 수 있다. 다만, 우리말의 조사는 접미사 범주(範疇)에 포함시키기 어려운 것이어서 하나의 단어로 다루어지고 있으나, 형식 형태소이며 의존 형태소(依存形態素)이므로, 그 앞의 단어에 붙여 쓰는 것이다.

위의 원칙을 바탕으로 한글 처리에서 단어 분리는 다음과 같은 기준을 세울 수 있다.

- 한국어에서 각 단어는 띄어 씀을 원칙으로 한다. 곧 일반적으로 한 어절은 한 단어로 이루어진다. 일차적으로 단어 분리는 띄어쓰기 단위로 분리하는 것에서 시작한다.

- 한국어에서 조사는 단어이다. 그러나 의존 형태소이므로 단어 뒤에 붙여 쓴다. 곧 조사가 결합되어 있는 어절은 조사를 분리시켜야 문법적으로 정확하게 단어를 분리한 것이라 할 수 있다.

한국어에서 조사와 어미는 매우 중요한 문법 요소인데, 이는 한글 처리에서도 다르지 않다. 조사와 어미는 각각 체언과 용언 어간에 결합하기 때문에 반드시 형태소 분석을 거쳐야만 분리가 가능하다.

이 책에서는 '띄어 씀을 원칙'으로 하는 단어의 정의를 기준으로, 먼저 띄어쓰기를 찾아 단어를 분리한다.

공백 문자로 단어 분리

프로그램으로 "문장의 각 단어는 띄어 씀을 원칙으로 한다"라는 문장을 대상으로 단어를 추출하고자 한다. 위의 문장에서 단어를 추출하려면 문자열에서 띄어쓰기, 곧 공백 문자를 찾아야 한다.

```
>>> text = '문장의 각 단어는 띄어 씀을 원칙으로 한다'
>>> print (text.split())

['문장의', '각', '단어는', '띄어', '씀을', '원칙으로', '한다']
```

파이썬의 split() 함수를 이용하여 텍스트를 일곱 개의 단어로 분리하였다. 여기에서 찾는 공백 문자는 단순히 띄어쓰기(spacing word)만을 가리키는 것은 아니다. 프로그램에서는 화면에 보이지 않으면서 자리를 차지하는 문자를 공백 문자에 포함시킨다. 탭('\t') 문자와 개행('\n\r') 문자도 공백 문자로 간주하여 단어를 분리한다.

split() 함수에 다음과 같은 매개 변수를 추가하면 좀더 정교하게 제어할 수 있다.

```
str.split(sep=None, maxsplit=-1)
return: 분리한 단어의 목록(list)
```

split() 함수와 함께 쓰인 매개 변수 'sep'는 분리할 때 기준으로 삼는 구분 문자열로, 이 값을 지정하지 않으면 공백 문자로 분리한다. 'maxsplit'는 분리할 횟수를 지정하는 것으로, 이 값을 지정하지 않으면 모두 분리한다.

이번에는 좀 더 복잡한 텍스트로 단어를 분리해보자. 교육부 트위터의 메시지를 가지고 단어를 분리한다.

```
>>> text = "※중국 후베이 지역을 다녀온 학생, 교직원 중 의심증상자는 관할 보건소나 질병관리본부(☎1339)에 신고해 주시고, 무증상자더라도 1월 13일 이후(14일 잠복기 고려) 해당 지역에서 귀국한 유·초·중·고 및 대학 교직원, 학생들은 귀국일 기준 14일간 자가격리(격리기간 출석인정)하여주시기 바랍니다."
>>> print(text.split())

['※중국', '후베이', '지역을', '다녀온', '학생,', '교직원', '중', '의심증상자는', '관할', '보건소나', '질병관리본부(☎1339)에', '신고해', '주시고,', '무증상자더라도', '1월', '13일', '이후(14일', '잠복기', '고려)', '해당', '지역에서', '귀국한', '유·초·중·고', '및', '대학', '교직원,', '학생들은', '귀국일', '기준', '14일간', '자가격리(격리기간', '출석인정)하여주시기', '바랍니다.']
>>>
```

앞의 예제와 마찬가지로 split() 함수로 단어를 분리하였으나, 분리된 결과를 보면 일부 단어는 어색하다. 예를 들어 '※중국, 질병관리본부(☎1339), 이후(14일'와 같이 기호나 문장 부호가 단어 앞 혹은 뒤에 붙어 있어도 하나의 단어로 처리하고 있다. 이러한 결과는 공백 문자뿐만 아니라 기호 문자도 분리해야 한다는 것을 보여준다.

기호 문자로 단어 분리

```
>>> text = "※중국 후베이 지역을 다녀온 학생, 교직원 중 의심증상자는 관할 보건소나 질병관리본부(☎1339)에 신고해 주시고, 무증상자더라도 1월 13일 이후(14일 잠복기 고려) 해당 지역에서 귀국한 유·초·중·고 및 대학 교직원, 학생들은 귀국일 기준 14일간 자가격리(격리기간 출석인정)하여주시기 바랍니다."
>>> print(re.findall(r"[\w']+", text)) # <= print(text.split())

['중국', '후베이', '지역을', '다녀온', '학생', '교직원', '중', '의심증상자는', '관할', '보건소나', '질병관리본부', '1339', '에', '신고해', '주시고', '무증상자더라도', '1월', '13일', '이후', '14일', '잠복기', '고려', '해당', '지역에서', '귀국한', '유', '초', '중', '고', '및', '대학', '교직원,', '학생들은', '귀국일', '기준', '14일간', '자가격리', '격리기간', '출석인정', '하여주시기', '바랍니다']
>>>
```

위의 예제에서 사용한 re.findall() 함수는 공백 문자와 기호 문자를 찾아서 한글이나 영문자 단어를 정확하게 분리한다. split()의 결과와 비교하면, 앞뒤에 기호가 있는 단어인 '※중국', '주시고,', '교직원,', '바랍니다.'와 중간에 괄호가 있는 단어인 '질병관리본부(☎1339)에', '이후(14일', '자가격리(격리기간' 등에서 필요 없는 기호는 삭제되고, 괄호 안의 단어는 따로 분리된다.

그러나 re.findall() 함수는 기호 문자로 연결된 복합어를 인식하지 못하고 단어로 분리한다는 한계가 있다. 한글 텍스트에서는 기호 문자 특히 가운뎃점(·)을 이용하여 한 단어처럼 사용하는 것이 있는데, 예를 들어 '3·1 운동'이나 '8·15 광복'과 같은 것이 있다. 이들 단어의 경우 re.findall() 함수를 이용하면 다음과 같은 결과가 나온다.

```
>>> import re
>>> print(re.findall(r"[\w']+", "3.1운동  3·1운동   한·일  韓·中"))

['3', '1운동', '3', '1운동', '한', '일', '韓', '中']
```

re.findall() 함수는 가운뎃점이 포함된 '3·1운동'을 하나의 단어로 처리하지 않고 '3'과 '1운동'으로 분리한다. 사실상 한 단어로 취급해야 하는 것을 잘못 분리한 것이다. 이러한 한계는 영문 텍스트에서도 나타난다.

다음은 2020년 1월 14일 CNN 뉴스에서 사용된 단어를 파이썬에서 제공하는 re.findall() 함수로 처리한 결과의 일부이다. 한글 텍스트를 다룰 때와 마찬가지로 빼기(-) 기호를 불필요한 문자로 인식하여 단어가 부정확하게 분리되었다. 영어 텍스트에서는 빼기 기호로 단어를 연결하여 새로운 단어를 만들기 때문에 이들은 한 단어로 인식해야 한다.

```
re.findall() 결과: '14', 'year', 'old' <= '14-year-old'
re.findall() 결과: 'out', 'performed' <= 'out-performed'
re.findall() 결과: 'commander', 'in', 'chief' <= 'commander-in-chief'
re.findall() 결과: 'U', 'S' <= 'U.S.'
```

한글과 영어의 단어 분리 예제를 보면, 파이썬에서 제공하는 함수만으로는 단어를 완벽하게 분리하는 데에는 한계가 있다. 따라서 단어 분리를 정교하게 수행하려면 별도의 프로그램을 개발하여야 한다.

2. 토큰(token)

컴퓨터 과학에서 프로그램을 개발할 때 사용하는 언어를 프로그래밍 언어라고 한다. 프로그래밍 언어도 사람이 사용하는 자연 언어처럼 일정한 문법이 있고, 문법에 의해서 소스 코드를 실행 코드로 번역한다. 소스 코드를 번역할 때는 문장 단위로 분할하고, 각 문장은 더 작은 토큰 단위로 분석하여 처리한다. 이때 토큰은 소스 코드에서 어휘 분석(lexical analysis)의 단위를 가리키는 용어로, 더이상 나누면 안 되는 최소의 의미 있는 단위를 가리킨다. 띄어쓰기를 기준으로 단어를 설명하면 개념이 불완전하기 때문에 텍스트에서 단어를 추출할 때 해석 단위로 토큰을 사용한다. 언어 처리에서는 토큰을 추출하는 과정을 토큰 처리(tokenization)라고 하고, 토큰을 처리하는 프로그램을 토큰 처리기(tokenizer)라고 부른다.

토큰 분리

다음 텍스트의 문자열에서 토큰을 분리해보자.

```
str1 = '서울 abc'
str2 = '서울(Seoul)'
```

str1은 길이가 6글자이고, 토큰은 총 2개이다. 여기에서 '서울'과 'abc'로 토큰을 추출하려면 공백 문자를 찾아서 분리하므로 쉽게 처리할 수 있다. 파이썬의 split() 함수를 이용하면 토큰 분리가 가능하다.

str2는 길이가 9글자의 문자열이고, 토큰은 '서울'과 'Seoul'로 총 2개이다. 그러나 str2는 공백 문자가 없기 때문에 split() 함수로는 토큰을 분리하기 어렵다. str2에서 토큰을 분리하려면 기호 문자를 찾아서 분리해야 하는데, re.findall() 함수는 공백 문자는 물론 기호 문자까지 찾아서 한글과 영문자를 토큰으로 분리한다. 공백 문자만 찾아서 분리하는 split() 함수보다는 re.findall() 함수가 토큰을 좀더 정확하게 분리한다.

그러나 앞서 논의했듯이 기호로 연결된 단어의 경우, 이들을 분리하는 것은 적절하지 않다.

```
str3 = '3.1운동  3·1운동    한·일'
str4 = '14-year-old'
str5 = 'K-POP K-팝' ==> re.findall() ==> ['K', 'POP', 'K', '팝']
```

str3, str4, str5는 기호로 연결된 하나의 단어이므로 하나의 토큰으로 분리해야 한다. re.findall() 함수는 기호로 연결된 복합어를 인식하지 못하기 때문에 기호로 연결된 복합어는 모두 불완전하게 분리한다. 특히 한글 텍스트에서 자주 사용하는 가운뎃점(·)과 영문 텍스트에서 자주 나타나는 빼기(-)로 연결된 경우가 대표적이다. 이러한 문제를 해결하려면 별도의 토큰 처리기를 만들어야 한다.

그러나 이에 앞서 파이썬 내부에서 문자열을 어떻게 처리하는지 알아야 한다. 파이썬을 비롯하여 모든 프로그램 언어는 내부적으로 정보를 숫자로 표현한다. 유니코드를 사용하는 파이썬에서 str5의 'K-팝' 내부값을 읽어보면 다음과 같다.

[표 7-1] 파이썬 내부에서 문자열 코드값

인덱스	글자	십진수	십육진수	문자 영역
0	K	75	0x4B	영문자
1	-	45	0x2D	기호
2	팝	54045	0xD31D	한글

우선 파이썬 내부에서의 문자열 코드값을 확인하였다. 그러나 숫자값만으로는 문자열에서 글자가 한글인지 영문자인지 구별하기 어려우므로 유니코드에서 각 문자 영역을 참조하여 한글과 영문자를 구별한다. 유니코드는 크게 문자(script), 기호(symbol), 문장 부호(punctuation)로 구분되어 있는데, 한글을 비롯한 각 나라의 문자는 문자 영역에 배치되어 있다.

'K-팝' 문자열에서 토큰을 추출하려면 각 글자별로 유니코드에서 문자 영역을 확인해야 한다. 첫 번째 글자 'K'의 십육진수는 0x4B이고, 영문 대문자 범위에 있으므로 영문자 토큰으로 처리한다. 참고로 영문 대문자의 범위는 0x41(A)부터 0x5A(Z)이다. 두 번째 글자인 '-'는 기호 문자이므로 기호 토큰으로 처리한다. 세 번째 글자 '팝'의 십육진수는 0xD31D이고, 한글 음절 범위에 있으므로 한글 토큰으로 판단한다. 참고로 유니코드에서 한글 음절의 범위는 '가'부터 '힣'이며, 십육진수로는 0xAC00부터 0xD7A3이다.

str5의 문자 영역은 '영문자, 기호, 한글'로 3개의 토큰으로 볼 수 있지만 '-' 기호는 새로운 단어를 파생시키는 역할을 하므로 3개의 토큰을 하나의 단어로 간주하여 처리해야 한다.

[표 7-2] 유니코드에서 한글 음절 영역

0x	0	1	2	3	4	5	6	7	8	9	A	B	C	D	E	F
D30	팀	팁	팂	팃	팄	팅	팆	팇	팈	팉	팊	팋	파	팍	팎	팏
D31	판	팑	팒	팓	팔	팕	팖	팗	팘	팙	팚	팛	팜	팝	팞	팟
D32	팠	팡	팢	팣	팤	팥	팦	팧	패	팩	팪	팫	팬	팭	팮	팯
D33	팰	팱	팲	팳	팴	팵	팶	팷	팸	팹	팺	팻	팼	팽	팾	팿
D34	퍀	퍁	퍂	퍃	퍄	퍅	퍆	퍇	퍈	퍉	퍊	퍋	퍌	퍍	퍎	퍏
D35	퍐	퍑	퍒	퍓	퍔	퍕	퍖	퍗	퍘	퍙	퍚	퍛	퍜	퍝	퍞	퍟
D36	퍠	퍡	퍢	퍣	퍤	퍥	퍦	퍧	퍨	퍩	퍪	퍫	퍬	퍭	퍮	퍯
D37	퍰	퍱	퍲	퍳	퍴	퍵	퍶	퍷	퍸	퍹	퍺	퍻	퍼	퍽	퍾	퍿
D38	펀	펁	펂	펃	펄	펅	펆	펇	펈	펉	펊	펋	펌	펍	펎	펏
D39	펐	펑	펒	펓	펔	펕	펖	펗	페	펙	펚	펛	펜	펝	펞	펟
D3A	펠	펡	펢	펣	펤	펥	펦	펧	펨	펩	펪	펫	펬	펭	펮	펯
D3B	펰	펱	펲	펳	펴	펵	펶	펷	편	펹	펺	펻	펼	펽	펾	펿
D3C	폀	폁	폂	폃	폄	폅	폆	폇	폈	평	폊	폋	폌	폍	폎	폏
D3D	폐	폑	폒	폓	폔	폕	폖	폗	폘	폙	폚	폛	폜	폝	폞	폟
D3E	폠	폡	폢	폣	폤	폥	폦	폧	폨	폩	폪	폫	포	폭	폮	폯

8
Chapter

문자 영역과 토큰

한글 처리를 위해서 토큰을 분리하려면 한국어 텍스트와 유니코드의 특성을 알아야 한다. 우리는 한국어를 사용하여 텍스트를 만들어 내지만, 우리의 글을 보면 한글만 쓰는 것이 아니다. 한글이나 숫자는 물론 영어, 한자 등도 많이 사용한다. 텍스트에 따라서는 일본어나 유럽 언어의 문자, 곧 프랑스어, 독일어, 스페인어를 사용하는 경우도 있다. 최근에는 사회관계망(SNS: Social Networking Service)의 발달로 전 세계 사람들과 교류가 활발해져서 베트남 문자, 아랍 문자 등도 어렵지 않게 볼 수 있다.

이와 같은 양상은 한글 처리 특히 한글 토큰을 처리하기 위해서는 한글뿐만 아니라 각 나라별로 할당된 유니코드 문자에 대해 정확하게 이해해야 한다는 것을 의미한다. 유니코드의 문자 영역에는 한글을 비롯하여 전 세계 나라의 문자가 할당되어 있으며, 유니코드 12.1 버전에서는 문자 집합의 수가 150개에 이른다.

그러나 이 책은 한국어 문서에 자주 등장하는 문자를 중심으로 토큰을 설정한다. 이를 위해 7가지의 언어 문자를 설정하고, 기호를 포함하여 총 11가지의 토큰을 설정한다. 언어 문자는 한글, 숫자, 영문자, 한자, 일본어, 그리스어, 키릴 문자를 대상으로 한다. 이들 언어 문자는 우리나라에서 자주 사용하는 문자인데, 이는 한국어 어문 규범 중 외래어 표기법을 보면 분명하게 이해할 수 있다.

외래어 표기법은 외래어를 한글로 표기하는 방법인데, 외래어 표기법에서는 우리나라에서 자주 사용하는 외래어 중에서 21개 언어에 대한 표기법을 제시한다. 이것을 문자 관점에서 재분류하면 라틴어에서 분화한 유럽 언어는 유니코드에서 아스키코드와 라틴어 확장 코드에 대부분 포함된다. 또한 러시아를 중심으로 한 동유럽의 문자는 유니코드에서 키릴 문자에 포함된다. 분리 문자에는 공백 문자와 개행 문자, 기호 문자에는 특수 문자와 아스키 영역을 벗어난 나머지 문자가 포함된다. 영문자는 아스키코드에 있는 영문 알파벳을 기본으로 라틴어 계열 문자까지 확장하여 하나의 단위 토큰으로 설정한다.

[표 8-1] 한국어 텍스트 처리를 위한 토큰 구분

토큰		설명
언어 문자	한글	음절과 자모
	숫자	아스키 영역의 숫자
	한자	한중일 통합
	영문자	라틴어 계열 문자
	일본어	가나
	그리스어	그리스 문자
	키릴 문자	러시아를 비롯한 키릴 문자권
분리 문자	공백 문자	공백 문자와 탭 문자
	개행 문자	줄바꿈 (LF, line feed)
기호 문자	특수 문자	아스키 영역에서 숫자와 영문자를 제외한 문자
	기타	그 밖의 나머지 문자

한편 한글 처리에서 유의할 것이 있는데, 한글 처리에서는 현대 한글 음절뿐만 아니라 자모 문자까지 토큰으로 설정한다. 음절 문자가 있음에도 자모를 따로 토큰으로 설정하는 이유는 옛한글 처리를 위한 것이다. 옛한글은 오늘날은 쓰지 않는 옛날의 한글로, 'ᄒᆞᆫ, ᅀᅳᆸ'와 같은 글자를 말한다.

한글 음절과 자모에 대한 토큰 처리는 다음 장에서 차례로 설명하고, 이 장에서는 한자를 비롯한 영문자, 일본어 등의 토큰에 대해 설명한다.

1. 한자 토큰

한자는 우리나라를 비롯하여 중국, 일본, 베트남에서 사용한다. 한자는 오랫동안 우리의 문자 생활에서 중요한 역할을 차지하였기 때문에 한글 처리에서 한자 코드 처리는 매우 중요하다. 앞서 살펴본 KS X 1001 표준 완성형 코드의 글자 배치도에서 한자 영역의 비중이 가장 큰 것도 한글 처리에서 한자의 중요성을 잘 보여준다. 문제는 우리나라와 중국, 일본 등에서 사용하는 한자의 대부분이 같은 글자이지만, 유니코드 이전부터 각 나라의 문자 처리를 위해서 서로 다른 코드값을 부여하여 사용해 왔다는 것이다. 같은 한자이지만 한국과 중국, 일본이 다른 것은 물론이고 남한과 북한의 코드값도 달랐다.

따라서 유니코드를 제정할 때 글자가 같은 한자는 통합 원리에 의해서 표준화하였는데, 이것을 한중일 통합 한자(CJK Unified Ideographs)라고 부른다.

[표 8-2] 유니코드에서 한자 토큰

문자	문자 영역	범위
한자	한중일 통합 한자(CJK Unified Ideographs)	0x4E00(一) ~ 0x9FEF(□)
	CJK Unified Ideographs Extension-A	0x3400(㐀) ~ 0x4DB5(䶵)
	CJK Unified Ideographs Extension-B	0x20000(𠀀) ~ 0x2A6D6(□)
	CJK Unified Ideographs Extension-C	0x2A700(□) ~ 0x2B734(□)
	CJK Unified Ideographs Extension-D	0x2B740(□) ~ 0x2B81D(□)
	CJK Unified Ideographs Extension-E	0x2B820(□) ~ 0x2B81D(□)
	CJK Unified Ideographs Extension-F	0x2CEB0(□) 0x2EBE0(□)
	CJK Compatibility Ideographs	0xF900(豈) ~ 0xFAFF 0xFAD9(龎)가 마지막 글자
	CJK Compatibility Ideographs Supplement	0x2F800(丽) ~ 0x2FA1F 0x2FA1D(𪘀)가 마지막 글자
	CJK Radicals / Kangxi Radicals	0x2F00(⼀) ~ 0x2FDF 0x2FD5(⿕)가 마지막 글자
	CJK Radicals Supplement	0x2E80(⺀) ~ 0x2EFF 0x2EF3(⻳)가 마지막 글자
	CJK Strokes	0x31C0(㇀) ~ 0x31EF 0x31E3(□)가 마지막 글자

현재 유니코드에 등록되어 있는 통합 한자는 9 만자가 넘는다. 이 중에서는 한국, 중국, 일본이 공통으로 사용하는 한자가 있는가 하면, 각 나라만 사용하는 한자도 있다. 유니코드 한자 9 만자 중 우리나라에서 사용하는 한자는 약 2 만자 정도로 추정한다. 유니코드에서 한자 영역은 12곳이며 한자 영역의 코드에 속한 문자는 한자 토큰으로 분류한다.

유니코드에서 한자 토큰의 문자 영역과 범위는 다음과 같다. 일부 한자는 화면에 출력되지 않아 '□' 기호로 표시한다.

[표 8-3] **유니코드의 한중일 통합 한자**(CJK Unified Ideographs)

0x	0	1	2	3	4	5	6	7	8	9	A	B	C	D	E	F
4E0	一	丁	丂	七	丄	丅	丆	万	丈	三	上	下	丌	不	与	丏
4E1	丐	丑	丒	专	且	丕	世	丗	丘	丙	业	丛	东	丝	丞	丟
4E2	丠	両	丢	丣	两	严	並	丧	丨	丩	个	丫	丬	中	丮	丯
4E3	丰	丱	串	丳	临	丵	丶	丷	丸	丹	为	主	丼	丽	举	丿
4E4	乀	乁	乂	乃	乄	久	乆	乇	么	义	乊	之	乌	乍	乎	乏
4E5	乐	乑	乒	乓	乔	乕	乖	乗	乘	乙	乚	乛	乜	九	乞	也
4E6	习	乡	乢	乣	乤	乥	书	乧	乨	乩	乪	乫	乬	乭	乮	乯
4E7	买	乱	乲	乳	乴	乵	乶	乷	乸	乹	乺	乻	乼	乽	乾	乿
4E8	亀	亁	亂	亃	亄	亅	了	亇	予	争	亊	事	二	亍	于	亏
4E9	亐	云	互	亓	五	井	亖	亗	亘	亙	亚	些	亜	亝	亞	亟
4EA	亠	亡	亢	亣	交	亥	亦	产	亨	亩	亪	享	京	亭	亮	亯
4EB	亰	亱	亲	亳	亴	亵	亶	亷	亸	亹	人	亻	亼	亽	亾	亿
4EC	什	仁	仂	仃	仄	仅	仆	仇	仈	仉	今	介	仌	仍	从	仏
4ED	仐	仑	仒	仓	仔	仕	他	仗	付	仙	仚	仛	仜	仝	仞	仟
4EE	仠	仡	仢	代	令	以	仦	仧	仨	仩	仪	仫	们	仭	仮	仯
4EF	仰	仱	仲	仳	仴	仵	件	价	仸	仹	仺	任	仼	份	仾	仿

2. 영문자 토큰

영문자 토큰을 설명하기에 앞서 영문자와 라틴 문자의 개념을 이해할 필요가 있다.

먼저 라틴 문자(Latin文字)는 라틴어를 적는 데 쓰이는 음소 문자로, 영어를 비롯하여 프랑스어, 독일어 등 유럽 대부분의 언어를 기록하는 문자이며, 로마자라고도 한다. 우리가 흔히 말하는 영문자(英文字)는 영어를 표기하는 데 쓰는 문자로, 라틴 문자에 J, U, W가 추가된 것이다.

아스키코드는 영문자를 대상으로 구현되었으며, 영문 알파벳의 대문자와 소문자 각각 26개에 코드값을 할당하였다. 영문자가 할당된 아스키 영역에는 다양한 기호 문자도 있는데, 여기에서 입력 문자가 영문자 코드 범위이면 영문자 토큰으로 해석한다.

프랑스어나 독일어 역시 라틴 문자를 사용하는데, 이들 대부분은 아스키 영역의 문자와 겹치지만 일부 언어에서는 영문 알파벳에는 없는 문자가 있다. 예를 들어 독일어의 알파벳은 총 30자인데, 'Tschüß(안녕)'과 같이 영문자에는 없는 움라우트가 붙은 모음(ä, ö, ü)과 에스체트(ß) 문자가 있다. 프랑스어는 'déjà(이미, 벌써), naïve(순진한)'와 같이 악성(accent) 모음(é, è, à, î)이 있다. 스페인어에는 'España(스페인)'에서와 같이 에녜(ñ) 문자가 있다.

유니코드에서는 영어, 독일어, 프랑스어 등에서 사용하는 공통적인 라틴어 알파벳 문자는 아스키코드에 할당하고(Basic Latin, ASCII) 아스키코드에 없는 라틴어 문자는 새로운 코드로 확장하여 할당하였다.

[표 8-4] 라틴 문자 코드 구분

문자	기본 라틴 문자	확장 및 추가 라틴 문자
독일어	아스키문자 공통 사용	움라우트(ä, ö, ü)와 에스체트(ß)
프랑스어		악성(accent) 모음(é, è, à, î)
스페인어		에녜(ñ)
이탈리아어		-

[표 8-5] 유니코드에서 라틴 문자

Basic Latin(ASCII)																
0x	0	1	2	3	4	5	6	7	8	9	A	B	C	D	E	F
2	SP	!	"	#	$	%	&	'	(	)	*	+	,	−	.	/
3	0	1	2	3	4	5	6	7	8	9	:	;	<	=	>	?
4	@	A	B	C	D	E	F	G	H	I	J	K	L	M	N	O
5	P	Q	R	S	T	U	V	W	X	Y	Z	[	\	]	^	_
6	`	a	b	c	d	e	f	g	h	i	j	k	l	m	n	o
7	p	q	r	s	t	u	v	w	x	y	z	{	|	}	~	
Latin-1 Supplement																
0x	0	1	2	3	4	5	6	7	8	9	A	B	C	D	E	F
A		¡	¢	£	¤	¥	¦	§	¨	©	ª	«	¬		®	¯
B	°	±	^{2}	^{3}	´	µ	¶	·	¸	^{1}	º	»	¼	½	¾	¿
C	À	Á	Â	Ã	Ä	Å	Æ	Ç	È	É	Ê	Ë	Ì	Í	Î	Ï
D	Ð	Ñ	Ò	Ó	Ô	Õ	Ö	×	Ø	Ù	Ú	Û	Ü	Ý	Þ	ß
E	à	á	â	ã	ä	å	æ	ç	è	é	ê	ë	ì	í	î	ï
F	ð	ñ	ò	ó	ô	õ	ö	÷	ø	ù	ú	û	ü	ý	þ	ÿ

[표 8-6] 유니코드에서 라틴 문자 확장

Latin Extended-A																
0x	0	1	2	3	4	5	6	7	8	9	A	B	C	D	E	F
10	Ā	ā	Ă	ă	Ą	ą	Ć	ć	Ĉ	ĉ	Ċ	ċ	Č	č	Ď	ď
11	Đ	đ	Ē	ē	Ĕ	ĕ	Ė	ė	Ę	ę	Ě	ě	Ĝ	ĝ	Ğ	ğ
12	Ġ	ġ	Ģ	ģ	Ĥ	ĥ	Ħ	ħ	Ĩ	ĩ	Ī	ī	Ĭ	ĭ	Į	į
13	İ	ı	Ĳ	ĳ	Ĵ	ĵ	Ķ	ķ	ĸ	Ĺ	ĺ	Ļ	ļ	Ľ	ľ	Ŀ
14	ŀ	Ł	ł	Ń	ń	Ņ	ņ	Ň	ň	ŉ	Ŋ	ŋ	Ō	ō	Ŏ	ŏ
15	Ő	ő	Œ	œ	Ŕ	ŕ	Ŗ	ŗ	Ř	ř	Ś	ś	Ŝ	ŝ	Ş	ş
16	Š	š	Ţ	ţ	Ť	ť	Ŧ	ŧ	Ũ	ũ	Ū	ū	Ŭ	ŭ	Ů	ů
17	Ű	ű	Ų	ų	Ŵ	ŵ	Ŷ	ŷ	Ÿ	Ź	ź	Ż	ż	Ž	ž	ſ

Latin Extended Additional																
0x	0	1	2	3	4	5	6	7	8	9	A	B	C	D	E	F
1E0	Ḁ	ḁ	Ḃ	ḃ	Ḅ	ḅ	Ḇ	ḇ	Ḉ	ḉ	Ḋ	ḋ	Ḍ	ḍ	Ḏ	ḏ
1E1	Ḑ	ḑ	Ḓ	ḓ	Ḕ	ḕ	Ḗ	ḗ	Ḙ	ḙ	Ḛ	ḛ	Ḝ	ḝ	Ḟ	ḟ
1E2	Ḡ	ḡ	Ḣ	ḣ	Ḥ	ḥ	Ḧ	ḧ	Ḩ	ḩ	Ḫ	ḫ	Ḭ	ḭ	Ḯ	ḯ
1E3	Ḱ	ḱ	Ḳ	ḳ	Ḵ	ḵ	Ḷ	ḷ	Ḹ	ḹ	Ḻ	ḻ	Ḽ	ḽ	Ḿ	ḿ
1E4	Ṁ	ṁ	Ṃ	ṃ	Ṅ	ṅ	Ṇ	ṇ	Ṉ	ṉ	Ṋ	ṋ	Ṍ	ṍ	Ṏ	ṏ
1E5	Ṑ	ṑ	Ṓ	ṓ	Ṕ	ṕ	Ṗ	ṗ	Ṙ	ṙ	Ṛ	ṛ	Ṝ	ṝ	Ṟ	ṟ
1E6	Ṡ	ṡ	Ṣ	ṣ	Ṥ	ṥ	Ṧ	ṧ	Ṩ	ṩ	Ṫ	ṫ	Ṭ	ṭ	Ṯ	ṯ
1E7	Ṱ	ṱ	Ṳ	ṳ	Ṵ	ṵ	Ṷ	ṷ	Ṹ	ṹ	Ṻ	ṻ	Ṽ	ṽ	Ṿ	ṿ
1E8	Ẁ	ẁ	Ẃ	ẃ	Ẅ	ẅ	Ẇ	ẇ	Ẉ	ẉ	Ẋ	ẋ	Ẍ	ẍ	Ẏ	ẏ
1E9	Ẑ	ẑ	Ẓ	ẓ	Ẕ	ẕ	ẖ	ẗ	ẘ	ẙ	ẚ	ẛ	ẜ	ẝ	ẞ	ẟ
1EA	Ạ	ạ	Ả	ả	Ấ	ấ	Ầ	ầ	Ẩ	ẩ	Ẫ	ẫ	Ậ	ậ	Ắ	ắ
1EB	Ằ	ằ	Ẳ	ẳ	Ẵ	ẵ	Ặ	ặ	Ẹ	ẹ	Ẻ	ẻ	Ẽ	ẽ	Ế	ế
1EC	Ề	ề	Ể	ể	Ễ	ễ	Ệ	ệ	Ỉ	ỉ	Ị	ị	Ọ	ọ	Ỏ	ỏ
1ED	Ố	ố	Ồ	ồ	Ổ	ổ	Ỗ	ỗ	Ộ	ộ	Ớ	ớ	Ờ	ờ	Ở	ở
1EE	Ỡ	ỡ	Ợ	ợ	Ụ	ụ	Ủ	ủ	Ứ	ứ	Ừ	ừ	Ử	ử	Ữ	ữ
1EF	Ự	ự	Ỳ	ỳ	Ỵ	ỵ	Ỷ	ỷ	Ỹ	ỹ	Ỻ	ỻ	Ỽ	ỽ	Ỿ	ỿ

토큰 처리 관점에서 아스키코드에 속한 영문자와 라틴어 보충(Latin-1 Supplement), 라틴어 확장A(Latin Extended-A), 라틴어 확장B(Latin Extended-B), 국제 음성 기호(IPA Extensions), 라틴어 확장 추가(Latin Extended Additional)에 속한 알파벳은 모두 영문자 토큰으로 분류한다.

[표 8-7] 유니코드에서 숫자와 영문자 토큰

문자	문자 영역	범위
숫자	ASCII digits (10자)	0x0030(0) ~ 0x0039(9)
영문자	대문자(Uppercase Latin alphabet) (26자)	0x0041(A) ~ 0x005A(Z)
	소문자(Lowercase Latin alphabet) (26자)	0x0061(a) ~ 0x007A(z)
	Latin-1 Supplement	0x00C0(À) ~ 0x00D6(Ö)
		0x00D8(Ø) ~ 0x00F6(ö)
		0x00F8(ø) ~ 0x00FF(ÿ)
	Latin Extended-A	0x0100(Ā) ~ 0x017F(ſ)
	Latin Extended-B	0x0180(ƀ) ~ 0x01BF(ƿ)
	IPA Extensions	0x0250(ɐ) ~ 0x02AF(ʯ)
	Latin Extended Additional	0x1E00(Ḁ) ~ 0x1EFF(ỿ)

3. 일본어 문자 토큰

일본어의 가나(かな)는 일본어를 적는 데 쓰이는 음절 문자로, 한자를 빌려 그 일부를 생략하여 만든 가타카나와 한자의 초서체를 따서 만든 히라가나가 있다. 한국어 텍스트에

[표 8-8] 유니코드에서 일본어 문자 토큰

문자	문자 영역	범위
일본어 문자	Hiragana	0x3041(ぁ) ~ 0x309F(ゟ)
	Katakana	0x30A1(ァ) ~ 0x30FF(ヿ)
	Katakana Phonetic Extensions	0x31F0(ㇰ) ~ 0x31FF(ㇿ)
	Kana Supplement	0x1B000(□) ~ 0x1B0FF(□)
	Kana Extended-A	0x1B100(□) ~ 0x1B11E(□)
	Small Kana Extension	0x1B150(□) ~ 0x1B167(□)
	Kana repeat marks	0x3031(〱) ~ 0x3035(〵)
	Halfwidth Katakana	0xFF65(･) ~ 0xFF9F(ﾟ)

는 과거부터 문화적으로 가깝게 교류한 일본의 가나도 자주 등장하기 때문에 한글 처리에서는 일본어 문자에 대한 토큰 분리가 필요하다.

유니코드에서 일본어 문자 영역은 8곳이며, 이 영역의 코드에 속한 문자는 일본어 토큰으로 분류한다. [표 8-8]에서 일부 가나 문자는 화면에 출력이 되지 않아서 '□' 기호로 표시한다.

[표 8-9] 유니코드에서 히라가나와 가타카나

Hiragana																
0x	0	1	2	3	4	5	6	7	8	9	A	B	C	D	E	F
304		ぁ	あ	ぃ	い	ぅ	う	ぇ	え	ぉ	お	か	が	き	ぎ	く
305	ぐ	け	げ	こ	ご	さ	ざ	し	じ	す	ず	せ	ぜ	そ	ぞ	た
306	だ	ち	ぢ	っ	つ	づ	て	で	と	ど	な	に	ぬ	ね	の	は
307	ば	ぱ	ひ	び	ぴ	ふ	ぶ	ぷ	へ	べ	ぺ	ほ	ぼ	ぽ	ま	み
308	む	め	も	ゃ	や	ゅ	ゆ	ょ	よ	ら	り	る	れ	ろ	ゎ	わ
309	ゐ	ゑ	を	ん	ゔ	ゕ	ゖ			゙	゚	゛	゜	ゝ	ゞ	ゟ
Katakana																
0x	0	1	2	3	4	5	6	7	8	9	A	B	C	D	E	F
30A	゠	ァ	ア	ィ	イ	ゥ	ウ	ェ	エ	ォ	オ	カ	ガ	キ	ギ	ク
30B	グ	ケ	ゲ	コ	ゴ	サ	ザ	シ	ジ	ス	ズ	セ	ゼ	ソ	ゾ	タ
30C	ダ	チ	ヂ	ッ	ツ	ヅ	テ	デ	ト	ド	ナ	ニ	ヌ	ネ	ノ	ハ
30D	バ	パ	ヒ	ビ	ピ	フ	ブ	プ	ヘ	ベ	ペ	ホ	ボ	ポ	マ	ミ
30E	ム	メ	モ	ャ	ヤ	ュ	ユ	ョ	ヨ	ラ	リ	ル	レ	ロ	ヮ	ワ
30F	ヰ	ヱ	ヲ	ン	ヴ	ヵ	ヶ	ヷ	ヸ	ヹ	ヺ	・	ー	ヽ	ヾ	ヿ

4. 그리스 문자와 키릴 문자 토큰

유럽 대부분의 나라에서는 라틴 문자를 사용한다. 이와 달리 그리스어는 그리스 문자를 사용하는데, 알파벳 수는 총 24자이며 일부 글자만 영어 알파벳과 겹치고 대부분은 그리스어에만 있는 문자를 사용한다. 이에 그리스 문자는 라틴 문자와 다르게 아스키코드와 함께 사용하지 않고 독립된 코드로 할당되어 있다. 예를 들어, 알파벳 'A'는 라틴 문자와 그리스 문자, 키릴 문자에 모두 있는데 각각 코드값이 '0x0041, 0x0391, 0x0410'으로 다르다.

한편 키릴 문자는 러시아 문자, 우크라이나 문자, 불가리아 문자 등을 통틀어 이르는 것으로 우리나라의 외래어 표기법에서 다룰 만큼 한국어 텍스트에 종종 볼 수 있는 문자이므로 토큰으로 설정한다. 러시아어의 알파벳은 총 33자이고, 키릴 알파벳은 지역별로 약간씩 차이가 있다. 그리스 문자와 마찬가지로, 대부분의 글자가 키릴 문자에만 있는 것이고 일부 글자만 영어 알파벳과 겹친다. 따라서 유니코드에서 키릴 문자는 그리스 문자처럼 아스키코드와 함께 사용하지 않고 독립된 코드로 할당되어 있다.

[표 8-10] **유니코드에서 그리스 문자 및 키릴 문자 토큰**

문자	문자 영역	범위
그리스 문자	Greek and Coptic	0x0370(Ͱ) ~ 0x03FF(Ͽ)
키릴 문자	Cyrillic	0x0400(Ѐ) ~ 0x04FF(ӿ)

한편 최근 한국어 텍스트에는 라틴 문자나 키릴 문자를 제외하고도 다른 나라의 문자가 자주 등장하는데, 이들의 출현 빈도도 높아지고 사용 문자의 대상도 넓어지고 있다. 경제 교역과 문화 교류가 증가하면서 동남아시아와 아랍권의 언어 사용 비중이 늘어나고 있는데, 이로 인해 이전에는 보기 어려웠던 타이 문자나 아랍 문자도 한국어 텍스트에서 볼 수 있다. 따라서 오늘날 한국어 텍스트에서 한글 처리를 위해서는 사실상 세계 모든 문자를 분리할 수 있어야 한다.

앞에서 살펴본 언어 이외에 아랍 문자나 타이 문자를 토큰으로 처리하고자 하면 유니코드에서 해당 문자의 영역을 찾아서 추가하는 것이 가능하다. 참고로 아랍 문자의 영역과 범위는 다음과 같다.

[표 8-11] 유니코드에서 그리스 문자 및 키릴 문자

Greek and Coptic																
0x	0	1	2	3	4	5	6	7	8	9	A	B	C	D	E	F
37	Ͱ	ͱ	Ͳ	ͳ	ʹ	͵	Ͷ	ͷ			ͺ	ͻ	ͼ	ͽ	;	Ϳ
38					΄	΅	Ά	·	Έ	Ή	Ί		Ό		Ύ	Ώ
39	ΐ	Α	Β	Γ	Δ	Ε	Ζ	Η	Θ	Ι	Κ	Λ	Μ	Ν	Ξ	Ο
3A	Π	Ρ		Σ	Τ	Υ	Φ	Χ	Ψ	Ω	Ϊ	Ϋ	ά	έ	ή	ί
3B	ΰ	α	β	γ	δ	ε	ζ	η	θ	ι	κ	λ	μ	ν	ξ	ο
3C	π	ρ	ς	σ	τ	υ	φ	χ	ψ	ω	ϊ	ϋ	ό	ύ	ώ	Ϗ
3D	ϐ	ϑ	ϒ	ϓ	ϔ	ϕ	ϖ	ϗ	Ϙ	ϙ	Ϛ	ϛ	Ϝ	ϝ	Ϟ	ϟ
3E	Ϡ	ϡ	Ϣ	ϣ	Ϥ	ϥ	Ϧ	ϧ	Ϩ	ϩ	Ϫ	ϫ	Ϭ	ϭ	Ϯ	ϯ
3F	ϰ	ϱ	ϲ	ϳ	ϴ	ϵ	϶	Ϸ	ϸ	Ϲ	Ϻ	ϻ	ϼ	Ͻ	Ͼ	Ͽ
Cyrillic																
0x	0	1	2	3	4	5	6	7	8	9	A	B	C	D	E	F
40	Ѐ	Ё	Ђ	Ѓ	Є	Ѕ	І	Ї	Ј	Љ	Њ	Ћ	Ќ	Ѝ	Ў	Џ
41	А	Б	В	Г	Д	Е	Ж	З	И	Й	К	Л	М	Н	О	П
42	Р	С	Т	У	Ф	Х	Ц	Ч	Ш	Щ	Ъ	Ы	Ь	Э	Ю	Я
43	а	б	в	г	д	е	ж	з	и	й	к	л	м	н	о	п
44	р	с	т	у	ф	х	ц	ч	ш	щ	ъ	ы	ь	э	ю	я
45	ѐ	ё	ђ	ѓ	є	ѕ	і	ї	ј	љ	њ	ћ	ќ	ѝ	ў	џ
46	Ѡ	ѡ	Ѣ	ѣ	Ѥ	ѥ	Ѧ	ѧ	Ѩ	ѩ	Ѫ	ѫ	Ѭ	ѭ	Ѯ	ѯ
47	Ѱ	ѱ	Ѳ	ѳ	Ѵ	ѵ	Ѷ	ѷ	Ѹ	ѹ	Ѻ	ѻ	Ѽ	ѽ	Ѿ	ѿ
48	Ҁ	ҁ	҂	҃	҄	҅	҆	҇	҈	҉	Ҋ	ҋ	Ҍ	ҍ	Ҏ	ҏ
49	Ґ	ґ	Ғ	ғ	Ҕ	ҕ	Җ	җ	Ҙ	ҙ	Қ	қ	Ҝ	ҝ	Ҟ	ҟ
4A	Ҡ	ҡ	Ң	ң	Ҥ	ҥ	Ҧ	ҧ	Ҩ	ҩ	Ҫ	ҫ	Ҭ	ҭ	Ү	ү
4B	Ұ	ұ	Ҳ	ҳ	Ҵ	ҵ	Ҷ	ҷ	Ҹ	ҹ	Һ	һ	Ҽ	ҽ	Ҿ	ҿ
4C	Ӏ	Ӂ	ӂ	Ӄ	ӄ	Ӆ	ӆ	Ӈ	ӈ	Ӊ	ӊ	Ӌ	ӌ	Ӎ	ӎ	ӏ
4D	Ӑ	ӑ	Ӓ	ӓ	Ӕ	ӕ	Ӗ	ӗ	Ә	ә	Ӛ	ӛ	Ӝ	ӝ	Ӟ	ӟ
4E	Ӡ	ӡ	Ӣ	ӣ	Ӥ	ӥ	Ӧ	ӧ	Ө	ө	Ӫ	ӫ	Ӭ	ӭ	Ӯ	ӯ
4F	Ӱ	ӱ	Ӳ	ӳ	Ӵ	ӵ	Ӷ	ӷ	Ӹ	ӹ	Ӻ	ӻ	Ӽ	ӽ	Ӿ	ӿ

[표 8-12] 유니코드에서 아랍 문자 토큰

문자	문자 영역	범위
아랍 문자	Arabic	0x0600(؀) ~ 0x06FF(ۿ)
	Arabic Extended-A	0x08A0(ࢠ) ~ 0x08FF(◌ࣿ)

5. 분리 문자와 기호 문자 토큰

한글 처리에서 문자열을 처리할 때 분리 문자에 해당하는 공백 문자와 개행 문자는 매우 중요하다. 공백 문자는 문자열에서 단어 혹은 어절을 분리할 때, 개행 문자는 문단을 분리할 때 기준이 되는 문자이기 때문이다.

한편 아스키코드에서 영문자, 숫자 및 분리 문자에 포함되지 않는 나머지 문자는 기호 문자 토큰으로 설정한다. 또한 문자 토큰에 속하지 않고, 아스키코드보다 코드값이 큰 나머지 글자는 기타 토큰으로 설정한다.

[표 8-13] 분리 문자 및 기호 문자 토큰

문자	문자 영역	범위
분리 문자	공백 문자	0x0020(공백 문자), 0x0009(탭문자)
	개행 문자	0x000D(carrage-return), 0x000A(line-feed)
기호 문자	기호	아스키 영역에서 숫자와 영문자를 제외한 기호 문자
	기타	아스키 영역보다 값이 큰 나머지 문자(? 〉 128)

한글 토큰

한글 처리에서 가장 기본은 한글 토큰 분리이다. 유니코드에서 한글 영역은 크게 한글 음절(Hangul Syllables)과 한글 자모(Hangul Jamo)로 구분되며, 한글 자모는 다시 다섯 개의 영역으로 나누어진다.

유니코드에서 한글 음절은 한글 맞춤법에서 제시한 자모로 조합이 가능한 음절을 가리킨다. 한글 맞춤법에서 제시한 자모로 조합할 수 없는 옛한글 음절은 한글 자모를 조합하여 사용한다.

[표 9-1] 유니코드에서 한글 토큰

문자	문자 영역		글자수		범위
한글	음절	Hangul Syllables	11,172		0xAC00(가) ~ 0xD7A3(힣)
	자모	Hangul Jamo	256	503	0x1100(ᄀ) ~ 0x11FF(ᇿ)
		Hangul Jamo Extended-A	29		0xA960(ꥠ) ~ 0xA97C(ꥼ)
		Hangul Jamo Extended-B	72		0xD7B0(ힰ) ~ 0xD7C6(ퟆ)
					0xD7CB(ퟋ) ~ 0xD7FB(ퟻ)
		Hangul Compatibility Jamo	94		0x3131(ㄱ) ~ 0x318E(ㆎ)
		Halfwidth Jamo	52		0xFFA0(filler) ~ 0xFFDC(ￜ)

1. 한글 음절(Hangul Syllables)

한글 음절은 총 11,172자이며 국어사전의 표제어 순서에 맞게 '가, 각, 갂'으로 시작하여 '힐, 힕, 힣'으로 끝난다. 여기서 말하는 한글 음절은 한글 맞춤법에서 제시하는 자모로 조합할 수 있는 음절로, 한글 맞춤법에 없는 종성 'ㅃ'으로 만든 '바ㅃ'과 같은 형태의 음절은 조합이 불가능하므로 이러한 형태를 제외하며, 코드 범위는 0xAC00(가)부터 0xD7A3(힣)이다.

한글 음절 영역에는 'ㄱ, ㄴ, ㅏ, ㅑ'와 같은 낱글자 곧 자모는 포함되지 않으며, 'ᄒᆞᆫ, ᄉᆞᆸ'과 같은 옛한글 음절도 포함되지 않는다. 우리가 현재 사용하는 한국어 음절은 유니코드의 한글 음절 영역에 속하며, 한국어 자음과 모음은 한글 자모 영역에 속한다.

[표 9-2] 유니코드의 한글 음절

0x	0	1	2	3	4	5	6	7	8	9	A	B	C	D	E	F
AC0	가	각	갂	갃	간	갅	갆	갇	갈	갉	갊	갋	갌	갍	갎	갏
AC1	감	갑	값	갓	갔	강	갖	갗	갘	같	갚	갛	개	객	갞	갟
AC2	갠	갡	갢	갣	갤	갥	갦	갧	갨	갩	갪	갫	갬	갭	갮	갯
AC3	갰	갱	갲	갳	갴	갵	갶	갷	갸	갹	갺	갻	갼	갽	갾	갿
AC4	걀	걁	걂	걃	걄	걅	걆	걇	걈	걉	걊	걋	걌	걍	걎	걏
AC5	걐	걑	걒	걓	걔	걕	걖	걗	걘	걙	걚	걛	걜	걝	걞	걟
AC6	걠	걡	걢	걣	걤	걥	걦	걧	걨	걩	걪	걫	걬	걭	걮	걯
AC7	거	걱	걲	걳	건	걵	걶	걷	걸	걹	걺	걻	걼	걽	걾	걿
AC8	검	겁	겂	것	겄	겅	겆	겇	겈	겉	겊	겋	게	겍	겎	겏
AC9	겐	겑	겒	겓	겔	겕	겖	겗	겘	겙	겚	겛	겜	겝	겞	겟
ACA	겠	겡	겢	겣	겤	겥	겦	겧	겨	격	겪	겫	견	겭	겮	겯
ACB	결	겱	겲	겳	겴	겵	겶	겷	겸	겹	겺	겻	겼	경	겾	겿
ACC	곀	곁	곂	곃	계	곅	곆	곇	곈	곉	곊	곋	곌	곍	곎	곏
ACD	곐	곑	곒	곓	곔	곕	곖	곗	곘	곙	곚	곛	곜	곝	곞	곟
ACE	고	곡	곢	곣	곤	곥	곦	곧	골	곩	곪	곫	곬	곭	곮	곯
ACF	곰	곱	곲	곳	곴	공	곶	곷	곸	곹	곺	곻	과	곽	곾	곿

2. 한글 자모(Jamo)

자모(字母)는 음소 문자 체계에 쓰이는 낱낱의 글자로, 한글의 자음과 모음을 지칭하는 말이다. 한글 맞춤법 제4항에 따르면, 현대 한글 자모의 수는 스물넉 자이다. 한글 맞춤법의 내용은 다음과 같다.

[표 9-3] 한글 맞춤법 제2장 자모

제4항 한글 자모의 수는 스물넉 자로 하고, 그 순서와 이름은 다음과 같이 정한다.

ㄱ(기역) ㄴ(니은) ㄷ(디귿) ㄹ(리을) ㅁ(미음)
ㅂ(비읍) ㅅ(시옷) ㅇ(이응) ㅈ(지읒) ㅊ(치읓)
ㅋ(키읔) ㅌ(티읕) ㅍ(피읖) ㅎ(히읗)
ㅏ(아) ㅑ(야) ㅓ(어) ㅕ(여) ㅗ(오)
ㅛ(요) ㅜ(우) ㅠ(유) ㅡ(으) ㅣ(이)

[붙임 1] 위의 자모로써 적을 수 없는 소리는 두 개 이상의 자모를 어울러서 적되, 그 순서와 이름은 다음과 같이 정한다.

ㄲ(쌍기역) ㄸ(쌍디귿) ㅃ(쌍비읍) ㅆ(쌍시옷)
ㅉ(쌍지읒)
ㅐ(애) ㅒ(얘) ㅔ(에) ㅖ(예) ㅘ(와) ㅙ(왜)
ㅚ(외) ㅝ(워) ㅞ(웨) ㅟ(위) ㅢ(의)

(해설) 한글 자모 스물넉 자만으로 적을 수 없는 소리들을 적기 위하여, 자모 두 개를 어우른 글자인 'ㄲ, ㄸ, ㅃ, ㅆ, ㅉ', 'ㅐ, ㅒ, ㅔ, ㅖ, ㅘ, ㅚ, ㅝ, ㅟ, ㅢ'와 자모 세 개를 어우른 글자인 'ㅙ, ㅞ'를 쓴다는 것을 보여 준 것이다.

[붙임 2] 사전에 올릴 적의 자모 순서는 다음과 같이 정한다.

자음: ㄱ ㄲ ㄴ ㄷ ㄸ ㄹ ㅁ ㅂ
ㅃ ㅅ ㅆ ㅇ ㅈ ㅉ ㅊ ㅋ
ㅌ ㅍ ㅎ

모음: ㅏ ㅐ ㅑ ㅒ ㅓ ㅔ ㅕ ㅖ
ㅗ ㅘ ㅙ ㅚ ㅛ ㅜ ㅝ ㅞ
ㅟ ㅠ ㅡ ㅢ ㅣ

(해설) 사전에 올릴 적의 순서를 명확하게 하려고 제시한 것이다. 한편 받침 글자의 순서는 아래와 같다.

ㄱ ㄲ ㄳ ㄴ ㄵ ㄶ ㄷ ㄹ ㄺ ㄻ ㄼ ㄽ ㄾ ㄿ ㅀ ㅁ ㅂ ㅄ ㅅ ㅆ ㅇ ㅈ ㅊ ㅋ ㅌ ㅍ ㅎ

한글 맞춤법에서는 한글 자모의 수와 이름, 사전에 올릴 적의 순서를 정확하게 밝히고 있다. 한글 맞춤법 제4항에서는 한글 자모의 수는 스물넉 자라고 기술하고 있으나, 붙임에서 자모 두 개 혹은 세 개를 어우른 글자를 추가해서 자음 19자, 모음 21자로 설명한다. 또한 해설을 보면 받침 글자에 자음이 추가된 것을 알 수 있다. 위의 내용에 따르면, '붙임 2'에 제시된 자음과 모음은 초성과 중성에 놓이는 것이며, 해설에 기술된 '받침'은 종성에 놓이는 것임을 알 수 있다.

한글 맞춤법의 내용을 기준으로, 한글 자모는 초성 19자, 중성 21자, 종성 27자로 모두 합하면 67자이다. 현재 유니코드의 한글 자모 영역에는 현대 한글 초/중/종성 자모와 옛한글에 사용된 초/중/종성의 총 256자가 배정되어 있고, 확장된 자모 영역까지 포함하면 총 357자가 배정되어 있다.

[표 9-4] **유니코드에서 한글 자모 영역과 특징**

영역	글자 수	구성	음절 조합
Hangul Jamo(한글 자모)	256	현대어 초/중/종성 옛한글 초/중/종성	가능
Hangul Jamo Extended-A(한글 자모 확장 A)	29	옛한글 초성	
Hangul Jamo Extended-B(한글 자모 확장 B)	72	옛한글 중/종성	
Hangul Compatibility Jamo(한글 호환 자모)	94	자모 낱글자	불가능
Halfwidth Jamo(반각 자모)	52	자모의 반각	

위의 표를 중심으로 유니코드에서 한글 자모 영역의 특징을 설명하면 다음과 같다.

- 한글 자모는 현대어는 물론 옛한글에 사용된 자모를 의미한다. 초성, 중성, 종성으로 코드가 구분되어 있으며 이는 옛한글 자모도 마찬가지이다.

- 한글 자모 확장은 유니코드에 한글 자모를 등록한 이후에 새롭게 발견된 자모를 추가한 것이다. 중세 문헌을 연구하는 과정에서 새롭게 찾아낸 초/중/종성을 추가, 확장한 것이다.

- 한글 호환 자모는 유니코드에서 이전에 사용한 표준 완성형 코드와 호환하기 위해서 만든 것으로, 유니코드 이전의 표준 코드를 계승하고 교환하는 데에 사용한다.

- 반각 자모는 출력할 때 자모의 크기를 절반으로 줄인 것이다. '반각(半角)'은 출판 또는 전산 인쇄 과정에서, 해당 활자의 절반이 되는 크기와 같은 공간이나 사이를 뜻하는 것으로, 이에 대한 상대어는 '전각(全角)'이다. 예를 들어 호환 자모는 'ㄱ'인 반면 반각 자모는 'ﾡ'으로 크기가 반으로 줄어든다. 반각 자모는 정의에서 보듯이 출판이나 인쇄 과정에서 시각적으로 보기 좋게 해야 하는 경우 사용하는데, 특히 'a, ㄱ'과 'a, ﾡ'의 비교에서 알 수 있듯이 1바이트의 영문자와 함께 배치하였을 때 이들의 비율을 맞추는 데에도 사용한다.

  한편 반각 자모가 속한 영역의 이름은 전각/반각 모양(Halfwidth and Fullwidth Forms)이다. 이 영역에는 총 225자가 있고, 이중 한글 자모는 52자이다.

- 유니코드에서 한글 자모는 총 다섯 영역이지만 음절로 변환할 수 있는 자모는 초성, 중성, 종성으로 분류된 것만 가능하다. 곧 한글 자모와 한글 자모 확장 영역의 문자는 음절 구성이 가능한 반면, 한글 호환 자모와 반각 자모는 음절 구성이 불가능하다.

[표 9-5] 유니코드의 한글 자모

0x	0	1	2	3	4	5	6	7	8	9	A	B	C	D	E	F
110	ᄀ	ᄁ	ᄂ	ᄃ	ᄄ	ᄅ	ᄆ	ᄇ	ᄈ	ᄉ	ᄊ	ᄋ	ᄌ	ᄍ	ᄎ	ᄏ
111	ᄐ	ᄑ	ᄒ	ᄓ	ᄔ	ᄕ	ᄖ	ᄗ	ᄘ	ᄙ	ᄚ	ᄛ	ᄜ	ᄝ	ᄞ	ᄟ
112	ᄠ	ᄡ	ᄢ	ᄣ	ᄤ	ᄥ	ᄦ	ᄧ	ᄨ	ᄩ	ᄪ	ᄫ	ᄬ	ᄭ	ᄮ	ᄯ
113	ᄰ	ᄱ	ᄲ	ᄳ	ᄴ	ᄵ	ᄶ	ᄷ	ᄸ	ᄹ	ᄺ	ᄻ	ᄼ	ᄽ	ᄾ	ᄿ
114	ᅀ	ᅁ	ᅂ	ᅃ	ᅄ	ᅅ	ᅆ	ᅇ	ᅈ	ᅉ	ᅊ	ᅋ	ᅌ	ᅍ	ᅎ	ᅏ
115	ᅐ	ᅑ	ᅒ	ᅓ	ᅔ	ᅕ	ᅖ	ᅗ	ᅘ	ᅙ	ᅚ	ᅛ	ᅜ	ᅝ	ᅞ	CF
116	JF	ᅡ	ᅢ	ᅣ	ᅤ	ᅥ	ᅦ	ᅧ	ᅨ	ᅩ	ᅪ	ᅫ	ᅬ	ᅭ	ᅮ	ᅯ
117	ᅰ	ᅱ	ᅲ	ᅳ	ᅴ	ᅵ	ᅶ	ᅷ	ᅸ	ᅹ	ᅺ	ᅻ	ᅼ	ᅽ	ᅾ	ᅿ
118	ᆀ	ᆁ	ᆂ	ᆃ	ᆄ	ᆅ	ᆆ	ᆇ	ᆈ	ᆉ	ᆊ	ᆋ	ᆌ	ᆍ	ᆎ	ᆏ
119	ᆐ	ᆑ	ᆒ	ᆓ	ᆔ	ᆕ	ᆖ	ᆗ	ᆘ	ᆙ	ᆚ	ᆛ	ᆜ	ᆝ	ᆞ	ᆟ
11A	ᆠ	ᆡ	ᆢ	ᆣ	ᆤ	ᆥ	ᆦ	ᆧ	ᆨ	ᆩ	ᆪ	ᆫ	ᆬ	ᆭ	ᆮ	ᆯ
11B	ᆰ	ᆱ	ᆲ	ᆳ	ᆴ	ᆵ	ᆶ	ᆷ	ᆸ	ᆹ	ᆺ	ᆻ	ᆼ	ᆽ	ᆾ	ᆿ
11C	ᇀ	ᇁ	ᇂ	ᇃ	ᇄ	ᇅ	ᇆ	ᇇ	ᇈ	ᇉ	ᇊ	ᇋ	ᇌ	ᇍ	ᇎ	ᇏ
11D	ᇐ	ᇑ	ᇒ	ᇓ	ᇔ	ᇕ	ᇖ	ᇗ	ᇘ	ᇙ	ᇚ	ᇛ	ᇜ	ᇝ	ᇞ	ᇟ
11E	ᇠ	ᇡ	ᇢ	ᇣ	ᇤ	ᇥ	ᇦ	ᇧ	ᇨ	ᇩ	ᇪ	ᇫ	ᇬ	ᇭ	ᇮ	ᇯ
11F	ᇰ	ᇱ	ᇲ	ᇳ	ᇴ	ᇵ	ᇶ	ᇷ	ᇸ	ᇹ	ᇺ	ᇻ	ᇼ	ᇽ	ᇾ	ᇿ

※ CF는 초성 채움 문자, JF는 중성 채움 문자이다.

[표 9-6] 유니코드의 한글 자모 확장 A/B

한글 자모 확장 A																
0x	0	1	2	3	4	5	6	7	8	9	A	B	C	D	E	F
A96	ꥠ	ꥡ	ꥢ	ꥣ	ꥤ	ꥥ	ꥦ	ꥧ	ꥨ	ꥩ	ꥪ	ꥫ	ꥬ	ꥭ	ꥮ	ꥯ
A97	ꥰ	ꥱ	ꥲ	ꥳ	ꥴ	ꥵ	ꥶ	ꥷ	ꥸ	ꥹ	ꥺ	ꥻ	ꥼ			
한글 자모 확장B																
0x	0	1	2	3	4	5	6	7	8	9	A	B	C	D	E	F
D7B	ힰ	ힱ	ힲ	ힳ	ힴ	ힵ	ힶ	ힷ	ힸ	ힹ	ힺ	ힻ	ힼ	ힽ	ힾ	ힿ
D7C	ퟀ	ퟁ	ퟂ	ퟃ	ퟄ	ퟅ	ퟆ					ퟋ	ퟌ	ퟍ	ퟎ	ퟏ
D7D	ퟐ	ퟑ	ퟒ	ퟓ	ퟔ	ퟕ	ퟖ	ퟗ	ퟘ	ퟙ	ퟚ	ퟛ	ퟜ	ퟝ	ퟞ	ퟟ
D7E	ퟠ	ퟡ	ퟢ	ퟣ	ퟤ	ퟥ	ퟦ	ퟧ	ퟨ	ퟩ	ퟪ	ퟫ	ퟬ	ퟭ	ퟮ	ퟯ
D7F	ퟰ	ퟱ	ퟲ	ퟳ	ퟴ	ퟵ	ퟶ	ퟷ	ퟸ	ퟹ	ퟺ	ퟻ				

[표 9-7] 유니코드의 한글 호환 자모와 반각 자모

한글 호환 자모																
0x	0	1	2	3	4	5	6	7	8	9	A	B	C	D	E	F
313		ㄱ	ㄲ	ㄳ	ㄴ	ㄵ	ㄶ	ㄷ	ㄸ	ㄹ	ㄺ	ㄻ	ㄼ	ㄽ	ㄾ	ㄿ
314	ㅀ	ㅁ	ㅂ	ㅃ	ㅄ	ㅅ	ㅆ	ㅇ	ㅈ	ㅉ	ㅊ	ㅋ	ㅌ	ㅍ	ㅎ	ㅏ
315	ㅐ	ㅑ	ㅒ	ㅓ	ㅔ	ㅕ	ㅖ	ㅗ	ㅘ	ㅙ	ㅚ	ㅛ	ㅜ	ㅝ	ㅞ	ㅟ
316	ㅠ	ㅡ	ㅢ	ㅣ		ㅥ	ㅦ	ㅧ	ㅨ	ㅩ	ㅪ	ㅫ	ㅬ	ㅭ	ㅮ	ㅯ
317	ㅰ	ㅱ	ㅲ	ㅳ	ㅴ	ㅵ	ㅶ	ㅷ	ㅸ	ㅹ	ㅺ	ㅻ	ㅼ	ㅽ	ㅾ	ㅿ
318	ㆀ	ㆁ	ㆂ	ㆃ	ㆄ	ㆅ	ㆆ	ㆇ	ㆈ	ㆉ	ㆊ	ㆋ	ㆌ	ㆍ	ㆎ	
반각 자모																
0x	0	1	2	3	4	5	6	7	8	9	A	B	C	D	E	F
FF0		！	＂	＃	＄	％	＆	＇	（	）	＊	＋	，	－	．	／
FF1	０	１	２	３	４	５	６	７	８	９	：	；	＜	＝	＞	？
FF2	＠	Ａ	Ｂ	Ｃ	Ｄ	Ｅ	Ｆ	Ｇ	Ｈ	Ｉ	Ｊ	Ｋ	Ｌ	Ｍ	Ｎ	Ｏ
FF3	Ｐ	Ｑ	Ｒ	Ｓ	Ｔ	Ｕ	Ｖ	Ｗ	Ｘ	Ｙ	Ｚ	［	＼	］	＾	＿
FF4	｀	ａ	ｂ	ｃ	ｄ	ｅ	ｆ	ｇ	ｈ	ｉ	ｊ	ｋ	ｌ	ｍ	ｎ	ｏ
FF5	ｐ	ｑ	ｒ	ｓ	ｔ	ｕ	ｖ	ｗ	ｘ	ｙ	ｚ	｛	｜	｝	～	｟
FF6	｠	｡	｢	｣	､	･	ｦ	ｧ	ｨ	ｩ	ｪ	ｫ	ｬ	ｭ	ｮ	ｯ
FF7	ｰ	ｱ	ｲ	ｳ	ｴ	ｵ	ｶ	ｷ	ｸ	ｹ	ｺ	ｻ	ｼ	ｽ	ｾ	ｿ
FF8	ﾀ	ﾁ	ﾂ	ﾃ	ﾄ	ﾅ	ﾆ	ﾇ	ﾈ	ﾉ	ﾊ	ﾋ	ﾌ	ﾍ	ﾎ	ﾏ
FF9	ﾐ	ﾑ	ﾒ	ﾓ	ﾔ	ﾕ	ﾖ	ﾗ	ﾘ	ﾙ	ﾚ	ﾛ	ﾜ	ﾝ	ﾞ	ﾟ
FFA		ﾡ	ﾢ	ﾣ	ﾤ	ﾥ	ﾦ	ﾧ	ﾨ	ﾩ	ﾪ	ﾫ	ﾬ	ﾭ	ﾮ	ﾯ
FFB	ﾰ	ﾱ	ﾲ	ﾳ	ﾴ	ﾵ	ﾶ	ﾷ	ﾸ	ﾹ	ﾺ	ﾻ	ﾼ	ﾽ	ﾾ	
FFC			ￂ	ￃ	ￄ	ￅ	ￆ	ￇ			ￊ	ￋ	ￌ	ￍ	ￎ	ￏ
FFD			ￒ	ￓ	ￔ	ￕ	ￖ	ￗ			ￚ	ￛ	ￜ			
FFE	￠	￡	￢	￣	￤	￥	￦		￨	￩	￪	￫	￬	￭	￮	

한글 자모는 초성, 중성, 종성으로 구분되므로 이들을 각각 살펴보면 다음과 같다.

한글 초성 자음

유니코드에서 한글 초성은 현대어 초성과 옛한글 초성으로 구분되며, 한글 자모와 한글 자모 확장 A 영역에 속한다.

[표 9-8] 유니코드의 한글 초성 영역

영역	구분	범위
한글 자모	현대어 초성(19자)	0x1100(ᄀ) ~ 0x1112(ᄒ)
	옛한글 초성(76자)	0x1113(ᄓ) ~ 0x115E(ᅞ)
	초성 채움(1자)	0x115F(Hangul Choseong Filler)
한글 자모 확장 A	옛한글 초성(29자)	0xA960(ꥠ) ~ 0xA97C(ꥼ)

한글 코드의 초성은 한글 자모 및 한글 자모 확장에 등록되어 있는데 현대어 19자와 초성 채움 1자, 옛한글 105자를 합쳐 총 125자이다. 초성 채움 글자는 'ᅟᅡᆼ, ᅟᅮ'과 같이 초성이 입력되지 않은 음절에서 초성 자리를 채우는 역할을 한다. 이들 초성 글자를 영역별로 나누어 제시하면 다음과 같다.

[표 9-9] 유니코드의 한글 초성 글자

영역	구분	글자
한글 자모	현대어 초성	ᄀ ᄁ ᄂ ᄃ ᄄ ᄅ ᄆ ᄇ ᄈ ᄉ ᄊ ᄋ ᄌ ᄍ ᄎ ᄏ ᄐ ᄑ ᄒ
	옛한글 초성	ᄓ ᄔ ᄕ ᄖ ᄗ ᄘ ᄙ ᄚ ᄛ ᄜ ᄝ ᄞ ᄟ ᄠ ᄡ ᄢ ᄣ ᄤ ᄥ ᄦ ᄧ ᄨ ᄩ ᄪ ᄫ ᄬ ᄭ ᄮ ᄯ ᄰ ᄱ ᄲ ᄳ ᄴ ᄵ ᄶ ᄷ ᄸ ᄹ ᄺ ᄻ ᄼ ᄽ ᄾ ᄿ ᅀ ᅁ ᅂ ᅃ ᅄ ᅅ ᅆ ᅇ ᅈ ᅉ ᅊ ᅋ ᅌ ᅍ ᅎ ᅏ ᅐ ᅑ ᅒ ᅓ ᅔ ᅕ ᅖ ᅗ ᅘ ᅙ ᅚ ᅛ ᅜ ᅝ ᅞ
	채움	초성채움
한글 자모 확장 A	옛한글 초성	ꥠ ꥡ ꥢ ꥣ ꥤ ꥥ ꥦ ꥧ ꥨ ꥩ ꥪ ꥫ ꥬ ꥭ ꥮ ꥯ ꥰ ꥱ ꥲ ꥳ ꥴ ꥵ ꥶ ꥷ ꥸ ꥹ ꥺ ꥻ ꥼ

한글 중성 모음

유니코드에서 한글 중성은 현대어 중성과 옛한글 중성으로 구분되며, 한글 자모 및 한글 자모 확장 B 영역에 속한다.

[표 9-10] 유니코드의 한글 중성 영역

영역	구분	범위
한글 자모	중성 채움(1자)	0x1160(Hangul Jungseong Filler)
	현대어 중성(21자)	0x1161(ᅡ) ~ 0x1175 (ᅵ)
	옛한글 중성(50자)	0x1176(ᅶ) ~ 0x11A7(ᆧ)
한글 자모 확장 B	옛한글 중성(23자)	0xD7B0(ힰ) ~ 0xD7C6(ퟆ)

한글 코드의 중성은 한글 자모 및 한글 자모 확장에 등록되어 있는데 중성 채움 한 글자와 함께 현대어 21자와 옛한글 73자를 합쳐 총 95자이다. 중성 채움 글자는 'ᄀᅠᆷ'과 같이 중성이 입력되지 않은 음절에서 중성 자리를 채우는 역할을 한다. 이들 중성 글자를 영역별로 나누어 제시하면 다음과 같다.

[표 9-11] 유니코드의 한글 중성 글자

영역	구분	글자
한글 자모	채움	중성채움
	현대어 중성	ᅡ ᅢ ᅣ ᅤ ᅥ ᅦ ᅧ ᅨ ᅩ ᅪ ᅫ ᅬ ᅭ ᅮ ᅯ ᅰ ᅱ ᅲ ᅳ ᅴ ᅵ
	옛한글 중성	ᅶ ᅷ ᅸ ᅹ ᅺ ᅻ ᅼ ᅽ ᅾ ᅿ ᆀ ᆁ ᆂ ᆃ ᆄ ᆅ ᆆ ᆇ ᆈ ᆉ ᆊ ᆋ ᆌ ᆍ ᆎ ᆏ ᆐ ᆑ ᆒ ᆓ ᆔ ᆕ ᆖ ᆗ ᆘ ᆙ ᆚ ᆛ ᆜ ᆝ ᆞ ᆟ ᆠ ᆡ ᆢ ᆣ ᆤ ᆥ ᆦ ᆧ
한글 자모 확장 B	옛한글 중성	ힰ ힱ ힲ ힳ ힴ ힵ ힶ ힷ ힸ ힹ ힺ ힻ ힼ ힽ ힾ ힿ ퟀ ퟁ ퟂ ퟃ ퟄ ퟅ ퟆ

한글 종성 자음

유니코드에서 한글 종성은 현대어 종성과 옛한글 종성으로 구분되며, 한글 자모와 한글 자모 확장 B 영역에 속한다.

[표 9-12] 유니코드의 한글 종성 영역

영역	구분	범위
한글 자모	현대어 종성(27자)	0x11A8(ᆨ) ~ 0x11C2(ᇂ)
	옛한글 종성(61자)	0x11C3(ᇃ) ~ 0x11FF(ᇿ)
한글 자모 확장 B	옛한글 종성(49자)	0xD7CB(ퟋ) ~ 0xD7FB(ퟻ)

한글 코드의 종성은 한글 자모 및 한글 자모 확장에 등록되어 있는데 현대어 27자와 옛한글 110자를 합쳐 총 137자이다. 이들 종성 글자를 영역별로 나누어 제시하면 다음과 같다.

[표 9-13] 유니코드의 한글 종성 글자

영역	구분	글자
한글 자모	현대어 종성	ㄱ ㄲ ㄳ ㄴ ㄵ ㄶ ㄷ ㄹ ㄺ ㄻ ㄼ ㄽ ㄾ ㄿ ㅀ ㅁ ㅂ ㅄ ㅅ ㅆ ㅇ ㅈ ㅊ ㅋ ㅌ ㅍ ㅎ
	옛한글 종성	ᇃ ᇄ ᇅ ᇆ ᇇ ᇈ ᇉ ᇊ ᇋ ᇌ ᇍ ᇎ ᇏ ᇐ ᇑ ᇒ ᇓ ᇔ ᇕ ᇖ ᇗ ᇘ ᇙ ᇚ ᇛ ᇜ ᇝ ᇞ ᇟ ᇠ ᇡ ᇢ ᇣ ᇤ ᇥ ᇦ ᇧ ᇨ ᇩ ᇪ ᇫ ᇬ ᇭ ᇮ ᇯ ᇰ ᇱ ᇲ ᇳ ᇴ ᇵ ᇶ ᇷ ᇸ ᇹ ᇺ ᇻ ᇼ ᇽ ᇾ ᇿ
한글 자모 확장 B	옛한글 종성	ퟋ ퟌ ퟍ ퟎ ퟏ ퟐ ퟑ ퟒ ퟓ ퟔ ퟕ ퟖ ퟗ ퟘ ퟙ ퟚ ퟛ ퟜ ퟝ ퟞ ퟟ ퟠ ퟡ ퟢ ퟣ ퟤ ퟥ ퟦ ퟧ ퟨ ퟩ ퟪ ퟫ ퟬ ퟭ ퟮ ퟯ ퟰ ퟱ ퟲ ퟳ ퟴ ퟵ ퟶ ퟷ ퟸ ퟹ ퟺ ퟻ

지금까지 한글 자모의 유니코드 영역과 초성, 중성, 종성의 각 글자를 알아보았다. 한글 맞춤법을 기준으로 초성 19자, 중성 21자, 종성 27자로 조합할 수 있는 음절은 11,172자이

며, 이들 음절은 유니코드 한글 음절 영역에 모두 포함되어 있다.

한글 자모 글자의 가장 큰 특징은 조합을 통해 음절을 생성할 수 있다는 것이다. 그렇다면 유니코드의 한글 자모로 조합할 수 있는 음절의 수는 몇 자일까? 이론적으로는 160만 음절이 넘는다.

조선의 학자 정인지(鄭麟趾)는 《훈민정음》의 혜례 서문(序文)에서 한글을 "바람소리, 학의 울음소리, 닭의 홰치는 소리, 개 짖는 소리도 모두 이 글자로써 적을 수 있다"고 밝히었다. 한글 자모가 초성, 중성, 종성으로 등록된 것은, 유니코드의 한글 코드에 한글 창제의 원리를 반영하였다는 점에서 의의가 있다. 또한 이를 바탕으로 한글 자모로 160만 음절 이상을 조합하여 디지털 환경에서 어떠한 소리도 한글로 표현할 수 있게 되었다는 점에서도 의의가 있다.

10

Chapter

파이썬을 이용한 토큰 처리

토큰은 컴퓨터공학에서 어휘 분석의 단위를 가리키는 용어로, 더 이상 나눌 수 없는 최소의 의미 있는 단위를 가리키므로, 토큰 처리는 언어 처리의 시작이자 기본이다. 따라서 토큰 단위로 단어를 추출하려면 먼저 추출하고자 하는 글자가 문자(alphabet)인지 아닌지, 문자라면 어느 나라의 문자인지 구별해야 한다. 한글 처리와 관련하여 한글을 제대로 다루는 것이 가장 중요하지만, 한국어 텍스트에는 한글뿐만 아니라 숫자, 영문자, 한자 등 여러 나라의 문자도 함께 사용되고, 특수 문자나 문장 부호 등 기호 문자도 빈번하게 사용되므로 이들을 토큰 단위로 정확하게 분리하는 것이 필요하다.

이 장에서는 파이썬을 이용하여 토큰을 추출하는 방법에 대해서 설명한다.

1. 문자 영역 확인

토큰을 분리하려면 먼저 각 글자가 어떤 문자 영역에 속하는 것인지를 알아야 한다. 예를 들어, '韓-美 FTA 체결'이라는 문자열이 입력되면, 한자, 기호, 영문자, 한글로 구성된 것임을 알아야 한다.

이 책에서는 t2bot.com에서 제공하는 't2bot 토큰 처리기'를 이용하여 문자 영역을 확인한다. t2bot 토큰 처리기에서는 get_scripts() 함수를 이용하여 유니코드의 문자 영역을 20개로 구분하여 반환한다. 그러나 이 책에서는 8장에서 제시한 언어 문자와 분리 문자, 기호 문자를 중심으로 토큰을 처리한다.

[표 10-1] t2bot **토큰처리기의 토큰 구분**

토큰		설명	토큰 기호
언어 문자	한글	음절과 자모	H(h) - Hangul
	숫자	아스키 영역의 숫자	N - Number
	한자	한중일 통합	C - China
	영문자	라틴어 계열 문자	E(e) - English
	일본어	가나	J - Japan
	그리스어	그리스 문자	G - Greek
	키릴 문자	러시아를 비롯한 키릴 문자권	Y - cYrillic
분리 문자	공백 문자	공백 문자와 탭 문자	S - Space
	개행 문자	줄바꿈 (LF, line feed)	L - Line feed
기호 문자	특수 문자	아스키 영역에서 숫자와 영문자를 제외한 문자	I - sIng
	기타	그 밖의 나머지 문자	X - eXtra

아래에 제시된 예는 파이썬에서 입력된 문자열의 문자 영역을 확인하여 값을 반환하는 소스 코드이다.

[예제 10-1] '서울'의 문자 영역 확인

```
>>> from hgchartype import get_scripts
>>> get_scripts("서울")

'HH'
```

[예제 10-1]에서는 '서울'이라는 문자열을 입력하여 'HH'라는 결과로 문자 영역의 상태를 반환한다. 'H'는 한글 상태를 가리키는 것으로 '서울'은 한글(H) 문자가 2개라는 뜻이다.

- 한글과 영문자 및 기호 문자가 함께 있는 문자열은 다음과 같이 문자 영역의 상태를 확인할 수 있다.

[예제 10-2] '서울[Seoul]'의 문자 영역 확인

```
>>> from hgchartype import get_scripts
>>> get_scripts("서울[Seoul]")

'HHIEEEEEI'
```

[예제 10-2]에서는 '서울[Seoul]'이라는 문자열을 입력해서 'HHIEEEEEI"라는 문자 영역의 상태를 반환한다. 'I'는 기호 문자 상태를, 'E'는 영문자 상태를 가리킨다.

[표 10-2] 문자열 '서울[Seoul]'의 문자 영역 확인

인덱스	글자	10진수	16진수	문자 영역
0	서	49436	0xC11C	Han
1	울	50872	0xC6B8	Han
2	[	91	0x5B	Sign
3	S	83	0x53	Eng
4	e	101	0x65	Eng
5	o	111	0x6F	Eng
6	u	117	0x75	Eng
7	l	108	0x6C	Eng
8	]	93	0x5D	Sign

- 문자열 '서울[Seoul]'은 한글 2글자, 기호 1글자, 영문자 5글자, 기호 1글자로 이루어졌다. 문자 영역의 상태를 차례대로 검사하여 문자 영역의 상태가 달라질 때마다 토큰으로 할당하는데, 이는 다음과 같다.

[표 10-3] 문자열 '서울[Seoul]'의 토큰 변환

인덱스	0	1	2	3	4	5	6	7	8
글자	서	울	[	S	e	o	u	l	]
문자 영역	H	H	I	E	E	E	E	E	I
토큰	H		I	E					I

서울[Seoul] = H(2) + I(1) + E(5) + I(1) = H I E I

2. 문자 영역의 토큰 변환

앞에서는 get_scripts() 함수를 이용하여 입력된 문자열의 문자 영역을 확인하였다. 문자 영역의 상태를 확인한 후에는 이것을 토큰으로 변환해야 한다. 문자열의 각 글자를 대상으로 문자 영역 상태를 구하는데, 현재 글자 영역과 이전 글자 영역이 같으면 같은 토큰으로 할당하고 영역이 다르면 새로운 토큰으로 할당한다.

- 아래에 제시된 예는 t2bot 토큰 처리기의 get_script_list() 함수를 이용하여 '서울'의 문자 영역을 토큰으로 변환하는 소스 코드이다.

[예제 10-3] '서울'의 문자 영역 토큰 변환

```
>>> get_script_list("서울")

[{'script': 'H', 'pos': 0, 'len': 2, 'string': '서울'}]
```

[예제 10-3]은 '서울'이라는 문자열을 입력해서 문자 상태, 토큰 위치, 토큰 길이 및 문자열을 사전(dict) 형식으로 반환한 것이다. 예제에서는 시작 위치(pos)는 0, 길이(len)는 2글자, 문자열 토큰(string)은 'H(한글)'라는 결과로 출력된다.

[표 10-4] **토큰 사전(dict) 구조**

변수	설명	예
script	문자 영역 상태	H
pos	문자열에서 토큰 위치	0
len	토큰 길이	2
string	토큰 문자열	'서울'
ending	마지막 토큰(합성 토큰에서 사용)	-

다음은 문자열 '서울[Seoul]'의 문자 영역을 토큰으로 변환하는 소스 코드이다.

[예제 10-4] **'서울[Seoul]'의 문자 영역 토큰 변환**

```
>>> get_script_list("서울[Seoul]")

[
{'script': 'H', 'pos': 0, 'len': 2, 'string': '서울'},
{'script': 'I', 'pos': 2, 'len': 1, 'string': '['},
{'script': 'E', 'pos': 3, 'len': 5, 'string': 'Seoul'},
{'script': 'I', 'pos': 8, 'len': 1, 'string': ']'}
]
```

[예제 10-4]는 '서울[Seoul]'이라는 문자열을 토큰 목록(list)으로 반환한 것이다. 예제에서 토큰은 총 4개이고, 각 토큰의 항목은 사전(dict) 형식으로 되어 있다.

문자열 '서울[Seoul]'에 대한 토큰 목록은 다음과 같다.

[표 10-5] **문자열 '서울[Seoul]'의 토큰 목록**

인덱스	script	pos	len	string
0	'H'	0	2	'서울'
1	'I'	2	1	'['
2	'E'	3	5	'Seoul'
3	'I'	8	1	']'

3. 토큰의 합성

단어는 하나의 토큰으로 구성되기도 하지만 2개 이상의 토큰으로 구성된 것도 많다. 이처럼 2개 이상의 토큰이 하나의 단어를 이루면서 의미 있는 토큰 단위가 된 것은 합성 토큰으로 설정한다.

언어 처리에서 단어 추출이 까다롭고 복잡한 것은 토큰 구성이 단순하지 않기 때문이다. 한국어 텍스트를 분석해 보면 'e메일'처럼 두 개 이상의 토큰으로 하나의 단어를 표현하는 것을 자주 볼 수 있다. 'e메일'과 같은 문자열을 하나의 단어로 추출하기 위해서는 두 개의 토큰을 합성하는 것이 필요하다.

KBS 9시 뉴스 텍스트에서 뽑은 합성 토큰의 사례를 중심으로 살펴보면 다음과 같다.

[예제 10-5] 합성 토큰으로 이루어진 문자열

```
>>> get_script_list("중앙亞  한미FTA  비타민A  워싱턴DC")

string len : 23
중앙亞  한미FTA  비타민A  워싱턴DC
HHCSSHHEEESSHHHESSHHHEE

<script list>
0 :  {'script': 'H', 'pos': 0, 'len': 2, 'string': '중앙'}
1 :  {'script': 'C', 'pos': 2, 'len': 1, 'string': '亞'}
2 :  {'script': 'S', 'pos': 3, 'len': 2, 'string': '  '}
3 :  {'script': 'H', 'pos': 5, 'len': 2, 'string': '한미'}
4 :  {'script': 'E', 'pos': 7, 'len': 3, 'string': 'FTA'}
5 :  {'script': 'S', 'pos': 10, 'len': 2, 'string': '  '}
6 :  {'script': 'H', 'pos': 12, 'len': 3, 'string': '비타민'}
7 :  {'script': 'E', 'pos': 15, 'len': 1, 'string': 'A'}
8 :  {'script': 'S', 'pos': 16, 'len': 2, 'string': '  '}
9 :  {'script': 'H', 'pos': 18, 'len': 3, 'string': '워싱턴'}
10 : {'script': 'E', 'pos': 21, 'len': 2, 'string': 'DC'}
```

[예제 10-5]는 길이가 23글자인 문자열에서 토큰 목록을 구한 것이다. 위의 토큰 목록을 보면, 예제에 제시된 문자열은 총 11개의 토큰으로 구성되었다. 한글과 한자 혹은 영문자가 결합하여 문자 영역의 상태가 달라지면서 토큰이 할당되는데, 토큰의 경계와 단어가 일치하지 않으면 단어 분리가 불완전하게 된다. 예를 들어 '중앙亞'라는 단어는 '중앙'과 '亞'로 토큰이 분리되는데 이것을 하나의 단어로 추출해야 한다.

- 토큰을 합성하여 한 단어로 추출하려면 두 개 이상의 문자 상태를 검사하여 하나의 토큰으로 통합해야 한다. 예를 들어 한글 토큰 다음에 한자 혹은 영문자 토큰이 이어지면 이들을 합성 토큰으로 할당하도록 규칙을 생성할 수 있다.
  한글 토큰과 한자 토큰의 합성은 'HC'로, 한글 토큰과 영문자 토큰의 합성은 'HE'로 정의한 뒤, t2bot의 HGGetToken() 함수를 이용하여 합성 토큰을 처리하면 다음과 같다.

[예제 10-6] HGGetToken() 함수를 이용한 합성 토큰 처리

```
>>> HGGetToken("중앙亞  한미FTA  비타민A  워싱턴DC")

0 :  {'script': 'HC', 'pos': 0, 'len': 3, 'string': '중앙亞'}
1 :  {'script': 'S', 'pos': 3, 'len': 2, 'string': '  '}
2 :  {'script': 'HE', 'pos': 5, 'len': 5, 'string': '한미FTA'}
3 :  {'script': 'S', 'pos': 10, 'len': 2, 'string': '  '}
4 :  {'script': 'HE', 'pos': 12, 'len': 4, 'string': '비타민A'}
5 :  {'script': 'S', 'pos': 16, 'len': 2, 'string': '  '}
6 :  {'script': 'HE', 'pos': 18, 'len': 5, 'string': '워싱턴DC'}
```

[예제 10-6]은 HGGetToken() 함수를 이용하여 합성 토큰을 처리한 것이다. 토큰 목록은 총 7개의 토큰으로 구성되었고 단어 단위에 맞게 토큰으로 분리되었다.

- 한국어 텍스트에는 다양한 유형의 합성 토큰이 사용되고 있다. 이들을 살펴보면 다음과 같다.

[표 10-6] **한국어 텍스트에서 나타나는 합성 토큰 유형**

	유형	예
1	한자+한글	李총리
2	한글+한자	중앙亞
3	한글+영어	한미FTA, 비타민A, 워싱턴DC
4	한글+영어+한글	벙커C유
5	한글+영어+기호+영어	대책T/F, 워싱턴D.C, 김포C.C
6	한글+영어+숫자	갤S10, 비타민B1, 갤럭시S6
7	한글+숫자	중2, 미그21
8	한글+기호+숫자	미그-21
9	숫자+영어	80km, 3DTV
10	숫자+한글+영어	2천CC
11	숫자+영어+기호+영어	80km/h
12	숫자+기호+숫자	1/2, 1/4
13	숫자+기호+숫자+영어	16.6g, 8.54Hz
14	숫자+기호+숫자+한글	1/4분기
15	숫자+기호+숫자+기호+숫자	06/1/18
16	영어+한글	e메일
17	영어+숫자	A4
18	영어+기호+한글	D-데이, e-메일, e-북, CD-롬, K-팝, S-오일
19	영어+기호+영어	M&A, R&D, CD-ROM, ctl+v, K-POP, S-Oil
20	영어+숫자+영어+숫자	H5N1, H5N2
21	영어+숫자+기호+한글	A1-광구
22	영어+기호+영어+기호	B.J., U.S.

표준 완성형 한글 코드에는 두 글자 이상의 영문자를 모아서 하나의 글자 코드로 할당한 단위 문자가 있다. 예를 들어 'km, kW'와 같은 단위 문자를 1바이트 영문자로 연속하여 사용하면 어색하게 보이기 때문에 '㎞, ㎾'와 같이 하나의 글자로 등록한 것이다. 이러한 단위 문자가 유니코드로 확장되면서 과거 사용하던 코드와 호환되도록 만든 영역이 한중일 호환(CJK Compatibility) 영역이다.

[표 10-7] 유니코드의 한중일 호환 영역 (CJK Compatibility)

0x	0	1	2	3	4	5	6	7	8	9	A	B	C	D	E	F
330	㌀	㌁	㌂	㌃	㌄	㌅	㌆	㌇	㌈	㌉	㌊	㌋	㌌	㌍	㌎	㌏
331	㌐	㌑	㌒	㌓	㌔	㌕	㌖	㌗	㌘	㌙	㌚	㌛	㌜	㌝	㌞	㌟
332	㌠	㌡	㌢	㌣	㌤	㌥	㌦	㌧	㌨	㌩	㌪	㌫	㌬	㌭	㌮	㌯
333	㌰	㌱	㌲	㌳	㌴	㌵	㌶	㌷	㌸	㌹	㌺	㌻	㌼	㌽	㌾	㌿
334	㍀	㍁	㍂	㍃	㍄	㍅	㍆	㍇	㍈	㍉	㍊	㍋	㍌	㍍	㍎	㍏
335	㍐	㍑	㍒	㍓	㍔	㍕	㍖	㍗	㍘	㍙	㍚	㍛	㍜	㍝	㍞	㍟
336	㍠	㍡	㍢	㍣	㍤	㍥	㍦	㍧	㍨	㍩	㍪	㍫	㍬	㍭	㍮	㍯
337	㍰	㍱	㍲	㍳	㍴	㍵	㍶	㍷	㍸	㍹	㍺	㍻	㍼	㍽	㍾	㍿
338	㎀	㎁	㎂	㎃	㎄	㎅	㎆	㎇	㎈	㎉	㎊	㎋	㎌	㎍	㎎	㎏
339	㎐	㎑	㎒	㎓	㎔	㎕	㎖	㎗	㎘	㎙	㎚	㎛	㎜	㎝	㎞	㎟
33A	㎠	㎡	㎢	㎣	㎤	㎥	㎦	㎧	㎨	㎩	㎪	㎫	㎬	㎭	㎮	㎯
33B	㎰	㎱	㎲	㎳	㎴	㎵	㎶	㎷	㎸	㎹	㎺	㎻	㎼	㎽	㎾	㎿
33C	㏀	㏁	㏂	㏃	㏄	㏅	㏆	㏇	㏈	㏉	㏊	㏋	㏌	㏍	㏎	㏏
33D	㏐	㏑	㏒	㏓	㏔	㏕	㏖	㏗	㏘	㏙	㏚	㏛	㏜	㏝	㏞	㏟
33E	㏠	㏡	㏢	㏣	㏤	㏥	㏦	㏧	㏨	㏩	㏪	㏫	㏬	㏭	㏮	㏯
33F	㏰	㏱	㏲	㏳	㏴	㏵	㏶	㏷	㏸	㏹	㏺	㏻	㏼	㏽	㏾	㏿

유니코드에서는 아스키코드를 조합하여 'km, kW'로 사용하도록 권장하지만, 지금도 여전히 한 글자로 된 단위 문자를 사용하는 경우가 많다. 따라서 한글 토큰 처리기에서도 숫자와 결합한 호환용 단위 문자를 하나의 합성 토큰으로 처리한다.

[표 10-8]과 [표 10-9]를 보면, 문자열 '2000㏄'와 '2000cc'는 비슷해 보이지만 내부적으로는 완전히 코드가 다르다. 따라서 한글 토큰 처리기는 문자 영역에서 벗어나 한중일 호환 영역에 있는 'cc' 글자를 합성 토큰으로 처리해야 한다.

[표 10-8] 문자열 '2000㏄'의 단위 문자 상태

인덱스	글자	10진수	16진수	문자 상태
0	2	50	0x32	(Num)
1	0	48	0x30	(Num)
2	0	48	0x30	(Num)
3	0	48	0x30	(Num)
4	㏄	13252	0x33C4	(Extra)

[표 10-9] 문자열 '2000㏄'의 영문자 조합 상태

인덱스	글자	10진수	16진수	문자 상태
0	2	50	0x32	(Num)
1	0	48	0x30	(Num)
2	0	48	0x30	(Num)
3	0	48	0x30	(Num)
4	c	99	0x63	(Eng)
5	c	99	0x63	(Eng)

4. 한글 자모와 옛한글 음절의 토큰 처리

유니코드에서 한글 자모는 음절을 조합할 때 사용하는데, '훈민정음(訓民正音)'이나 '용비어천가(龍飛御天歌)'와 같은 옛한글 텍스트를 처리하려면 반드시 한글 자모를 사용해야 한다. 문서처리기에서 '훈민정음'과 '용비어천가'를 텍스트 파일로 저장하면 현대 음절이 아닌 경우에는 모두 한글 자모로 저장한다.

옛한글이 포함된 문자열은 다음과 같이 저장된다.

[예제 10-7] 옛한글이 포함된 문자열 처리

```
>>> print_scripts__string('불휘기픈 남ᄀᆞᆫ', type_fullname=True, sep='\t')

0: 불 48520 0xBD88 (Han)
1: 휘 55064 0xD718 (Han)
2: 기 44592 0xAE30 (Han)
3: 픈 54536 0xD508 (Han)
4:     32   0x20 (Spc)
5: 남 45224 0xB0A8 (Han)
6: ᄀ 4352  0x1100 (Jamo)
7: ᆞ 4510  0x119E (Jamo)
8: ᆫ 4523  0x11AB (Jamo)
```

[예제 10-7]에서는 옛한글을 포함한 문자열을 내부적으로 어떻게 다루는지 보여준다. 음절 단위로 길이를 계산하면 공백 문자를 포함하여 총 7글자이지만 내부적으로는 9글자로 처리한다. 특히 글자 'ᄀᆞᆫ'은 1음절로 출력되어 한 글자로 보이지만 유니코드에서는 글자 'ᄀᆞᆫ'에 해당하는 음절 단위의 코드값이 없기 때문에 내부적으로 초성, 중성, 종성의 세 글자로 처리한다. 이처럼 한글 처리를 정확하기 하기 위해서는 자모로 구성된 옛한글 음절의 토큰도 분리하여야 한다.

11
Chapter

파이썬을 이용한 단어 처리

언어 처리에서 가장 많이 수행하는 작업은 단어 처리이다. 문자 영역을 확인하여 토큰을 분리한 것은 단어 추출의 바탕을 마련하기 위한 것이다. 그러나 토큰 추출에서 보았듯이, 문자열에서 토큰을 추출할 때 단어는 물론 공백 문자나 기호 문자가 함께 포함된 경우가 많다. 예를 들어, 문자열 '서울[Seoul]'을 입력하면 한글, 기호, 영문자 토큰이 모두 분리되어 추출된다. 문자열 '서울[Seoul]'에서 단어에 해당하는 '서울'과 'Seoul'을 추출하려면 토큰 분리 후에 단어만 따로 추출하는 것이 필요하다.

한편 이렇게 단어를 추출한 후에는 본격적으로 다양한 한글 처리 작업을 수행할 수 있다. 단어 목록을 사전 순서에 맞게 정렬하거나, 추출한 단어의 길이 곧 음절 수가 짧은 단어부터 긴 단어로의 정렬도 가능하다. 추출한 단어의 빈도를 계산하여 통계를 내는 데에 활용할 수도 있다. 한글 처리에서 단어 추출은 기본적인 단계이지만, 입력된 문자열 나아가 입력된 텍스트에서 단어만 추출할 수 있어도 할 수 있는 작업은 매우 많다.

이 장에서는 파이썬으로 단어를 추출하고 정렬하는 방법에 대해서 설명한다.

1. 단어 추출

단어를 추출하기 위해서는 먼저 토큰 추출이 선행되어야 한다. t2bot 토큰 처리기에서는 HGGetKeywordList() 함수를 이용하여 토큰에서 단어가 될 수 있는 이른바 '키워드 단어 목록'을 추출한다.

[예제 11-1] 문자열에서 키워드 단어 추출

```
>>> GetStringListByScriptList(HGGetToken("원주율(π, pai, 圓周率, 원주률)은 상수이다."))
['원주율', '(', 'π', ',', ' ', 'pai', ',', ' ', '圓周率', ',', ' ', '원주률', ')', '은', ' ', '상수이다', '.']
>>> HGGetKeywordList("원주율(π, pai, 圓周率, 원주률)은 상수이다.")
['원주율', 'π', 'pai', '圓周率', '원주률', '은', '상수이다']
```

[예제 11-1]에서는 HGGetKeywordList() 함수를 이용하여 키워드 단어를 추출한다. 소스 코드에서 알 수 있듯이, HGGetToken() 함수는 입력된 문자열에서 전체 토큰을 추출하는 반면 HGGetKeywordList() 함수는 기호 문자나 문장 부호는 제외하고 키워드 역할을 하는 단어를 추출한다.

2. 단어 목록 정렬

텍스트 파일에서 키워드 단어를 추출한 뒤에는 단어 목록을 중심으로 정렬을 수행할 수 있다. 일반적으로 정렬은 가나다 순서의 배열을 가장 먼저 떠올리지만, 실제로 정렬은 매우 다양하게 이루어진다. 정렬을 의미 있게 수행하기 위해서는 키워드 단어의 양이 충분해야 하므로, 이 절에서는 KBS 9시 뉴스 텍스트 중 일기예보문을 입력하여 키워드 단어를 추출하여 정렬 작업을 수행한다.

키워드 단어의 추출

t2bot 토큰 처리기에서는 GetKeywordList_File() 함수를 이용하여 입력된 파일에서 단어가 될 수 있는 키워드 단어 목록을 추출한다. 다음의 예제에서는 텍스트 입력 순서대로 173개의 키워드 단어를 추출한다.

[예제 11-2] 텍스트 파일에서 키워드 단어 추출

```
>>> GetKeywordList_File(filename1, encoding)
```

['새해', '첫날', '강추위…내일부터', '누그러질', '듯', '새해', '첫날', '강추위로', '시작했습니다.', '호남과', '제주', '지방엔', '많은', '눈이', '쌓였는데,', '내일부터는', '날씨가', '조금', '풀린다고', '합니다.', '전해드립니다.', '차가운', '겨울바람이', '새해', '첫날부터', '거리의', '기온을', '영하', '15도까지', '끌어내렸습니다.', '모처럼', '거리로', '나온', '시민들은', '옷깃을', '단단히', '여미고,', '목도리와', '장갑,', '모자까지', '챙겨보지만,', '매서운', '추위에', '몸이', '절로', '움츠러듭니다.', '"1월', '1일이라서', '기분', '좋게', '나왔는데', '너무', '추워서', '안에', '들어가고', '싶어요."', '"손도', '시리고,', '얼굴도', '시리고', '빨리', '집에가려고요."', '오늘', '아침', '대관령의', '기온은', '올', '겨울', '들어', '가장', '낮은', '영하', '18.6도까지', '내려갔고,', '서울도', '영하', '9.5도까지', '뚝', '떨어졌습니다.', '한낮에도', '중부지방의', '기온은', '계속', '영하권에', '머물러', '사흘째', '매서운', '한파가', '이어졌습니다.', '하지만,', '새해', '첫', '출근이', '시작되는', '내일부터는', '전국의', '낮기온이', '영상으로', '오르겠습니다.', '우리나라까지', '확장했던', '찬', '대륙고기압이', '점차', '약화되고', '있어서', '추위는', '내일', '낮부터', '누그러질', '것으로', '보입니다.', '한파와', '함께', '서해상에서', '만들어진', '눈구름의', '영향으로,', '호남지방과', '제주도엔', '대설특보와', '함께', '오전까지', '세찬', '눈발이', '이어졌습니다.', '전북', '정읍엔', '26cm의', '큰', '눈이', '왔고,', '그', '밖의', '호남', '서해안지역도', '5에서', '10cm의', '적설량을', '기록했습니다.', '오늘', '밤', '제주', '산간지역엔', '눈발이', '조금', '더', '날리는', '곳이', '있겠고,', '이후', '당분간은', '큰', '추위나,', '눈', '예보없이', '대체로', '맑은', '날씨가', '이어질', '전망입니다.', 'KBS']

단어 목록 정렬

추출한 키워드 단어는 목적에 따라 다양하게 정렬하여 필요한 정보를 얻을 수 있다.

- 파이썬의 sort() 함수를 이용하면 단어 목록(list)을 사전 순서대로 정렬할 수 있다.

[예제 11-3] 키워드 단어의 정렬

```
>>> KeywordList = GetKeywordList_File(filename1, encoding)
>>> KeywordList.sort() # sort by abc -> xyz
>>> KeywordList

['10cm의', '15도까지', '18.6도까지', '1월', '1일이라서', '26cm의', '5에서', '9.5도까지', 'KBS', '가장', '강추위', '강추위로', '거리로', '거리의', '것으로', '겨울', '겨울바람이', '계속', '곳이', '그', '기록했습니다', '기분', '기상전문기자가', '기온은', '기온은' ... ... ... ... ... ... ... ... ... ... ... ... ... ...
... ... ... ... ... ... ... ... ... ... ... ... ... ... ... ... ... ... ... ... ... ... ... ... ... ... ... ... ... ... ... ... ...
... ... ... ... ... ... ... ... ... ... ... ... ... ... ... '좋게', '중부지방의', '지방엔', '집에가려고요', '차가운', '찬', '챙겨보지만', '첫', '첫날', '첫날', '첫날부터', '추워서', '추위나', '추위는', '추위에', '출근이', '큰', '큰', '풀린다고', '하지만', '한낮에도', '한파가', '한파와', '함께', '함께', '합니다', '호남', '호남과', '호남지방과', '확장했던']
```

[예제 11-3]에서는 텍스트 파일의 키워드 단어를 추출한 후에 사전 순서 곧 코드 순으로 정렬한다. 정렬 목록을 보면, 첫 단어는 '10cm의'로 숫자로 시작하는 단어가 먼저 놓이고 이어서 영문자, 한글의 순서로 이어진다. 정렬의 마지막 단어는 '확장했던'이다.

파이썬의 sort() 함수에서 매개 변수에 reverse 값을 지정하면 역순으로 정렬한다.

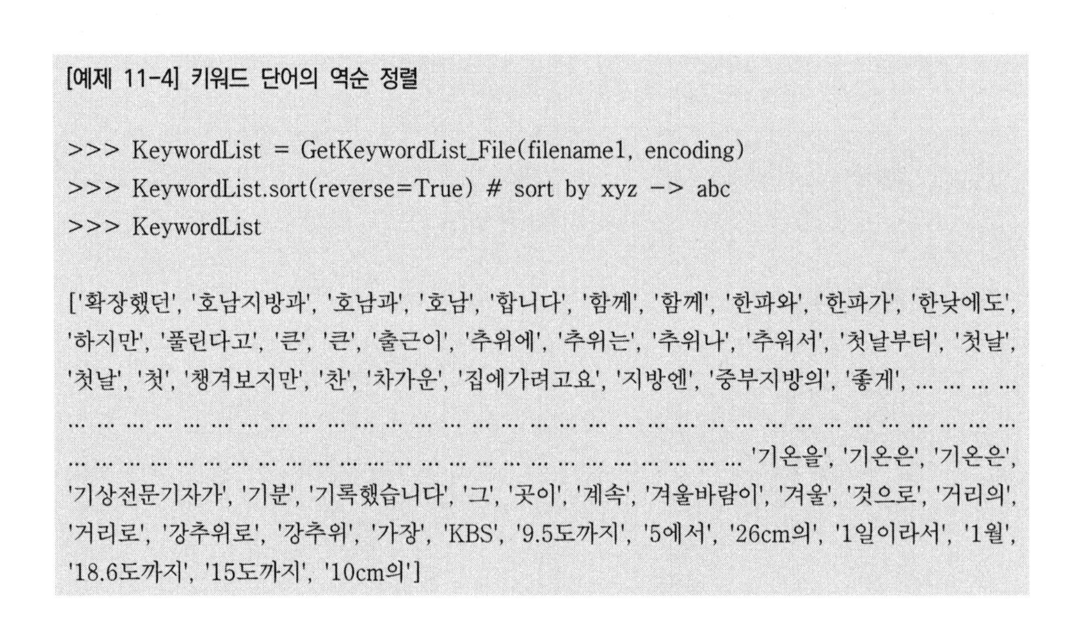

[예제 11-4] 키워드 단어의 역순 정렬

```
>>> KeywordList = GetKeywordList_File(filename1, encoding)
>>> KeywordList.sort(reverse=True) # sort by xyz -> abc
>>> KeywordList

['확장했던', '호남지방과', '호남과', '호남', '합니다', '함께', '함께', '한파와', '한파가', '한낮에도', '하지만', '풀린다고', '큰', '큰', '출근이', '추위에', '추위는', '추위나', '추워서', '첫날부터', '첫날', '첫날', '첫', '챙겨보지만', '찬', '차가운', '집에가려고요', '지방엔', '중부지방의', '좋게', ... ... ... ...
... ... ... ... ... ... ... ... ... ... ... ... ... ... ... ... ... ... ... ... ... ... ... ... ... ... ... ... ... ... ... ... ...
... ... ... ... ... ... ... ... ... ... ... ... ... ... ... ... ... ... ... ... ... ... ... ... '기온을', '기온은', '기온은', '기상전문기자가', '기분', '기록했습니다', '그', '곳이', '계속', '겨울바람이', '겨울', '것으로', '거리의', '거리로', '강추위로', '강추위', '가장', 'KBS', '9.5도까지', '5에서', '26cm의', '1일이라서', '1월', '18.6도까지', '15도까지', '10cm의']
```

[예제 11-4]에서는 키워드 단어를 '확장했던'부터 역순으로 정렬한다.

- 파이썬의 sort() 함수에서 매개 변수에 key 값을 지정하면 키워드 단어의 길이 순서로 정렬할 수 있다.

[예제 11-5] 키워드 단어의 길이에 따른 정렬

```
>>> KeywordList = GetKeywordList_File(filename1, encoding)
>>> KeywordList.sort(key = lambda wd: len(wd)) # by len 1 -> ?
>>> KeywordList

['듯', '올', '뚝', '첫', '찬', '큰', '그', '밤', '더', '큰', '눈', '새해', '첫날', '새해', '첫날', '제주', '많은',
'눈이', '조금', '새해', '영하', '나온', '장갑', '몸이', '절로', '1월', '기분', '좋게', '너무', '안에', '손도',
'빨리', '오늘', '아침', '겨울', '들어', '가장', '낮은', '영하', '영하', '계속', '새해', ... ... ... ... ... ...
... ... ... ... ... ... ... ... ... ... ... ... ... ... ... ... ... ... ... ... ... ... ... ... ... ... ... ... ... ... ... ... ... ...
... ... ... ... ... ... ... ... ... ... ... ... ... ... ... ... ... ... ... ... ... ... ... ... '9.5도까지', '떨어졌습니다',
'이어졌습니다', '오르겠습니다', '우리나라까지', '대륙고기압이', '이어졌습니다', '서해안지역도',
'기록했습니다', '기상전문기자가', '끌어내렸습니다', '18.6도까지']
```

[예제 11-5]에서는 키워드 단어의 길이를 중심으로 정렬하는데, 한 글자로 구성된 '듯, 올'부터 시작하여 '18.6도까지'의 일곱 글자의 키워드 단어의 순으로 정렬한다.

- 파이썬의 sort() 함수에서 매개 변수에 key 값을 지정할 때, 'len()' 함수에 '-' 기호를 사용하면 키워드 단어의 길이를 역순으로 하여 정렬한다.

[예제 11-6] 키워드 단어의 길이에 따른 역순 정렬

```
>>> KeywordList = GetKeywordList_File(filename1, encoding)
>>> KeywordList.sort(key = lambda wd: -len(wd)) # by len ? -> 1
>>> KeywordList

['기상전문기자가', '끌어내렸습니다', '18.6도까지', '시작했습니다', '전해드립니다', '움츠러듭니다
', '집에가려고요', '9.5도까지', '떨어졌습니다', '이어졌습니다', '오르겠습니다', '우리나라까지', '대
```

```
륙고기압이', '이어졌습니다', '서해안지역도', '기록했습니다', ... ... ... ... ... ... ... ... ... ... ... ...
... ... ... ... ... ... ... ... ... ... ... ... ... ... ... ... ... ... ... ... ... ... ... ... ... ... ... ... ... ... ... ...
... ... ... ... ... ... ... ... ... ... ... ... ... ... ... ... ... ... ... '영하', '계속', '새해', '점차', '내일', '함께', '함께',
'세찬', '전북', '눈이', '왔고', '밖의', '호남', '오늘', '제주', '조금', '곳이', '이후', '맑은', '뉴스', '듯',
'올', '뚝', '첫', '찬', '큰', '그', '밤', '더', '큰', '눈']
```

[예제 11-6]에서는 키워드 단어의 길이가 가장 긴 글자부터 짧은 단어의 순서로 정렬한다.

- 단어 목록을 키워드 단어의 길이 순서로 정렬하더라도 사전처럼 정렬되지 않으면 알아보기가 쉽지 않다. 따라서 1차 기준, 곧 단어의 길이 순서로 정렬한 후에 사전 순서에 따른 2차 정렬이 필요하다.
  논리적으로 키워드 단어의 길이로 정렬한 것을 사전 순서로 2차 정렬하는 것처럼 보이지만 프로그래밍 논리로 생각하면 반대로 연산해야 한다. 즉 단어 목록을 사전 순서로 정렬한 다음에 길이 순서로 정렬하면 각 길이별로 사전 순서에 맞게 2차 정렬이 된다.

[예제 11-7] 키워드 단어의 길이와 사전 순서에 따른 복합 정렬

```
>>> KeywordList = GetKeywordList_File(filename1, encoding)
>>> KeywordList.sort() # sort by abc -> xyz
>>> KeywordList.sort(key = lambda wd: len(wd)) # by len 1 -> ?
>>> KeywordList

['그', '눈', '더', '듯', '뚝', '밤', '올', '찬', '첫', '큰', '큰', '1월', '가장', '겨울', '계속', '곳이', '기분',
'나온', '낮은', '내일', '너무', '눈이', '눈이', '뉴스', '들어', '많은', '맑은', '몸이', '밖의', '빨리', '새해',
'새해', '새해', '새해', '세찬', '손도', '아침', '안에', '영하', '영하', '영하', '오늘', ... ... ... ... ... ...
... ... ... ... ... ... ... ... ... ... ... ... ... ... ... ... ... ... ... ... ... ... ... ... ... ... ... ... ... ... ... ...
... ... ... ... ... ... ... ... ... ... ... ... ... ... ... ... ... ... ... ... ... ... ... ... '호남지방과', '9.5도까지', '기록했습니다
'대륙고기압이', '떨어졌습니다', '서해안지역도', '시작했습니다', '오르겠습니다', '우리나라까지',
'움츠러듭니다', '이어졌습니다', '이어졌습니다', '전해드립니다', '집에가려고요', '18.6도까지', '기
상전문기자가', '끌어내렸습니다']
```

[예제 11-7]에서는 토큰 목록을 사전 순서로 정렬한 다음, 키워드 단어의 길이 순서로 2차 정렬을 한다. 길이가 가장 짧은 한 글자 단어 '그, 눈, 더, 듯'을 보면 한 글자 단어 내에서 다시 사전 순서로 정렬된 것을 알 수 있다.

3. 사전(dict)형 정렬과 통계

텍스트에서 키워드 단어를 추출하여 정렬까지 수행하면 같은 단어가 반복하여 출현하는 것을 확인할 수 있다. 중복된 단어는 한 단어로 통합하여 제시하는 것이 필요한데 이때 사전형 정렬을 사용한다.

사전형 정렬

앞서 [예제 11-2]에서는 텍스트 파일에서 키워드 단어를 추출하여 출력하였다. 키워드 단어를 사전 순서로 정렬하면 다음과 같이 중복된 단어를 쉽게 확인할 수 있다.

[예제 11-8] 키워드 단어의 사전순 정렬

```
>>> KeywordList = GetKeywordList_File(filename1, encoding)
>>> KeywordList.sort() # sort by abc -> xyz
>>> KeywordList

['10cm의', '15도까지', '18.6도까지', '1월', '1일이라서', '26cm의', '5에서', '9.5도까지', 'KBS', '가장', '강추위', '강추위로', '거리로', '거리의', '것으로', '겨울', '겨울바람이', '계속', '곳이', '그', '기록했습니다', '기분', '기상전문기자가', '기온은', '기온은', '기온을', '끌어내렸습니다', '나온', '나왔는데', '날리는', '날씨가', '날씨가', '낮기온이', '낮부터', '낮은', '내려갔고', '내일', '내일부터', '내일부터는', '내일부터는', '너무', '누그러질', '누그러질', '눈', '눈구름의', '눈발이', '눈발이', '눈이', '눈이', '뉴스', '단단히', '당분간은', '대관령의', '대륙고기압이', '대설특보와', '대전시', '대체로', '더', '들어', '들어가고', '듯', '떨어졌습니다', '뚝', '만들어진', '많은', '맑은', '매서운', '매서운', '머물러', '모자까지', '모처럼', '목도리와', '몸이', '밖의', '밤', '보입니다', '빨리', '사흘째', '산간지역엔', '상암동', '새해', '새해', '새해', '새해', '서울도', '서울시', '서해상에서', '서해안지역도', '세찬', '손도', '시리고', '시리고', '시민들은', '시작되는', '시작했습니다', '싶어요', '쌓였는데', '아침', '안에', '약화되고', '얼굴도', '여미고', '영상으로', '영하', '영하', '영하', '영하권에', '영향으로', '예보없이', '오늘', '오늘',
```

```
'오르겠습니다', '오전까지', '올', '옷깃을', '왔고', '우리나라까지', '움츠러듭니다', '월평동', '이어졌습니다', '이어졌습니다', '이어질', '이후', '있겠고', '있어서', '장갑', '적설량을', '전국의', '전망입니다', '전북', '전해드립니다', '절로', '점차', '정읍엔', '제주', '제주', '제주도엔', '조금', '조금', '좋게', '중부지방의', '지방엔', '집에가려고요', '차가운', '찬', '챙겨보지만', '첫', '첫날', '첫날', '첫날부터', '추워서', '추워나', '추위는', '추위에', '출근이', '큰', '큰', '풀린다고', '하지만', '한낮에도', '한파가', '한파와', '함께', '함께', '합니다', '호남', '호남과', '호남지방과', '확장했던']
```

[예제 11-8]을 보면, '기온은', '새해', '영하', '오늘'과 같이 반복적으로 등장하는 단어를 쉽게 찾을 수 있다. 이렇게 반복적으로 출현하는 단어는 한 단어만을 제시하고 출현 빈도를 통합하여 보여주는 것이 필요하다.

t2bot 토큰 처리기에서는 GetWordDictList_WordList() 함수를 사용하여 반복적으로 나타나는 단어를 통합하여 전체 단어 수와 빈도를 계산한다. 이 함수는 사전형(dict) 항목을 목록형(list)으로 반환한다. 아래 제시한 소스 코드에서 'word'는 단어를, 'freq'는 단어 빈도를, 'len'은 단어 길이를, 'script_num'은 문자 개수 곧 토큰 개수를 의미한다.

[예제 11-9] 키워드 단어의 사전 목록 변환과 빈도 통계

```
>>> KeywordList = GetKeywordList_File(filename, encoding=encoding)
>>> GetWordDictList_WordList(KeywordList)
[
{'word': '10cm의', 'freq': 1, 'len': 5, 'script_num': 3},
{'word': '15도까지', 'freq': 1, 'len': 5, 'script_num': 2},
{'word': '18.6도까지', 'freq': 1, 'len': 7, 'script_num': 4},
:
{'word': '기온은', 'freq': 2, 'len': 3, 'script_num': 1},
{'word': '기온을', 'freq': 1, 'len': 3, 'script_num': 1},
:
{'word': '내일', 'freq': 1, 'len': 2, 'script_num': 1},
{'word': '내일부터', 'freq': 1, 'len': 4, 'script_num': 1},
:
{'word': '새해', 'freq': 4, 'len': 2, 'script_num': 1},
{'word': '서울도', 'freq': 1, 'len': 3, 'script_num': 1},
:
{'word': '영하', 'freq': 3, 'len': 2, 'script_num': 1},
```

```
{'word': '영하권에', 'freq': 1, 'len': 4, 'script_num': 1},
:
{'word': '오늘', 'freq': 2, 'len': 2, 'script_num': 1},
:
{'word': '호남과', 'freq': 1, 'len': 3, 'script_num': 1},
{'word': '호남지방과', 'freq': 1, 'len': 5, 'script_num': 1},
{'word': '확장했던', 'freq': 1, 'len': 4, 'script_num': 1}]
```

[예제 11-9]에서는 텍스트 파일에서 키워드 단어를 추출한 후에 추출한 단어를 사전 순서로 정렬하는데, 단순 정렬에서 반복적으로 출현하는 '기온은', '새해', '영하', '오늘'과 같은 단어는 빈도를 계산하여 전체 어휘 목록으로 출력하였다. 단순 정렬에서는 173개 단어였지만 사전 정렬을 수행하면 중복 출현한 단어는 통합되어 153개로 줄어든다.

- 반복적으로 출현하는 단어를 통합한 후에, sort() 함수에서 매개 변수에 key 값을 조정하여 단어 길이의 순서에 따라 정렬할 수 있다.

[예제 11-10] 키워드 단어의 사전 목록 변환과 단어 길이에 따른 정렬

```
>>> KeywordList = GetKeywordList_File(filename, encoding=encoding)
>>> KeywordDictList = GetWordDictList_WordList(KeywordList)
>>> KeywordDictList.sort(key = lambda wd: (wd['len'], wd['word'])) # by len low, abc
>>> PrintWordDictList(KeywordDictList, OneLine=True, PrintIndex=True, SimpleFormat=True)

1: 그 (1)
2: 눈 (1)
3: 더 (1)
:
10: 큰 (2)
11: 1월 (1)
12: 가장 (1)
:
34: 영하 (3)
35: 오늘 (2)
```

```
:
50:  강추위          (1)
51:  거리로          (1)
52:  거리의          (1)
:
94:  합니다          (1)
95:  호남과          (1)
96:  강추위로        (1)
97:  나왔는데        (1)
:
125: 10cm의          (1)
126: 15도까지        (1)
:
129: 겨울바람이      (1)
130: 내일부터는      (2)
131: 대설특보와      (1)
:
152: 기상전문기자가          (1)
153: 끌어내렸습니다          (1)
```

[예제 11-10]에서는 사전형(dict) 목록을 길이 순서로 정렬한 후 단어의 사전 순서에 따라 2차 정렬을 수행하여, 길이가 짧은 한 글자 '그'부터 길이가 가장 긴 '끌어내렸습니다'까지의 순서로 출력한다.

- 길이가 긴 것부터 짧은 단어의 순서로 정렬하려면 sort() 함수 매개 변수의 key 값에 '-' 기호를 붙인다.

```
# 단어 길이가 짧은 것부터 정렬
>>> KeywordDictList.sort(key = lambda wd: (wd['len'], wd['word'])) # by len low, abc

# 단어 길이가 긴 것부터 정렬
>>> KeywordDictList.sort(key = lambda wd: (-wd['len'], wd['word'])) # by len high, abc
```

단어 통계 처리

- t2bot 토큰 처리기의 GetWordDictList_LenListInfo() 함수를 사용하면 텍스트의 단어 길이와 관련된 통계를 구할 수 있다.

[예제 11-11] 사전 목록 변환과 길이 통계

```
>>> KeywordDictList = GetWordDictList_WordList(GetKeywordList_File(filename,
encoding=encoding))
>>> LenListInfo = GetWordDictList_LenListInfo(KeywordDictList)
>>> PrintWordDictListInfo(LenListInfo)

List Num: 7 List Sum: 153
Total Freq: 173
Freq Filter: 0
{'len': 1, 'count': 10}
{'len': 2, 'count': 37}
{'len': 3, 'count': 48}
{'len': 4, 'count': 29}
{'len': 5, 'count': 13}
{'len': 6, 'count': 13}
{'len': 7, 'count': 3}
```

[예제 11-11]에 따르면 입력된 텍스트의 총 단어 수는 173개이고, 중복된 단어를 제외하면 153개이다. 단어의 길이는 한 글자부터 일곱 글자 단어까지 분포되어 있으며 그중 세 글자의 단어가 가장 많다는 것을 알 수 있다.

- sort() 함수의 매개 변수 key를 조정하면 키워드 단어의 빈도 순서로 정렬할 수 있다. 앞에서 살펴본 KBS 뉴스 텍스트의 키워드 단어는 중복되는 것이 많지 않아 빈도를 추출하기에는 적절하지 않으므로, 여기에서는 앞서 살펴본 영문 텍스트 '이상한 나라의 앨리스'를 대상으로 단어의 빈도 순서로 정렬한다.

[예제 11-12] 사전 목록 변환과 단어 빈도에 따른 정렬

```
>>> KeywordList = GetKeywordList_File(filename, encoding=encoding)
>>> KeywordDictList = GetWordDictList_WordList(KeywordList)
>>> KeywordDictList.sort(key = lambda wd: (-wd['freq'], wd['word'])) # by freq high,
abc
>>>      PrintWordDictList(KeywordDictList,      OneLine=True,      PrintIndex=True,
SimpleFormat=True)

1:  the (577)
2:  and (319)
3:  a   (269)
4:  to  (248)
5:  she (203)
6:  of  (198)
7:  was (166)
8:  Alice(163)
9:  in  (155)
10: it  (154)
11: said (143)
12: I   (133)
13: her (108)
14: that (93)
15: you (91)
:
```

[예제 11-12]에서는 빈도 순서로 정렬한 후에 사전 순서로 2차 정렬을 수행한다. 위의 예에서는 단어 빈도가 높은 것부터 정렬하는데, 이때에는 sort() 함수의 매개 변수 key에 '-' 기호를 붙인다. 빈도가 낮은 단어부터 정렬할 때에는 다음과 같이 sort() 함수의 매개 변수 key에 '-' 기호를 삭제한다.

```
# 출현 빈도가 높은 단어부터 정렬
>>> KeywordDictList.sort(key = lambda wd: (-wd['freq'], wd['word'])) # by freq high,
abc

# 출현 빈도가 낮은 단어부터 정렬
>>> KeywordDictList.sort(key = lambda wd: (wd['freq'], wd['word'])) # by freq low, abc
```

- 텍스트의 단어 빈도에 관한 통계는 t2bot 토큰 처리기의 GetWordDictList_FreqListInfo() 함수를 사용하여 구할 수 있다.

[예제 11-13] 사전 목록 변환과 단어 빈도 통계

```
>>> KeywordDictList = GetWordDictList_WordList(GetKeywordList_File(filename, encoding=encoding))
>>> FreqListInfo = GetWordDictList_FreqListInfo(KeywordDictList)
>>> PrintWordDictListInfo(FreqListInfo)

List Num: 66 List Sum: 1780
Total Freq: 9863
Len Filter: 0
{'freq': 1, 'count': 895}
{'freq': 2, 'count': 306}
{'freq': 3, 'count': 144}
{'freq': 4, 'count': 83}
{'freq': 5, 'count': 52}
{'freq': 6, 'count': 47}
{'freq': 7, 'count': 36}
{'freq': 8, 'count': 30}
{'freq': 9, 'count': 15}
{'freq': 10, 'count': 16}
{'freq': 11, 'count': 14}
{'freq': 12, 'count': 11}
{'freq': 13, 'count': 7}
{'freq': 14, 'count': 10}
{'freq': 15, 'count': 8}
{'freq': 16, 'count': 9}
{'freq': 17, 'count': 9}
{'freq': 18, 'count': 3}
{'freq': 19, 'count': 8}
{'freq': 20, 'count': 2}
:
{'freq': 108, 'count': 1}
{'freq': 133, 'count': 1}
{'freq': 143, 'count': 1}
```

```
{'freq': 154, 'count': 1}
{'freq': 155, 'count': 1}
{'freq': 163, 'count': 1}
{'freq': 166, 'count': 1}
{'freq': 198, 'count': 1}
{'freq': 203, 'count': 1}
{'freq': 248, 'count': 1}
{'freq': 269, 'count': 1}
{'freq': 319, 'count': 1}
{'freq': 577, 'count': 1}
```

[예제 11-13]에 따르면 영문 텍스트에 등장하는 단어는 총 9,863개이고, 이중에서 중복된 단어를 통합하면 총 단어 목록은 1,780개이다. 단어의 출현 빈도는 1회부터 577회까지 나타나는데, 출현 빈도의 항목(List Num)은 총 66개로 나타나며 1회 출현한 단어가 895개로 가장 많은 것을 알 수 있다. 이러한 통계 정보를 이용하면 각 단어별 텍스트 점유율 등을 확인할 수 있다.

단어 끝부터 정렬(Backward Sort)

일반적으로 정렬은 사전 순서에 따른 정렬, 혹은 앞에서 살펴본 빈도에 따른 정렬을 떠올린다. 그러나 언어 처리에서는 이러한 정렬 못지않게 단어 끝부터의 정렬이 중요하다. 단어 끝부터 정렬은 단어의 끝 글자를 기준으로 정렬하는 것으로 언어 연구에서 없어서는 안 될 중요한 기능이다. 예를 들어, 영어 단어의 끝이 '-ty'로 끝나는 단어 목록이 필요할 때와 같이 접미사에 의한 파생어를 찾으려면 단어 맨 끝을 기준으로 정렬하면 쉽게 처리할 수 있다. 한국어 문서에서도 특정한 접미사나 조사, 어미가 붙은 단어를 찾으려면 단어의 끝을 기준으로 정렬해야 한다.

t2bot 토큰 처리기에서는 GetBackWordDictList() 함수를 이용하여 단어 끝부터 정렬을 다음과 같이 수행한다.

[예제 11-14] 단어 끝부터 정렬

```
>>> KeywordList = GetKeywordList_File(filename, encoding=encoding)
>>> BackKeywordDictList = GetBackWordDictList__List(KeywordList)
>>> BackKeywordDictList.sort(key = lambda wd: (wd['word'])) # by abc
>>> PrintWordDictList(BackKeywordDictList, OneLine=True, PrintIndex=True, SimpleFormat=True)

1:  SBK (1)
2:  가씨날        (2)
3:  가자기문전상기(1)
.........
25: 는되작시      (1)
26: 는리날        (1)
27: 는위추        (1)
28: 는터부일내    (2)
.........
90: 와리도목      (1)
91: 와보특설대    (1)
92: 와파한        (1)
.........
106: 을깃옷       (1)
107: 을량설적     (1)
108: 을온기       (1)
.........
151: 해새 (4)
152: 후이 (1)
153: 히단단       (1)
```

[예제 11-14]는 키워드 단어의 앞뒤를 뒤집어 이를 사전 순서로 정렬하여 출력한 것이다. 예를 들어 2번에 제시된 '가씨날'은 원래 '날씨가'인데, 이를 앞뒤 순서를 거꾸로 배치하여 '가씨날'이 되어 사전 순서에 따라 정렬하면서 앞에 놓인 것이다.

그러나 단어의 앞뒤를 뒤집어 놓은 상태에서 출력하면 단어 목록도 어색하고 가독성도 떨어지므로, 출력할 때는 다시 앞뒤를 전환하면 보기 좋게 출력할 수 있다.

[예제 11-15] 단어 목록 뒤집기 출력

```
>>> PrintWordDictList(BackKeywordDictList, OneLine=True, PrintIndex=True, SimpleFormat=True, BackwardFlag=True)

1:   KBS (1)
2:   날씨가        (2)
3:   기상전문기자가(1)
.........
25:  시작되는      (1)
26:  날리는        (1)
27:  추위는        (1)
28:  내일부터는    (2)
.........
90:  목도리와      (1)
91:  대설특보와    (1)
92:  한파와        (1)
.........
106: 옷깃을        (1)
107: 적설량을      (1)
108: 기온을        (1)
.........
151: 새해 (4)
152: 이후 (1)
153: 단단히        (1)
```

[예제 11-15]에서는 PrintWordDictList() 함수의 매개 변수 값으로 BackwardFlag를 조정함으로써, 단어의 앞뒤를 전환하여 보기 좋게 출력한다.

12
Chapter

파이썬을 이용한 한글 자모 및 옛한글 처리

유니코드의 한글 영역은 한글 음절과 자모로 나누어져 있다. 일반적인 언어 처리는 토큰과 단어 분리로부터 시작하여도 충분하지만, 음절과 자모 조합을 함께 사용하는 한글 문서의 특성상 음소 단위의 처리는 중요하다.

한편 옛한글은 오늘날은 쓰지 않는 옛날의 한글을 의미하는데, 아래아 'ㆍ'나 반치음 'ㅿ', 여린히읗 'ㆆ' 등이 사용된 것을 말한다. 옛한글은 현대 한국어 문서에서는 거의 사용되지 않지만 옛한글로 쓰인 문서도 디지털화하여 언제 어디서나 필요할 때에 사용할 수 있어야 한다. 현대 사회는 어떤 정보이든 디지털화하지 않으면 정보의 접근이 쉽지 않고, 사용자 역시 디지털 정보가 아니면 이용하려고 하지 않는다. 결국 옛한글 문서라 할지라도 이미지가 아닌 텍스트로 정보화하는 것이 필요하고, 이처럼 과거부터 현재까지의 한국어 문서를 처리하기 위해서는 음소 단위, 곧 한글 자모 처리가 반드시 필요하다.

한글 처리의 측면에서 한글 자모와 옛한글 음절의 특징을 간단히 설명하면 다음과 같다.

- 유니코드에서 자모형 한글 코드는 음절형 한글 코드에 없는 글자나 미완성 음절을 만들 때 사용한다. 예를 들어 'ᄒᆞᆫ글'이라는 글자를 입력하면 앞의 'ᄒᆞᆫ'은 음절형 한글 코드에

없으므로 자모형 한글 코드를 조합하지만, '글'은 음절형 한글 코드에 있는 글자이므로 음절형 한글 코드를 사용한다.

- 옛한글 음절은 두 가지 유형으로 나눌 수 있다. 먼저 현대어에는 없는 자모를 사용하는 음절이다. 앞에서 제시한 아래아 'ㆍ'나 반치음 'ㅿ', 여린히읗 'ㆆ', 순경음비읍 'ㅸ' 등이 포함된 음절을 말한다. 다음으로 현대어에는 없는 자모 조합 형식의 음절이다. 예를 들어 'ᄪᅳ'나 'ᄡᅮ'와 같은 음절로, 'ㅲ'와 'ㅄ'의 자음 조합은 현대어에서는 사용하지 않기 때문에 옛한글 입력 환경이 아닌 경우에는 초성 혹은 종성의 한 글자로 조합되지 않는다.

위의 내용을 바탕으로 이 장에서는 자모 및 옛한글 처리에 대해 설명한다.

1. 음절의 자모 변환

유니코드에서는 한글을 음절과 자모, 두 개의 영역으로 할당하여 음절 혹은 자모 조합의 두 가지 방법으로 한글을 표현할 수 있다. 자모 영역은 초성, 중성, 종성으로 구성되어 있어서 이들을 조합하여 음절을 만들 수 있으며, 문자 코드의 측면에서 음절 코드를 자모 코드로 변환할 수도 있다.

음절 코드와 자모 조합 코드

현대어 음절은 음절 영역에 등록된 글자로도 표현이 가능하고, 자모 영역에 등록된 초성, 중성, 종성의 조합으로도 표현이 가능하다. 그러나 초성, 중성, 종성의 조합으로 현대어 음절을 표현하면 내부적으로 2개 혹은 3개의 글자를 사용하므로 정보 처리 관점에서는 효율적이지 않다. 따라서 음절 영역에 등록된 한 글자로 표현하도록 하고 있다.

아래의 표를 중심으로 한글 음절 '한'과 자모 조합 음절 '한'을 비교해 보자.

[표 12-1] 유니코드에서 '한'의 음절과 자모 조합의 코드값 비교

음절		화면 출력	자모	
코드값	글자	글자	글자	코드값
0xD55C	한	한	ㅎ	0x1112
			ㅏ	0x1161
			ㄴ	0x11AB

위의 표를 보면, '한'이라는 글자를 음절로 표현하면 0xD55C의 코드값을 갖는 한 글자로 충분하다. 그러나 자모를 조합하여 표현하면 세 글자가 된다. 한글 맞춤법에서 제시한 초성 자음, 중성 모음, 종성 받침으로 조합이 가능한 현대어 음절은 글자 하나로 처리하기 위하여 유니코드에서는 한글 음절 영역을 할당하였다.

그러나 한글 음절 영역에 없는 옛한글 음절은 반드시 자모 조합을 통해 음절을 생성해야 한다.

[표 12-2] 유니코드에서 'ᄒᆞᆫ'의 자모 코드값

음절		화면 출력	자모	
코드값	글자	글자	글자	코드값
-	-	ᄒᆞᆫ	ㅎ	0x1112
			ㆍ	0x119E
			ㄴ	0x11AB

위의 표를 보면, 'ᄒᆞᆫ'이라는 글자는 앞에서 본 '한'과 마찬가지로 한 글자 형태로 보이지만, 유니코드의 한글 음절 영역에는 존재하지 않아 코드값이 없으므로 초성, 중성, 종성 자모로 표현해야 한다. 즉 한글 맞춤법에서 제시한 초성 자음, 중성 모음, 종성 받침으로 조합할 수 없는 옛한글 음절은 무조건 자모 조합으로 음절을 생성해야 한다.

한글 음절의 배열과 코드값

한글 맞춤법에서 제시한 자음과 모음을 중심으로, 초성, 중성, 종성으로 조합할 수 있는

음절의 수는 총 11,172자이며, 사전 순서에 맞게 배열하면 '가'부터 시작하여 '힣'으로 끝난다. 예를 들어 사전 순서에 맞게 초성 'ㄱ'에 중성 모음과 종성 받침으로 음절을 만들면 중성 21자와 종성 28자를 곱하여 총 588자를 조합할 수 있다.

[표 12-3] 초성 'ㄱ'으로 조합한 음절 588자

		0	1	2	3	4	5	6	7	8	9	10	11	12	13	14	15	16	17	18	19	20	21	22	23	24	25	26	27
			ㄱ	ㄲ	ㄳ	ㄴ	ㄵ	ㄶ	ㄷ	ㄹ	ㄺ	ㄻ	ㄼ	ㄽ	ㄾ	ㄿ	ㅀ	ㅁ	ㅂ	ㅄ	ㅅ	ㅆ	ㅇ	ㅈ	ㅊ	ㅋ	ㅌ	ㅍ	ㅎ
0	ㅏ	가	각	갂	갃	간	갅	갆	갇	갈	갉	갊	갋	갌	갍	갎	갏	감	갑	값	갓	갔	강	갖	갗	갘	같	갚	갛
1	ㅐ	개	객	갞	갟	갠	갡	갢	갣	갤	갥	갦	갧	갨	갩	갪	갫	갬	갭	갮	갯	갰	갱	갲	갳	갴	갵	갶	갷
2	ㅑ	갸	갹	갺	갻	갼	갽	갾	갿	걀	걁	걂	걃	걄	걅	걆	걇	걈	걉	걊	걋	걌	걍	걎	걏	걐	걑	걒	걓
3	ㅒ	걔	걕	걖	걗	걘	걙	걚	걛	걜	걝	걞	걟	걠	걡	걢	걣	걤	걥	걦	걧	걨	걩	걪	걫	걬	걭	걮	걯
4	ㅓ	거	걱	걲	걳	건	걵	걶	걷	걸	걹	걺	걻	걼	걽	걾	걿	검	겁	겂	것	겄	겅	겆	겇	겈	겉	겊	겋
5	ㅔ	게	겍	겎	겏	겐	겑	겒	겓	겔	겕	겖	겗	겘	겙	겚	겛	겜	겝	겞	겟	겠	겡	겢	겣	겤	겥	겦	겧
6	ㅕ	겨	격	겪	겫	견	겭	겮	겯	결	겱	겲	겳	겴	겵	겶	겷	겸	겹	겺	겻	겼	경	겾	겿	곀	곁	곂	곃
7	ㅖ	계	곅	곆	곇	곈	곉	곊	곋	곌	곍	곎	곏	곐	곑	곒	곓	곔	곕	곖	곗	곘	곙	곚	곛	곜	곝	곞	곟
8	ㅗ	고	곡	곢	곣	곤	곥	곦	곧	골	곩	곪	곫	곬	곭	곮	곯	곰	곱	곲	곳	곴	공	곶	곷	곸	곹	곺	곻
9	ㅘ	과	곽	곾	곿	관	괁	괂	괃	괄	괅	괆	괇	괈	괉	괊	괋	괌	괍	괎	괏	괐	광	괒	괓	괔	괕	괖	괗
10	ㅙ	괘	괙	괚	괛	괜	괝	괞	괟	괠	괡	괢	괣	괤	괥	괦	괧	괨	괩	괪	괫	괬	괭	괮	괯	괰	괱	괲	괳
11	ㅚ	괴	괵	괶	괷	괸	괹	괺	괻	괼	괽	괾	괿	굀	굁	굂	굃	굄	굅	굆	굇	굈	굉	굊	굋	굌	굍	굎	굏
12	ㅛ	교	굑	굒	굓	굔	굕	굖	굗	굘	굙	굚	굛	굜	굝	굞	굟	굠	굡	굢	굣	굤	굥	굦	굧	굨	굩	굪	굫
13	ㅜ	구	국	굮	굯	군	굱	굲	굳	굴	굵	굶	굷	굸	굹	굺	굻	굼	굽	굾	굿	궀	궁	궂	궃	궄	궅	궆	궇
14	ㅝ	궈	궉	궊	궋	권	궍	궎	궏	궐	궑	궒	궓	궔	궕	궖	궗	궘	궙	궚	궛	궜	궝	궞	궟	궠	궡	궢	궣
15	ㅞ	궤	궥	궦	궧	궨	궩	궪	궫	궬	궭	궮	궯	궰	궱	궲	궳	궴	궵	궶	궷	궸	궹	궺	궻	궼	궽	궾	궿
16	ㅟ	귀	귁	귂	귃	귄	귅	귆	귇	귈	귉	귊	귋	귌	귍	귎	귏	귐	귑	귒	귓	귔	귕	귖	귗	귘	귙	귚	귛
17	ㅠ	규	귝	귞	귟	균	귡	귢	귣	귤	귥	귦	귧	귨	귩	귪	귫	귬	귭	귮	귯	귰	귱	귲	귳	귴	귵	귶	귷
18	ㅡ	그	극	귺	귻	근	귽	귾	귿	글	긁	긂	긃	긄	긅	긆	긇	금	급	긊	긋	긌	긍	긎	긏	긐	긑	긒	긓
19	ㅢ	긔	긕	긖	긗	긘	긙	긚	긛	긜	긝	긞	긟	긠	긡	긢	긣	긤	긥	긦	긧	긨	긩	긪	긫	긬	긭	긮	긯
20	ㅣ	기	긱	긲	긳	긴	긵	긶	긷	길	긹	긺	긻	긼	긽	긾	긿	김	깁	깂	깃	깄	깅	깆	깇	깈	깉	깊	깋

[표 12-3]의 음절을 가로 방향부터 번호를 부여하고 나면 초성 'ㄴ'으로 시작하는 음절 '나'는 589번부터 시작한다. 마찬가지로 차례대로 초성 'ㄷ, ㄹ' 등으로 시작하는 음절에

번호를 부여하면 마지막 초성 '**ㅎ**'의 '하'는 10,585번째부터 시작하여 11,172로 끝난다.

한편 유니코드에서는 위의 표에서 제시한 순서에 따라 한글 음절 11,172자를 코드 위치 '0xAC00'부터 순차적으로 할당한다. 즉 코드 위치 '0xAC00'에 한글 음절 '가'를 할당하는 것을 시작으로 하여 마지막 한글 음절인 '힣'을 '0xD7A3'에 할당한다.

[표 12-4] 유니코드의 한글 음절 목록과 코드 목록

	순서	음절
음절 목록	1	가각갂갃간갅갆갇갈갉갊갋갌갍갎갏감갑값갓갔강갖갗갘같갚갛
	2	개객갞갟갠갡갢갣갤갥갦갧갨갩갪갫갬갭갮갯갰갱갲갳갴갵갶갷
	3	갸갹갺갻갼갽갾갿걀걁걂걃걄걅걆걇걈걉걊걋걌걍걎걏걐걑걒걓
	:	:
	397	흐흑흒흓흔흕흖흗흘흙흚흛흜흝흞흟흠흡흢흣흤흥흦흧흨흩흪흫
	398	희흭흮흯흰흱흲흳흴흵흶흷흸흹흺흻흼흽흾흿힀힁힂힃힄힅힆힇
	399	히힉힊힋힌힍힎힏힐힑힒힓힔힕힖힗힘힙힚힛힜힝힞힟힠힡힢힣

	순서	음절	10진수	16진수
음절 코드 목록 (0xAC00 ~ 0xD7A3)	1	가	44032	0xAC00
	2	각	44033	0xAC01
	3	갂	44034	0xAC02
	:	:	:	:
	10589	한	54620	0xD55C
	:	:	:	:
	11170	힡	55201	0xD7A1
	11171	힢	55202	0xD7A2
	11172	힣	55203	0xD7A3

한글 음절의 초성 계산 알고리즘

한글 음절에서 초성을 구하기 위해서는 자모를 조합하여 음절을 만드는 과정을 역으로 진행한다. 예를 들어 '한'이라는 글자의 순서를 구한 후에 588(중성×종성)로 나누면 초성 '**ㅎ**'의 위치를 구할 수 있다. 구체적인 과정은 다음과 같다.

[표 12-5] 음절 '한'의 초성 계산 과정

순서	내용
ㄱ. 음절 코드값 구하기	한글 음절 '한'의 코드값 구하기 ⇒ 0xD55C
ㄴ. 음절 위치 구하기	'한'의 코드값에서 인덱스 구하기 : '한' 코드값 0xD55C에서 한글 음절 시작인 '가'의 코드값 0xAC00를 빼기 ⇒ 10,588
ㄷ. 초성 위치 구하기	'한'의 인덱스 10,588을 588(중성×종성)로 나누기 ⇒ 18
ㄹ. 초성 자음 구하기	초성 자음 목록에서 인덱스 18에 해당하는 자음 구하기 ⇒ 'ㅎ'
ㅁ. 최종 확인	'한'의 초성 자음 ⇒ 'ㅎ'

위의 계산은 다음에 제시하는 한글 음절 코드 및 인덱스 값과 초성 자음의 위치를 참고한다.

[표 12-6] 유니코드 한글 음절 '한'의 코드 및 인덱스

음절	가	각	…	한	…	힢	힣
코드값	0xAC00	0xAC01		0xD55C		0xD7A2	0xD7A3
인덱스	0	1	…	10588	…	11170	11171

[표 12-7] 한글 초성 자음 'ㅎ'의 인덱스

위치	0	1	2	3	4	5	6	7	8	9	10	11	12	13	14	15	16	17	18
초성	ㄱ	ㄲ	ㄴ	ㄷ	ㄸ	ㄹ	ㅁ	ㅂ	ㅃ	ㅅ	ㅆ	ㅇ	ㅈ	ㅉ	ㅊ	ㅋ	ㅌ	ㅍ	ㅎ

한글 음절의 종성 계산 알고리즘

한글 음절에서 종성을 구하기 위해서는 자모를 조합하여 음절을 만드는 과정을 역으로 진행한다. 예를 들어 '한'이라는 글자의 순서를 구하고 종성 글자 28로 나눈 후의 나머지 값으로 종성 'ㄴ'의 위치를 구할 수 있다. 구체적인 과정은 다음과 같다.

[표 12-8] 음절 '한'의 종성 계산 과정

순서	내용
ㄱ. 음절 코드값 구하기	한글 음절 '한'의 코드값 구하기 ⇒ 0xD55C
ㄴ. 음절 위치 구하기	'한'의 코드값에서 인덱스 구하기 : '한' 코드값 0xD55C에서 한글 음절 시작인 '가'의 코드값 0xAC00를 빼기 ⇒ 10,588
ㄷ. 종성 위치 구하기	'한'의 인덱스 10,588을 종성 28로 나눈 후의 나머지 값 ⇒ 4
ㄹ. 종성 자음 구하기	종성 자음 목록에서 인덱스 4에 해당하는 자모 구하기 ⇒ 'ᆫ'
ㅁ. 최종 확인	'한'의 종성 자음 ⇒ 'ᆫ'

위의 계산은 앞에서 제시한 '한'의 코드 및 인덱스 값과 다음에 제시하는 종성 자음의 위치를 참고한다.

[표 12-9] 한글 종성 자음 'ㄴ'의 인덱스

위치	0	1	2	3	4	5	6	7	8	...	25	26	26	27
종성		ᆨ	ᆩ	ᆪ	ᆫ	ᆬ	ᆭ	ᆮ	ᆯ	...	ᆿ	ᇀ	ᇁ	ᇂ

유니코드의 한글 음절 자모 변환 알고리즘

유니코드에서는 한글 음절을 초성, 중성, 종성으로 분해하는 알고리즘을 제공한다. 이 알고리즘을 적용하여 '한'에 대하여 초성, 중성, 종성을 분리하면 아래와 같은 결과가 나온다.

[표 12-10] 음절 '한'에 대한 초성, 중성, 종성 분리 결과

구분	초성	중성	종성
인덱스	18	0	4
코드값	0x1112	0x1161	0x11AB
글자	ᄒ	ᅡ	ᆫ

유니코드의 한글 음절 자모 변환 알고리즘은 유니코드 해설서 제3장 일치(Conformance)의 12절 자모 결합(Conjoining)에서 제공한다. 다음의 소스 코드는 t2bot

한글 처리기에서 제공하는 한글 음절 자모 변환 소스 코드이다.

```
def hgGetChoJungJongString_Char(hgchar, jamo=True):
    # 한글 음절을 초성, 중성, 종성 문자열로 변환
    ChoJungJongString = ''
    ChoJungJongInx = hgGetChoJungJongInx_Char(hgchar)
    if(len(ChoJungJongInx) >= 1):
        ChoJungJongString = hgGetChoJungJongString_Inx(ChoJungJongInx, jamo=jamo)
    return ChoJungJongString

def hgGetChoJungJongInx_Char(hgchar):
    # 한글 음절에 대한 자모 인덱스 구하기
    # 형식 : {'cho': chosung_inx, 'jung': jungsung_inx, 'jong':jongsung_inx}
    ChoJungJongInx = {}
    hglen = len(hgchar)
    if(hglen != 1):
        return ChoJungJongInx

    chosung_inx = hgGetChosungInx_Char(hgchar)
    jungsung_inx = hgGetJungsungInx_Char(hgchar)
    jongsung_inx = hgGetJongsungInx_Char(hgchar)
    if((chosung_inx < 0) or (jungsung_inx < 0) or (jongsung_inx < 0)):
        return ChoJungJongInx
    ChoJungJongInx = {'cho': chosung_inx, 'jung': jungsung_inx, 'jong':jongsung_inx}
    return ChoJungJongInx

def hgGetChoJungJongString_Inx(ChoJungJongInx, jamo=True):
    # 한글 자모 인덱스로부터 한글 자모 문자열 변환
    ChoJungJongString = '';
    if(ChoJungJongInx == None):
        return ChoJungJongString
    if(len(ChoJungJongInx) <= 0):
        return ChoJungJongString
    if ChoJungJongInx['cho'] != None:
        if(ChoJungJongInx['cho'] >= 0):
            ChoJungJongString += __HG_CHO_CHAR(ChoJungJongInx['cho'], jamo=jamo)
    if ChoJungJongInx['jung'] != None:
        if(ChoJungJongInx['jung'] >= 0):
```

```
            ChoJungJongString     +=     __HG_JUNG_CHAR(ChoJungJongInx['jung'],
jamo=jamo)
    if ChoJungJongInx['jong'] != None:
        if(ChoJungJongInx['jong'] >= 1):  # 0-inx, fill-code
            ChoJungJongString     +=     __HG_JONG_CHAR(ChoJungJongInx['jong'],
jamo=jamo)
    return ChoJungJongString
```

2. 자모의 음절 변환

이 절에서는 초성, 중성, 종성으로 조합된 음절을 유니코드 한글 음절 코드로 변환하는 과정을 설명한다. 자모를 음절로 변환하는 것은 음절을 자모로 분해하는 과정을 역으로 하는 것과 논리적으로 같다. 그러나 유니코드의 한글 음절은 현대 국어의 음절만을 할당하였기 때문에 옛한글 자모로 된 음절은 변환할 수 없다. 따라서 한글 자모를 음절로 변환할 때는 현대 한글 음절로 변환이 가능한가를 확인한 후에 옛한글 음절은 제외해야 한다.

자모 조합 음절의 한글 음절 변환

초성 'ㅎ', 중성 'ㅏ', 종성 'ㄴ'으로 조합한 글자를 유니코드의 '한'이라는 음절로 변환하는 과정은 [표 12-11]과 [표 12-12]와 같다.

[표 12-11] 자모 조합 글자의 한글 음절 변환 과정

순서	내용
ㄱ. 자모 코드값 구하기	각 자모의 코드값 구하기 ⇒ 초성 0x1112, 중성 0x1161, 종성 0x11AB
ㄴ. 자모 위치 구하기	각 자모의 인덱스 구하기 ⇒ 초성 18, 중성 0, 종성 4
ㄷ. 음절 위치 구하기	각 자모의 위치로 음절 조합 연산을 수행하여 음절 인덱스 구하기 ⇒ 10,588 (초성인덱스×588)+(중성인덱스×28)+ 종성인덱스
ㄹ. 음절 코드값 구하기	음절 인덱스에 한글 음절 시작 '가'의 코드값 0xAC00을 더하여 음절 코드값 구하기 ⇒ 0xD55C
ㅁ. 음절 변환	변환 음절 출력 ⇒ '한'

[표 12-12] 유니코드에서 자모의 음절 변환을 위한 코드값 및 과정

자모			음절		
글자	코드값	인덱스	인덱스	코드값	글자
ㅎ	0x1112	18	10588	0xD55C	한
ㅏ	0x1161	0			
ㄴ	0x11AB	4			
과정	ㄱ →	ㄴ →	ㄷ →	ㄹ →	ㅁ

이 과정을 수행하려면 아래의 한글 자모 및 음절의 코드값과 초성, 중성, 종성의 위치를 참고하여야 한다. 초성과 종성의 위치는 앞에서 제시하였으므로 여기에서는 중성 모음의 위치만 제시한다.

[표 12-13] 한글 중성 모음 'ㅏ'의 인덱스

위치	0	1	2	3	4	5	6	7	8	…	17	18	19	20
중성	ㅏ	ㅐ	ㅑ	ㅒ	ㅓ	ㅔ	ㅕ	ㅖ	ㅗ	…	ㅠ	ㅡ	ㅢ	ㅣ

옛한글 음절과 한글 음절

옛한글 음절은 한글 음절 코드가 없으므로 옛한글 음절을 구성하는 자모 코드는 음절 코드로 변환할 수 없다. 따라서 한글 자모가 입력되면 먼저 현대 한글 음절을 만들 수 있는지를 검사해야 한다. 예를 들어, 'ᄒᆞᆫ'이라는 글자가 입력되면 초성 'ㅎ', 중성 'ㆍ', 종성 'ㄴ' 자모를 음절로 변환해야 하는데, 이를 위해 우선 각 자모의 위치 곧 인덱스를 구해야 한다. 이때 중성 'ㆍ' 글자는 한글 맞춤법에서 제시하는 모음 21자에는 없기 때문에 현대 한글 음절에 존재하지 않으므로 유니코드 한글 음절로도 변환할 수 없다.[표 12-14]

한편 유니코드 한글 자모 영역에는 현대 한글 자모뿐만 아니라 옛한글 자모도 할당되어 있는데, 사전 순서를 고려하여 현대 한글 자모와 옛한글 자모의 순서로 배치하였다. 유니코드에서 중성 모음은 총 95자이고, 중성 'ㆍ' 글자는 중성 모음 시작 글자 'ㅏ'로부터 61번째에 위치한다.[표 12-15]

[표 12-14] 유니코드에서 옛한글 자모 조합 글자와 음절 변환

자모			음절		
글자	코드값	인덱스	인덱스	코드값	글자
ᄒ	0x1112	18	–	–	ᄒᆞᆫ
ᆞ	0x119E	61			
ᆫ	0x11AB	4			

[표 12-15] 유니코드 중성 모음 95자 (중성 채움 문자부터 시작)

F	ᅡ	ᅢ	ᅣ	ᅤ	ᅥ	ᅦ	ᅧ	ᅨ	ᅩ	ᅪ	ᅫ	ᅬ	ᅭ	ᅮ	ᅯ	ᅰ	ᅱ	ᅲ	ᅳ	ᅴ	ᅵ	ᅶ	ᅷ
ᅸ	ᅹ	ᅺ	ᅻ	ᅼ	ᅽ	ᅾ	ᅿ	ᆀ	ᆁ	ᆂ	ᆃ	ᆄ	ᆅ	ᆆ	ᆇ	ᆈ	ᆉ	ᆊ	ᆋ	ᆌ	ᆍ	ᆎ	ᆏ
ᆐ	ᆑ	ᆒ	ᆓ	ᆔ	ᆕ	ᆖ	ᆗ	ᆘ	ᆙ	ᆚ	ᆛ	ᆜ	ᆝ	ᆞ	ᆟ	ᆠ	ᆡ	ᆢ	ᆣ	ᆤ	ᆥ	ᆦ	ᆧ
ힰ	ힱ	ힲ	ힳ	ힴ	ힵ	ힶ	ힷ	ힸ	ힹ	ힺ	ힻ	ힼ	ힽ	ힾ	ힿ	ퟀ	ퟁ	ퟂ	ퟃ	ퟄ	ퟅ	ퟆ	

유니코드의 한글 자모 조합 알고리즘

유니코드의 한글 자모 조합 알고리즘은 유니코드 해설서 제3장 일치(Conformance)의 12절 자모 결합(Conjoining)에서 제공한다.

다음의 소스 코드는 t2bot 한글 처리기에서 제공한 것으로, 파이썬으로 구현된 한글 자모 조합 소스 코드이다.

```
def 음절조합(초성자, 중성자, 종성자=''):
    # old: 한글조합
    음절조합 = ''
    if(isinstance(초성자, str) != True):  return 음절조합
    if(isinstance(중성자, str) != True):  return 음절조합
    if(isinstance(종성자, str) != True):
        # 한글출력('(isinstance(종성자, str) != True)')
        return 음절조합
    if(len(초성자) != 1): return 음절조합
    if(len(중성자) != 1): return 음절조합
    if(len(종성자) > 0):
        if(len(종성자) != 1): return 음절조합
        else :
```

```
            if(자모인가2('종성', 종성자) == False):
                return 음절조합
    #
    if((자모인가2('초성', 초성자) == False) or (자모인가2('중성', 중성자) == False)):
        return 음절조합

    #
    옛한글자모인가 = False
    if((옛자모인가('초성', 초성자) == True) or (옛자모인가('중성', 중성자) == True)):
        옛한글자모인가 = True
    if(len(종성자) > 0):
        if(옛자모인가('종성', 종성자) == True):
            옛한글자모인가 = True

    #
    if(옛한글자모인가 == True):
        음절조합 += 초성자
        음절조합 += 중성자
        if(len(종성자) > 0):
            음절조합 += 종성자
    else: # 현대어는 음절 규칙에 맞게 음절을 만들어 준다.
        초성자_순위 = __초성자모__.find(초성자)
        중성자_순위 = __중성자모__.find(중성자)
        종성자_순위 = 0
        if(len(종성자) > 0):
            종성자_순위 = (__종성자모__.find(종성자) + 1)
        음절조합 = hgbasic.get_hangul_syllable_index(초성자_순위, 중성자_순위, 종성자_순
위)

    return 음절조합
```

3. 자모 추출과 검색

일반적으로 검색을 할 때, 알파벳이나 숫자는 한 글자 단위로 입력해도 정확하게 찾을 수 있지만, 한글은 '가'와 같이 음절 단위로 입력하기 때문에 'ㄱ'이나 'ㅏ'와 같은 자모 단위로는 검색할 수 없다. 예를 들어 훈민정음 서문에서 '나랏'이라는 단어는 '나라'에 관형격 'ㅅ'이 결합한 형태로 기본형은 '나라'이다. 단어를 검색할 때 사용자는 '나라'를 검색하면 '나랏'까지 검색되기를 원하지만 현재의 음절 단위 검색법으로는 불가능하다. 단어의 형태만 보아도 '나라'와 '나랏'은 다르고, 무엇보다 '나라'에서 '라'의 음절 코드값은 '0xB77C'이지만 '랏'의 음절 코드값은 '0xB78F'로 서로 코드값이 다르기 때문이다.

따라서 음절이 아니라 초성과 중성, 중성과 종성, 종성과 초성, 방점 등의 자모 단위로 검색하려면 특별한 방법이 필요하다. 이 절에서는 훈민정음 서문을 중심으로 한글 자모의 추출과 검색에 대해서 설명한다. 먼저 훈민정음 서문을 살펴보자.

- 훈민정음 서문

  나랏말〯ᄊᆞ미〮 듀ᇰ귁〮에 달아 문ᄍᆞᆼ와〮로 서르 ᄉᆞᄆᆞᆺ디〮 아니ᄒᆞᆯᄊᆡ

  이〮런 젼〮ᄎᆞ〮로 어〮린 ᄇᆡᆨ〮셩〮이 니르〮고〮져 ᄒᆞᇙ 배〮 이〮셔〮도

  ᄆᆞᄎᆞᆷ〮내〯 제 ᄠᅳ〮들〮 시러〮 펴디〮 몯 ᄒᆞᇙ 노〮미〮 하니라〮

  내〮 이〮ᄅᆞᆯ〮 위ᇰ〮ᄒᆞ〮야〮 어〯엿비〮 너겨〮 새〮로〮 스믈〮 여듧〮 ᄍᆞᆼ〮ᄅᆞᆯ〮 ᄆᆡᇰᄀᆞ〮노니〮

  사〯ᄅᆞᆷ마〯다 ᄒᆡ〯ᅇᅧ 수〯ᄫᅵ 니겨〮 날〮로〮 ᄡᅮ〮메 뼌안킈〮 ᄒᆞ고〮져〮 ᄒᆞᇙ ᄯᆞᄅᆞ미〮니라

- 훈민정음 서문의 '나랏말〯ᄊᆞ미〮'는 화면에서 보이는 글자 수는 5자이지만 내부적으로는 9글자이다. 아래아 'ㆍ'가 중성으로 사용된 글자는 현대어 음절이 아닌 옛한글 음절로, 옛한글 음절은 초성, 중성, 종성 자모로 이루어졌기 때문에 2 글자 이상의 조합 문자가 되어 글자 수는 더욱 늘어난다.

  한편 '말〯'의 왼편에 보이는 방점(傍點)은 중세 국어에서 각 음절의 성조를 표시하기 위한 《훈민정음》의 표기법으로, 거성(去聲)은 한 점, 상성(上聲)은 두 점을 찍었는데, 방점 역시 한 글자로 처리한다. 이때 방점은 음절의 왼쪽에 찍지만, 내부적으로는 자모 뒤에

입력된다. 즉 방점은 시각적으로 왼편에 위치하지만 자모 코드 입력에서는 음절 글자 마지막에 입력된다. 방점의 코드값은 0x302E(거성)와 0x302F(상성)이다.

[표 12-16] '나랏〮말〯ᄊᆞ미〮'의 내부 구조

출력	나	랏〮		말〯		ᄊᆞ		미〮	
인덱스	0	1		2		3		4	
글자	나	랏	〮	말	〯	ᄊ	ᆞ	미	〮
인덱스	0	1	2	3	4	5	6	7	8
코드값(hex)	B098	B78F	302E	B9D0	302F	110A	119E	BBF8	302E

[표 12-17] 'ᄉᆞᄆᆞᆺ디〮아니〮ᄒᆞᆯ씨〮'의 내부 구조

출력	ᄉᆞ		ᄆᆞᆺ			디〮		아	니〮		ᄒᆞᆯ			씨〮		
위치	0		1			2		3	4		5			6		
글자	ᄉ	ᆞ	ᄆ	ᆞ	ᆺ	디	〮	아	니	〮	ᄒ	ᆞ	ᆯ	ᄊ	ᅵ	〮
위치	0	1	2	3	4	5	6	7	8	9	10	11	12	13	14	15

[표 12-16/17]에서 보듯이 화면에 출력되는 문자와 그것의 내부 구조는 다르다. 따라서 한글 음절에서 자모 단위로 검색하기 위해서는 입력된 텍스트를 자모로 먼저 변환하는 것이 필요하다.

그러나 한글 처리기에서 검색어로 옛한글 음절이나 미완성 음절을 처리하려면 먼저 옛한글 음절이나 미완성 음절을 조합해야 한다.

검색을 위한 자모 음절 조합

한글 처리에서 옛한글 음절이나 미완성 음절을 처리하려면 검색어로 입력되는 자모 글자를 한 단위의 음절로 조합해야 한다. 예를 들어 음절 '한, ᄒᆞᆫ, ᄒᆞ'을 한글 문서처리기에서는 모두 한 글자로 출력하지만 내부적으로는 2개 혹은 3개의 자모가 조합된 것이므로, 한글 처리기에서도 이들을 한 음절로 조합할 수 있어야 한다.

[표 12-18] **자모 조합 음절의 화면 출력과 내부 코드**

화면 출력		내부 코드
한글 문서처리기	파이썬 IDLE	
한	한	0x1112, 0x1161, 0x11AB
ᄒᆞᆫ	ᄒᆞᆫ	0x1112, 0x119E, 0x11AB
ᆞᆯ	ᆞ ᆯ	0x119E, 0x11AF

t2bot 자모 처리기에서는 자모 단위로 음절을 만들 수 있도록 초성, 중성, 종성 자모를 정의하여서 검색하고자 하는 음절을 초성, 중성, 종성 순서에 맞게 모아서 문자열로 변환한다.

[예제 12-1] 자모의 음절 조합

```
>>> 자모문자열 = 자모.초성_ㅎ + 자모.중성_ㅏ + 자모.종성_ㄴ # {ㅎ ㅏㄴ => 한}
>>> print(자모문자열) # {ㅎ ㅏㄴ => 한}

한

>>> 자모문자열 = 자모.초성_ㅎ + 자모.옛중성_아 + 자모.종성_ㄴ # {ㅎ ㆍㄴ => ᄒᆞᆫ}
>>> print(자모문자열) # {ㅎ ㆍㄴ=> ᄒᆞᆫ}

ᄒᆞᆫ

>>> 자모문자열 = 자모.옛중성_아 + 자모.종성_ㄹ # { ㆍㄹ => ᆞᆯ}
>>> print(자모문자열) # { ㆍㄹ => ᆞᆯ}

ᆞᆯ
```

텍스트의 자모 변환

텍스트에서 '나라'를 검색하여 '나랏'까지 찾거나, 'ㆍ'가 중성 모음으로 들어간 옛한글 음절을 검색하려면 음절을 자모로 변환해야 한다. 이때 자모 변환은 검색 대상이 되는 텍스트는 물론 검색어까지 이루어져야 한다. 예를 들어 훈민정음 서문에서 검색어 '나라'로 '나랏'을 검색하려면 먼저 음절을 자모로 변환해야 한다.

[표 12-19] '나랏·말'의 자모 변환

위치	0	1	2	3	4	5	6	7	8	9
자모	ㄴ	ㅏ	ㄹ	ㅏ	ㅅ	·	ㅁ	ㅏ	ㄹ	:
구분	초성	중성	초성	중성	종성	방점	초성	중성	종성	방점
코드값 (hex)	1102	1161	1105	1161	11BA	302E	1106	1161	11AF	302F

t2bot 자모 처리기의 '문자열_자모변환()' 함수를 이용하여 문자열을 자모 단위로 변환하면 다음과 같다.

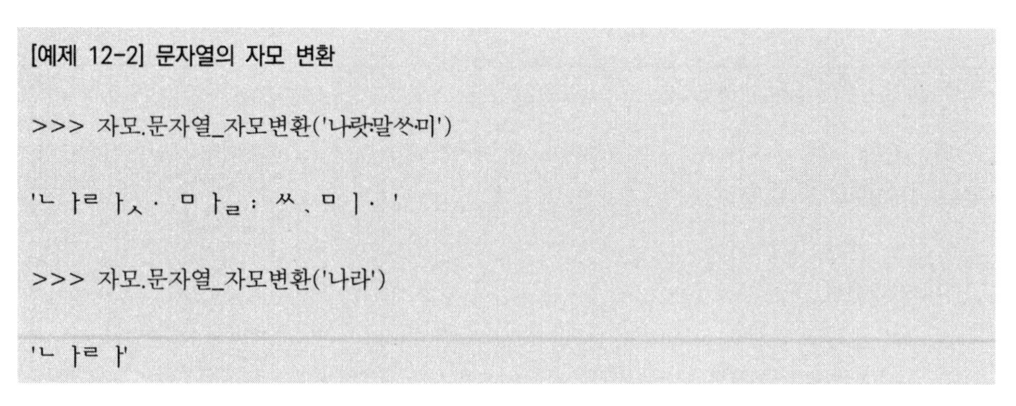
[예제 12-2] 문자열의 자모 변환

```
>>> 자모.문자열_자모변환('나랏·말:ᄊᆞ미·')
'ㄴㅏㄹㅏㅅ·ㅁㅏㄹ:ㅆㆍㅁㅣ·'
>>> 자모.문자열_자모변환('나라')
'ㄴㅏㄹㅏ'
```

[예제 12-2]는 입력된 문자열을 모두 자모로 변환한 것으로 위치 0에서 3까지는 'ㄴㅏㄹㅏ'와 같으므로 문자열 일치 검사로 찾을 수 있다.

자모 문자열 검색

텍스트의 자모 변환이 끝나면 자모 문자열 검색이 가능하다. 파이썬에서 문자열 검색은 find() 함수를 이용하는데 자모 검색을 위해서는 find() 함수의 호출 전에 문자열의 자모 변환이 이루어져야 한다. 앞서 우리는 문자열을 자모로 변환하였으므로 find() 함수를 호출하여 자모를 찾을 수 있다.

t2bot 자모 처리기를 이용하여 자모를 검색하는 것은 다음과 같다.

[예제 12-3] 텍스트에서 자모 검색

```
>>> 자모문자열 = 자모.문자열_자모변환(훈민정음어제서문)
>>> 찾는자모열 = 자모.초성_ㄴ + 자모.중성_ㅏ + 자모.초성_ㄹ + 자모.중성_ㅏ #{ㄴㅏㄹㅏ}
>>> 자모문자열.find(찾는자모열)

1
```

[예제 12-3]에서는 자모 검색 전에 '문자열_자모변환()' 함수를 이용하여 문자열을 자모로 변환한 후에 find() 함수로 '나라'를 검색한다. 예제에서는 검색 결과가 '1'로 반환되었는데 이것은 find() 함수가 문자열에서 찾은 위치를 의미하는 것으로, 자모 문자열 '1'번째에서 '나라'를 발견하였다는 뜻이다. 만약 찾는 것이 없으면 '-1'을 반환한다.

훈민정음 서문을 중심으로 다음과 같이 자모 검색을 실행해 보자.

'ㄴ ㅏㄹ ㅏ' 검색

t2bot 자모 처리기의 문자열_자모변환() 함수를 이용하여 텍스트를 자모 단위로 변환한 후, '자모찾기_목록__자모문자열()' 함수에 변수를 넘겨주면 자모가 있는 위치를 반환한다. 아래의 예제에서는 검색어 'ㄴ ㅏㄹ ㅏ'가 발견된 '위치, 음절 길이, 해당 음절'에 대한 정보를 반환한다.

[예제 12-4] 'ㄴ ㅏㄹ ㅏ' 검색

```
>>> 자모문자열 = 자모.문자열_자모변환(훈민정음어제서문)
>>> 찾는자모열 = 자모.초성_ㄴ + 자모.중성_ㅏ + 자모.초성_ㄹ + 자모.중성_ㅏ #{ㄴㅏㄹㅏ}
>>> 자모.자모찾기_목록__자모문자열(자모문자열, 찾는자모열)

[{'위치': 1, '음절길이': 2, '음절': '나'}]
```

아래아 'ㆍ' 검색

자모찾기_목록__자모문자열() 함수로 검색된 결과를 출력하면 다음과 같다. 이 예제에서도 검색어 'ㆍ'가 발견된 '위치, 음절 길이, 해당 음절'에 대한 정보를 반환한다.

[예제 12-5] ‘ᆞ’ 검색

```
>>> 자모문자열 = 자모.문자열_자모변환(훈민정음어제서문)
>>> 찾는자모열 = 자모.옛중성_아 # 아래아 { ᆞ}
>>> 자모.자모찾기_목록__자모문자열(자모문자열, 찾는자모열)

[{'위치': 11, '음절길이': 2, '음절': 'ᄊᆞ'}, {'위치': 38, '음절길이': 4, '음절': '〮ᄍᆞᇰ'}, {'위치': 54, '음절길이': 2, '음절': 'ᄉᆞ'}, {'위치': 56, '음절길이': 3, '음절': 'ᄆᆞᆺ'}, {'위치': 68, '음절길이': 3, '음절': 'ᄒᆞᆯ'}, {'위치': 85, '음절길이': 3, '음절': '〮ᄎᆞ'}, {'위치': 139, '음절길이': 2, '음절': 'ᄆᆞ'}, {'위치': 141, '음절길이': 4, '음절': '〮ᄎᆞᆷ'}, {'위치': 176, '음절길이': 3, '음절': 'ᄒᆞᇙ'}, {'위치': 203, '음절길이': 4, '음절': '〮ᄅᆞᆯ'}, {'위치': 212, '음절길이': 3, '음절': '〮ᄒᆞ'}, {'위치': 257, '음절길이': 4, '음절': '〮ᄍᆞᇰ'}, {'위치': 261, '음절길이': 4, '음절': '〮ᄅᆞᆯ'}, {'위치': 269, '음절길이': 3, '음절': '〮ᄀᆞ'}, {'위치': 336, '음절길이': 2, '음절': 'ᄒᆞ'}, {'위치': 345, '음절길이': 3, '음절': 'ᄒᆞᇙ'}, {'위치': 349, '음절길이': 2, '음절': 'ᄡᆞ'}, {'위치': 351, '음절길이': 2, '음절': 'ᄅᆞ'}]
```

[예제 12-5]에서는 훈민정음 서문에서 ‘ᆞ’가 사용된 글자 18개를 발견하여 출력한다. 그러나 사전 형식으로 된 목록을 그대로 출력하여 가독성이 떨어지므로, t2bot 자모 처리기의 ‘PrintDictList_ByLine()’ 함수를 이용하여 줄 단위로 출력을 변경하는데, 이를 실행하면 다음과 같다.

[예제 12-6] ‘ᆞ’ 검색_줄 단위 출력

```
>>> 자모문자열 = 자모.문자열_자모변환(훈민정음어제서문)
>>> 찾는자모열 = 자모.옛중성_아 # 아래아 { ᆞ}
>>> 찾는_자모열_목록 = 자모.자모찾기_목록__자모문자열(자모문자열, 찾는자모열)
>>> PrintDictList_ByLine(찾는_자모열_목록)

0 :{'위치': 11, '음절길이': 2, '음절': 'ᄊᆞ'}
1 :{'위치': 38, '음절길이': 4, '음절': '〮ᄍᆞᇰ'}
2 :{'위치': 54, '음절길이': 2, '음절': 'ᄉᆞ'}
3 :{'위치': 56, '음절길이': 3, '음절': 'ᄆᆞᆺ'}
4 :{'위치': 68, '음절길이': 3, '음절': 'ᄒᆞᆯ'}
5 :{'위치': 85, '음절길이': 3, '음절': '〮ᄎᆞ'}
6 :{'위치': 139, '음절길이': 2, '음절': 'ᄆᆞ'}
7 :{'위치': 141, '음절길이': 4, '음절': '〮ᄎᆞᆷ'}
```

```
8 :{'위치': 176, '음절길이': 3, '음절': 'ᄒᆞᇙ'}
9 :{'위치': 203, '음절길이': 4, '음절': '·를'}
10 :{'위치': 212, '음절길이': 3, '음절': '·ᄒᆞ'}
11 :{'위치': 257, '음절길이': 4, '음절': '·ᄍᆞᆼ'}
12 :{'위치': 261, '음절길이': 4, '음절': '·를'}
13 :{'위치': 269, '음절길이': 3, '음절': '·ᄀᆞ'}
14 :{'위치': 336, '음절길이': 2, '음절': 'ᄒᆞ'}
15 :{'위치': 345, '음절길이': 3, '음절': 'ᄒᆞᇙ'}
16 :{'위치': 349, '음절길이': 2, '음절': 'ᄯᆞ'}
17 :{'위치': 351, '음절길이': 2, '음절': 'ᄅᆞ'}
```

방점(거성) '·' 글자 검색

앞에서 살펴본 자모찾기_목록__자모문자열() 함수로 거성을 표시하는 방점이 찍힌 글자를 검색하고, PrintDictList_ByLine() 함수를 이용하여 줄 단위로 출력하면 다음과 같다. 훈민정음 서문에서는 점 하나의 거성이 찍힌 글자가 총 62개이다.

[예제 12-7] 방점 '·' 검색

```
>>> 자모문자열 = 자모.문자열_자모변환(훈민정음어제서문)
>>> 찾는자모열 = 자모.__방점1__ # 방점1 { · }
>>> 찾는_자모열_목록 = 자모.자모찾기_목록__자모문자열(자모문자열, 찾는자모열)
>>> PrintDictList_ByLine(찾는_자모열_목록)

0 :{'위치': 3, '음절길이': 4, '음절': '·랏'}
1 :{'위치': 13, '음절길이': 3, '음절': '·미'}
2 :{'위치': 20, '음절길이': 4, '음절': '·귁'}
3 :{'위치': 24, '음절길이': 3, '음절': '·에'}
:
19 :{'위치': 121, '음절길이': 4, '음절': '·ᄒᆞᇙ'}
20 :{'위치': 126, '음절길이': 3, '음절': '·배'}
21 :{'위치': 132, '음절길이': 3, '음절': '·셔'}
:
59 :{'위치': 341, '음절길이': 3, '음절': '·져'}
60 :{'위치': 353, '음절길이': 3, '음절': '·미'}
61 :{'위치': 358, '음절길이': 3, '음절': '·라'}
```

방점(상성) ' : ' 글자 검색

자모찾기_목록__자모문자열() 함수로 상성을 표시하는 방점이 찍힌 글자를 검색하고, PrintDictList_ByLine() 함수를 이용하여 줄 단위로 출력하면 다음과 같다. 훈민정음 서문에서는 점 두 개의 상성이 찍힌 글자가 총 7개이다.

[예제 12-8] 방점 ' : ' 검색

```
>>> 찾는자모열 = 자모.__방점2__ # 방점2 { : }
>>> 찾는_자모열_목록 = 자모.자모찾기_목록__자모문자열(자모문자열, 찾는자모열)
>>> PrintDictList_ByLine(찾는_자모열_목록)

0 :{'위치': 7, '음절길이': 4, '음절': ':말'}
1 :{'위치': 145, '음절길이': 3, '음절': ':내'}
2 :{'위치': 219, '음절길이': 3, '음절': ':어'}
3 :{'위치': 278, '음절길이': 3, '음절': ':사'}
4 :{'위치': 284, '음절길이': 3, '음절': ':마'}
5 :{'위치': 291, '음절길이': 3, '음절': ':히'}
6 :{'위치': 298, '음절길이': 3, '음절': ':수'}
```

아래아 ' ㆍ' 검색 후 중앙 정렬

단어 혹은 자모를 검색할 때에는 해당 글자뿐만 아니라 검색 글자가 사용된 문자열을 함께 제시해야 할 경우도 있다. 이때에는 검색된 문자열을 좌우 혹은 중앙으로 정렬하여 제시하는 것이 필요하다.

아래의 예는 훈민정음 서문에서 아래아 ' ㆍ'가 포함된 음절을 찾아서 중앙 정렬 상태로 출력한 것이다. t2bot 자모 처리기의 '자모찾고_중앙정렬__자모문자열()' 함수는 자모를 찾은 후에 중앙으로 정렬한 값을 반환하는데, 예제에서는 예문 18개를 찾아 중앙으로 정렬한다. 제시된 예에서는 중앙 정렬하면서 공백 문자는 '_' 문자로, 줄 바꿈은 '⌧' 문자로 바꾸어 출력한다.

[예제 12-9] ‘、’ 검색 및 중앙 정렬

```
>>> 자모변환 = 자모.문자열_자모변환(훈민정음어제서문)
>>> 자모.자모찾고_중앙정렬__자모문자열(자모변환, 자모.옛중성_아, 중앙정렬_여백=5)

[、] 찾은 결과: 18
1 :  _⊠나랏:말ᄊᆞ·미_듀ᇰ·귁에
2 :  _달아⊠문ᄍᆞᆼ·와로_서르
3 :  ·로_서르_ᄉᆞᄆᆺ·디_아·니
4 :  _서르_ᄉᆞᄆᆺ·디_아니ᄒᆞᆯ
5 :  ᄆᆺ·디_아니ᄒᆞᆯᄊᆡ⊠이런_
6 :  ⊠이런_젼ᄎᆞ·로_어·린_
7 :  _이·셔·도⊠ᄆᆞ·ᄎᆞᆷ:내_제_
8 :  이·셔·도⊠ᄆᆞ·ᄎᆞᆷ:내_제_ᄠᅳ
9 :  ·펴·디_몯_ᄒᆞᇙ_·노·미_하
10 : ·라⊠·내_·이·ᄅᆞᆯ_·윙·ᄒᆞ·야_
11 : _·이·ᄅᆞᆯ_·윙·ᄒᆞ·야_·어엿·비
12 : ·믈_여·듧_ᄍᆞᆼ·ᄅᆞᆯ_ᄆᆡᇰ·ᄀᆞ노
13 : _여·듧_ᄍᆞᆼ·ᄅᆞᆯ_ᄆᆡᇰ·ᄀᆞ노·니
14 : _ᄍᆞᆼ·ᄅᆞᆯ_ᄆᆡᇰ·ᄀᆞ노·니⊠사람
15 : ⊠뼌안킈_ᄒᆞ·고·져_ᄒᆞᇙ_
16 : _ᄒᆞ·고·져_ᄒᆞᇙ_ᄯᆞᄅᆞ·미니
17 : ·고·져_ᄒᆞᇙ_ᄯᆞᄅᆞ·미니·라⊠
18 : ·져_ᄒᆞᇙ_ᄯᆞᄅᆞ_·미니·라⊠
```

종성 ‘ㅅ’ 검색 후 중앙 정렬

다음의 예는 훈민정음 서문에서 종성 ‘ㅅ’이 쓰인 음절을 찾아서 중앙 정렬 상태로 출력한 것이다. 예제에서는 예문 31개를 찾아 중앙으로 정렬한다.

[예제 12-10] 종성 ‘ㅅ’ 검색 및 중앙 정렬

```
>>> 자모변환 = 자모.문자열_자모변환(훈민정음해례)
>>> 자모.자모찾고_중앙정렬__자모문자열(자모변환, 자모.종성_ㅅ, 중앙정렬_여백=5)

[ㅅ] 찾은 결과: 31
1 :  ᄊᆞ·미라⊠나랏:말ᄊᆞ·미⊠異
```

```
2 :  히·니·우·리나·랏常썅談땀·애
3 :  ·와로서르ᄉᆞ ᄆᆞᆺ·디아니 ᄒᆞᆯ씌
4 :  ·라矣:읭·ᄂᆞᆫ:말ᄆᆞᆺ ᄂᆞᆫ·입·겨지·라
5 :  :민然션은·어엿·비너·기실씨
:
28 : ·ᄫᅳ·니·혓·그·티웃·니머·리·예다
29 : ·셔두터ᄫᅳ·니·혓·그·티아·랫·니
30 : ·니·혓·그·티아·랫·니므유·메다
31 : ·울·와목소·리·옛字·쭝·ᄂᆞᆫ中듕
```

4. 자모 정렬과 통계

이 절에서는 앞에서 제시한 훈민정음 서문을 중심으로 음절 단위로 정렬하고 통계 처리하는 방법에 대해서 설명한다.

- 훈민정음 서문에 쓰인 한글의 글자 수는 총 108자이다. 여기에서 말하는 108자는 음절 수이자 출력된 글자 수를 의미한다. 그러나 파이썬에서 문자열 길이를 계산하면 220자로, 출력된 글자 수의 두 배 이상이 된다. 파이썬은 유니코드를 기반으로 작동하는 프로그램 언어로, 유니코드에서 현대어 음절은 한 글자로 처리하지만 옛한글 음절은 초성, 중성, 종성 자모로 처리하여 옛한글 음절은 화면에서 1글자로 출력되어도 내부적으로는 2~3글자로 길어진다. 또한 유니코드에는 언어 문자를 비롯하여 기호와 문장부호도 포함되어 있는데, 특히 훈민정음 서문에서 성조를 나타내는 방점도 하나의 코드로 할당되어 있다. 따라서 컴퓨터나 종이에 출력된 옛한글 음절이 한 글자로 보여도 내부적으로는 두 글자 이상인 경우가 많다.

- 훈민정음 서문에서 글자 목록을 출력하면 다음과 같다.

[예제 12-11] 훈민정음 서문의 글자 목록 출력

```
>>> print('len:', len(훈민정음어제서문_1줄))

len: 220

>>> print ([x for x in 훈민정음어제서문_1줄])

['나', '랏', '·', '말', ':', 'ᄊ', '、', '미', '·', '듕', '귁', '·', '에', '·', '달', '아', '·', '문',
'ᄍ', '、', 'ᆼ', '·', '와', '·', '로', '·', '서', '르', 'ᄉ', '、', 'ᄆ', '、', 'ᆺ', '디', '·', '아', '니',
'·', 'ᄒ', '、', 'ᆯ', 'ᄊ', 'ᆡ', '·', '이', '·', '런', '젼', 'ᄎ', '、', '·', '로', '·', '어', '린', '
·', 'ᄇ', 'ᆡ', 'ᆨ', 'ᄉ', 'ᅧ', 'ᆼ', '·', '이', '·', '니', '르', '고', '·', '져', '·', 'ᄒ', 'ᅩ', 'ᇙ',
'·', '배', '·', '이', '셔', '·', '도', '·', 'ᄆ', '、', 'ᄎ', '、', 'ᆷ', '·', '내', ':', '제', 'ᄠ',
'ᅳ', '·', '들', '·', '시', '러', '·', '펴', '디', '·', '몯', 'ᄒ', '、', 'ᇙ', '노', '·', '미', '·',
'하', '니', '·', '라', '·', '내', '·', '이', '·', 'ᄅ', '、', 'ᆯ', '·', '윙', '·', 'ᄒ', '、', '·',
'야', '·', '어', ':', '엿', '비', '·', '너', '겨', '·', '새', '·', '로', '·', '스', '·', '믈', '
·', '여', '듧', '·', 'ᄍ', '、', 'ᆼ', '·', 'ᄅ', '、', 'ᆯ', '·', 'ᄆ', 'ᆡ', 'ᆼ', 'ᄀ', '、', '·', '노',
'니', '·', '사', ':', '람', '마', ':', '다', '·', 'ᄒ', 'ᆡ', ':', 'ᅇ', 'ᅧ', '·', '수', ':', 'ᄫ',
'ᅵ', '·', '니', '겨', '·', '날', '·', '로', '·', 'ᄡ', 'ᅮ', '·', '메', '·', '뼌', 'ᄋ', 'ᅣ', 'ᆫ',
'킈', '·', 'ᄒ', '、', '고', '·', '져', '·', 'ᄒ', '、', 'ᇙ', 'ᄯ', '、', 'ᄅ', '、', '미', '·', '니', '라',
'·']
```

글자 단위 정렬 및 통계

훈민정음 서문에서 추출한 글자 목록을 유니코드 글자 단위로 정렬하면 초성 'ᄀ'부터 코드값 순서대로 정렬된다. 이때 초성 'ᄀ'의 코드값은 '0x1100'으로, 단어 'ᄆᆡᆼᄀᆞ노니'의 옛한글 음절인 'ᄀᆞ'의 초성을 의미한다. 옛한글 'ᄀᆞ' 음절은 화면에서는 한 글자로 보이지만 초성 'ᄀ'과 중성 'ᆞ'의 두 글자로 이루어졌기 때문에 두 개의 글자로 분리되어 정렬된다.

- 훈민정음 서문에서 추출한 글자 목록 220자를 유니코드 글자 단위로 정렬하면 다음과 같다.

[예제 12-12] 훈민정음 서문의 글자 단위 정렬

```
>>> 글자목록 = [char for char in 훈민정음어제서문_1줄]
>>> 글자목록.sort()
>>> PrintList_ByLine(글자목록, 7)

0 : ᄀ 1 : ᄅ 2 : ᄅ 3 : ᄅ 4 : ᄆ 5 : ᄆ 6 : ᄆ
7 : ᄇ 8 : ᄉ 9 : ᄉ 10 : ᄊ 11 : ᄊ 12 : ᄍ 13 : ᄍ
14 : ᄎ 15 : ᄎ 16 : ᄒ 17 : ᄒ 18 : ᄒ 19 : ᄒ 20 : ᄒ
21 : ᄒ 22 : ᄒ 23 : ᄠ 24 : ᄡ 25 : ᄫ 26 : ᄯ 27 : ᅇ
28 : ᅌ 29 : ᅡ 30 : ᅧ 31 : ᅧ 32 : ᅩ 33 : ᅮ 34 : ᅳ
35 : ᅵ 36 : ᆞ 37 : ᆞ 38 : ᆞ 39 : ᆞ 40 : ᆞ 41 : ᆞ
42 : ᆞ 43 : ᆞ 44 : ᆞ 45 : ᆞ 46 : ᆞ 47 : ᆞ 48 : ᆞ
49 : ᆞ 50 : ᆞ 51 : ᆞ 52 : ᆞ 53 : ᆞ 54 : ᆡ 55 : ᆡ
56 : ᆡ 57 : ᆡ 58 : ᆨ 59 : ᆫ 60 : ᆯ 61 : ᆯ 62 : ᆯ
63 : ᆷ 64 : ᆺ 65 : ᆼ 66 : ᆼ 67 : ᇙ 68 : ᇙ 69 : ᇙ
70 : ᇰ 71 : ᇰ 72 : 〮 73 : 〮 74 : 〮 75 : 〮 76 : 〮
77 : 〮 78 : 〮 79 : 〮 80 : 〮 81 : 〮 82 : 〮 83 : 〮
84 : 〮 85 : 〮 86 : 〮 87 : 〮 88 : 〮 89 : 〮 90 : 〮
91 : 〮 92 : 〮 93 : 〮 94 : 〮 95 : 〮 96 : 〮 97 : 〮
98 : 〮 99 : 〮 100 : 〮 101 : 〮 102 : 〮 103 : 〮 104 : 〮
105 : 〮 106 : 〮 107 : 〮 108 : 〮 109 : 〮 110 : 〮 111 : 〮
112 : 〮 113 : 〮 114 : 〮 115 : 〮 116 : 〮 117 : 〮 118 : 〮
119 : 〮 120 : 〮 121 : 〮 122 : 〮 123 : 〮 124 : 〮 125 : 〮
126 : 〮 127 : 〮 128 : 〮 129 : 〮 130 : 〮 131 : 〮 132 : 〮
133 : 〮 134 : 〯 135 : 〯 136 : 〯 137 : 〯 138 : 〯 139 : 〯
140 : 〯 141 : 겨 142 : 겨 143 : 고 144 : 고 145 : 귁 146 : 나
147 : 날 148 : 내 149 : 내 150 : 너 151 : 노 152 : 노 153 : 니
154 : 니 155 : 니 156 : 니 157 : 니 158 : 니 159 : 다 160 : 달
161 : 도 162 : 듕 163 : 들 164 : 듧 165 : 디 166 : 디 167 : 라
168 : 라 169 : 람 170 : 랏 171 : 러 172 : 런 173 : 로 174 : 로
175 : 로 176 : 로 177 : 르 178 : 르 179 : 린 180 : 마 181 : 말
182 : 메 183 : 몯 184 : 문 185 : 믈 186 : 미 187 : 미 188 : 미
189 : 배 190 : 비 191 : 뼌 192 : 사 193 : 새 194 : 서 195 : 셔
196 : 수 197 : 스 198 : 시 199 : 아 200 : 아 201 : 야 202 : 어
203 : 어 204 : 에 205 : 여 206 : 엿 207 : 와 208 : 윙 209 : 이
210 : 이 211 : 이 212 : 이 213 : 제 214 : 져 215 : 져 216 : 젼
217 : 킈 218 : 펴 219 : 하
```

[예제 12-12]에서는 글자 단위로 정렬하는데, 이때 문자 코드는 한글 자모 초성, 중성, 종성, 방점, 한글 음절로 배치되어 이 순서에 따라 정렬된다.

- 추출한 글자 220자를 유니코드 글자 단위로 정렬한 후에 사전 형식으로 정리하면 총 89자가 된다.

[예제 12-13] 훈민정음 서문의 글자 사전 목록 정렬

```
>>> 글자목록 = [char for char in 훈민정음어제서문_1줄]
>>> 글자사전목록 = GetCharDictList_CharList(글자목록)
>>> PrintList_ByLine(글자사전목록)

0 : {'char': 'ᄀ', 'freq': 1, 'code': 4352, 'hex': '0x1100'}
1 : {'char': 'ᄅ', 'freq': 3, 'code': 4357, 'hex': '0x1105'}
2 : {'char': 'ᄆ', 'freq': 3, 'code': 4358, 'hex': '0x1106'}
:
15 : {'char': 'ᅡ', 'freq': 1, 'code': 4449, 'hex': '0x1161'}
:
23 : {'char': 'ᆨ', 'freq': 1, 'code': 4520, 'hex': '0x11a8'}
:
30 : {'char': 'ᇰ', 'freq': 2, 'code': 4592, 'hex': '0x11f0'}
:
33 : {'char': '겨', 'freq': 2, 'code': 44200, 'hex': '0xaca8'}
34 : {'char': '고', 'freq': 2, 'code': 44256, 'hex': '0xace0'}
:
87 : {'char': '펴', 'freq': 1, 'code': 54196, 'hex': '0xd3b4'}
88 : {'char': '하', 'freq': 1, 'code': 54616, 'hex': '0xd558'}
```

- 사전 형식으로 정리된 것을 빈도순으로 정렬하면 거성을 의미하는 점 하나의 방점 '・'이 가장 많이 출현했음을 알 수 있다. 다음으로 많이 등장한 글자는 중성 'ㆍ' 글자이다.

[예제 12-14] 훈민정음 서문의 글자 사전 빈도순 정렬

```
>>> 글자목록 = [char for char in 훈민정음어제서문_1줄]
>>> 글자사전목록 = GetCharDictList_CharList(글자목록)
>>> 글자사전목록.sort(key = lambda wd: (-wd['freq'])) # by high freq, abc
>>> PrintList_ByLine(글자사전목록)

0 : {'char': '〮', 'freq': 62, 'code': 12334, 'hex': '0x302e'}
1 : {'char': 'ᆞ', 'freq': 18, 'code': 4510, 'hex': '0x119e'}
2 : {'char': 'ᄒ', 'freq': 7, 'code': 4370, 'hex': '0x1112'}
:
32 : {'char': 'ᄠ', 'freq': 1, 'code': 4384, 'hex': '0x1120'}
33 : {'char': 'ᄡ', 'freq': 1, 'code': 4385, 'hex': '0x1121'}
:
86 : {'char': '킈', 'freq': 1, 'code': 53384, 'hex': '0xd088'}
87 : {'char': '펴', 'freq': 1, 'code': 54196, 'hex': '0xd3b4'}
88 : {'char': '하', 'freq': 1, 'code': 54616, 'hex': '0xd558'}
```

위에 제시한 글자 단위의 정렬 결과는 옛한글 음절이 초성, 중성, 종성 자모로 분리되어 있기 때문에 한글 음절 통계로 사용하기에는 적합하지 않다. 따라서 정확한 한글 음절 통계를 얻으려면 옛한글 음절을 하나의 글자로 다루는 것이 필요하다.

음절 단위 정렬 및 통계

옛한글 문서에서 글자 코드 단위가 아니라 한글 음절 단위로 추출하려면 옛한글 음절을 하나의 글자로 다루어야 한다. 음절 단위의 정렬 및 통계 처리는 다음과 같다.

- 텍스트에서 한글 음절을 분리하기 위해서 t2bot 자모 처리기에서는 두 개의 함수를 이용한다. 먼저 '문자열_자모변환()' 함수를 이용하여 문자열을 한글 자모로 분해하고, '자모3_정보목록__자모3텍스트()' 함수를 이용하여 음절 경계로 자모를 분리한 후 음절 단위 목록(list)으로 변환한다. 이 함수는 음절과 관련된 정보를 사전형 목록으로 정리한다.

[예제 12-15] 훈민정음 서문의 음절 단위 분리

```
>>> 자모변환 = 자모.문자열_자모변환(훈민정음어제서문_1줄)
>>> 자모3_정보목록 = 자모.자모3_정보목록__자모3텍스트(자모변환)
>>> print([글자['음절'] for 글자 in 자모3_정보목록])

['나', '랏', '말', 'ᄊᆞ', '미', '듀ᇰ', '귁', '에', '달', '아', '문', 'ᄍᆞᆼ', '와', '로', '서', '르', 'ᄉᆞ', 'ᄆᆞᆺ', '디',
'아', '니', 'ᄒᆞᆯ', 'ᄊᆡ', '이', '런', '젼', 'ᄎᆞ', '로', '어', '린', 'ᄇᆡᆨ', '셔ᇰ', '이', '니', '르', '고', '져', '홇', '배',
'이', '셔', '도', 'ᄆᆞ', 'ᄎᆞᆷ', '내', '제', 'ᄠᅳ', '들', '시', '러', '펴', '디', '몯', 'ᄒᆞᇙ', '노', '미', '하', '니', '라',
'내', '이', 'ᄅᆞᆯ', '윙', 'ᄒᆞ', '야', '어', '엿', '비', '너', '겨', '새', '로', '스', '믈', '여', '듧', 'ᄍᆞᆼ', 'ᄅᆞᆯ', 'ᄆᆡᇰ',
'ᄀᆞ', '노', '니', '사', '람', '마', '다', 'ᄒᆡ', 'ᅇᅧ', '수', 'ᄫᅵ', '니', '겨', '날', '로', 'ᄡᅮ', '메', '뼌', '안', '킈',
'ᄒᆞ', '고', '져', 'ᄒᆞᇙ', 'ᄯᆞ', 'ᄅᆞ', '미', '니', '라']
```

[예제 12-15]에서는 문자열을 입력 순서대로 한글 음절로 분리한 것이다. 화면에는 옛한글이 한 글자로 보일지라도 내부적으로 2글자(초성+중성), 3글자(초성+중성+종성, 초성+중성+방점), 4글자(초성+중성+종성+방점)로 이루어져 있다.

- 음절 단위로 분리된 것을 정렬하여 출력할 수 있는데, 이때 파이썬의 sort() 함수를 적용하면 분리된 음절을 정렬할 수 있다.

[예제 12-16] 훈민정음 서문의 음절 단위 정렬

```
>>> 자모변환 = 자모.문자열_자모변환(훈민정음어제서문_1줄)
>>> 자모3_정보목록 = 자모.자모3_정보목록__자모3텍스트(자모변환)
>>> 자모3_정보목록.sort(key = lambda wd: (wd['자모3음절'])) # by abc
>>> print([글자['음절'] for 글자 in 자모3_정보목록])

['겨', '겨', '고', '고', '귁', 'ᄀᆞ', '나', '날', '내', '내', '너', '노', '노', '니', '니', '니', '니', '니', '니',
'다', '달', '도', '듀ᇰ', '들', '듧', '디', '디', '라', '라', '람', '랏', '러', '런', '로', '로', '로', '로', '르', '르',
'린', 'ᄅᆞ', 'ᄅᆞᆯ', 'ᄅᆞᆯ', '마', '말', '메', '몯', '문', '믈', '미', '미', '미', 'ᄆᆞ', 'ᄆᆞᆺ', 'ᄆᆡᇰ', '배', '비', 'ᄇᆡᆨ', '뼌',
'사', '새', '서', '셔', '셔ᇰ', '수', '스', '시', 'ᄉᆞ', 'ᄊᆞ', 'ᄊᆡ', '아', '아', '야', '어', '어', '에', '여', '엿', '와',
'윙', '이', '이', '이', '이', '제', '져', '져', '젼', 'ᄍᆞᆼ', 'ᄍᆞᆼ', 'ᄎᆞ', 'ᄎᆞᆷ', '킈', '펴', '하', '홇', 'ᄒᆞ', 'ᄒᆞ', 'ᄒᆞᆯ',
'ᄒᆞᇙ', 'ᄒᆞᇙ', 'ᄒᆡ', 'ᄠᅳ', 'ᄡᅮ', 'ᄫᅵ', 'ᄯᆞ', 'ᅇᅧ', '안']
```

[예제 12-16]은 글자의 코드 순서로 정렬한 것이어서 사전 순서와는 일치하지 않는다. 이 때문에 초성 마지막 자음인 'ㅎ' 다음에 'ㅲ'으로 시작하는 음절이 나타난다. 이것은 초성 자음 'ㅲ' 글자의 코드값이 'ㅎ'보다 뒤에 할당되었기 때문이다. 중성 모음과 종성 받침도 같은 이유로 글자 코드 배열과 사전 순서가 일치하지 않는 것이 있다.

- 음절 단위로 정렬하여 사전 형식으로 제시하면 총 81자로 정리된다. 이것을 빈도순으로 정렬할 수 있는데, t2bot 자모 처리기에서는 '자모3_사전목록__자모3목록()' 함수를 이용하여 한글 음절 단위로 추출한 것을 사전형(dict) 목록으로 변환하여 출력한다.

[예제 12-17] 음절 단위의 사전 목록 정렬

```
>>> 자모변환 = 자모.문자열_자모변환(훈민정음어제서문_1줄)
>>> 자모3_정보목록 = 자모.자모3_정보목록__자모3텍스트(자모변환)
>>> 자모3_사전목록 = 자모.자모3_사전목록__자모3목록(자모3_정보목록)
>>> PrintDictList_ByLine(자모3_사전목록)

0 :{'글자길이': 3, '자모3글자': '겨', '방점': '', '음절': '겨', 'freq': 2}
1 :{'글자길이': 3, '자모3글자': '고', '방점': '', '음절': '고', 'freq': 2}
2 :{'글자길이': 4, '자모3글자': '귁', '방점': '', '음절': '귁', 'freq': 1}
:
71 :{'글자길이': 3, '자모3글자': 'ᄒᆞ', '방점': '', '음절': 'ᄒᆞ', 'freq': 2}
72 :{'글자길이': 3, '자모3글자': 'ᄒᆞᆯ', '방점': '', '음절': 'ᄒᆞᆯ', 'freq': 1}
73 :{'글자길이': 3, '자모3글자': 'ᄒᆞᇙ', '방점': '', '음절': 'ᄒᆞᇙ', 'freq': 2}
74 :{'글자길이': 3, '자모3글자': 'ᄒᆡ', '방점': '', '음절': 'ᄒᆡ', 'freq': 1}
75 :{'글자길이': 3, '자모3글자': 'ᄠᅳ', '방점': '', '음절': 'ᄠᅳ', 'freq': 1}
76 :{'글자길이': 3, '자모3글자': 'ᄡᅮ', '방점': '', '음절': 'ᄡᅮ', 'freq': 1}
77 :{'글자길이': 3, '자모3글자': 'ᄫᅵ', '방점': '', '음절': 'ᄫᅵ', 'freq': 1}
78 :{'글자길이': 2, '자모3글자': 'ᄯᆞ', '방점': '', '음절': 'ᄯᆞ', 'freq': 1}
79 :{'글자길이': 3, '자모3글자': 'ᅇᅧ', '방점': '', '음절': 'ᅇᅧ', 'freq': 1}
80 :{'글자길이': 3, '자모3글자': '안', '방점': '', '음절': '안', 'freq': 1}
```

- 파이썬의 sort() 함수를 적용하면 사전 목록을 빈도순으로 정렬하여 출력한다.

[예제 12-18] 음절 단위의 빈도순 정렬

```
>>> 자모3_정보목록 = 자모.자모3_정보목록__텍스트(훈민정음어제서문_1줄)
>>> 자모3_사전목록 = 자모.자모3_사전목록__자모3목록(자모3_정보목록)
>>> 자모3_사전목록.sort(key = lambda wd: (-wd['freq'], wd['자모3음절'])) # by high freq, abc
>>> PrintDictList_ByLine(자모3_사전목록)

0 :{'글자길이': 3, '자모3글자': '니', '방점': '', '음절': '니', 'freq': 6}
1 :{'글자길이': 3, '자모3글자': '로', '방점': '', '음절': '로', 'freq': 4}
2 :{'글자길이': 3, '자모3글자': '이', '방점': '', '음절': '이', 'freq': 4}
:
15 :{'글자길이': 4, '자모3글자': '쫑', '방점': '', '음절': '쫑', 'freq': 2}
16 :{'글자길이': 3, '자모3글자': 'ᄒᆞ', '방점': '', '음절': 'ᄒᆞ', 'freq': 2}
17 :{'글자길이': 3, '자모3글자': 'ᄒᆞᇙ', '방점': '', '음절': 'ᄒᆞᇙ', 'freq': 2}
18 :{'글자길이': 4, '자모3글자': '귁', '방점': '', '음절': '귁', 'freq': 1}
19 :{'글자길이': 3, '자모3글자': 'ᄀᆞ', '방점': '', '음절': 'ᄀᆞ', 'freq': 1}
:
73 :{'글자길이': 3, '자모3글자': '홇', '방점': '', '음절': '홇', 'freq': 1}
74 :{'글자길이': 3, '자모3글자': '힁', '방점': '', '음절': '힁', 'freq': 1}
75 :{'글자길이': 3, '자모3글자': 'ᄠᅳ', '방점': '', '음절': 'ᄠᅳ', 'freq': 1}
76 :{'글자길이': 3, '자모3글자': '�ᅮ', '방점': '', '음절': 'ᄡᅮ', 'freq': 1}
77 :{'글자길이': 3, '자모3글자': '비', '방점': '', '음절': '비', 'freq': 1}
78 :{'글자길이': 2, '자모3글자': 'ᄽᅳ', '방점': '', '음절': 'ᄽᅳ', 'freq': 1}
79 :{'글자길이': 3, '자모3글자': 'ᅇᅧ', '방점': '', '음절': 'ᅇᅧ', 'freq': 1}
80 :{'글자길이': 3, '자모3글자': '안', '방점': '', '음절': '안', 'freq': 1}
```

훈민정음 서문을 한글 음절 단위로 정렬한 후에 사전 형식으로 정리하면 총 81글자이고, 이것을 빈도순으로 정렬하면 '니' 음절이 가장 많이 출현했음을 알 수 있다. 음절 '니' 다음으로 많이 등장한 글자는 음절 '로'이다.

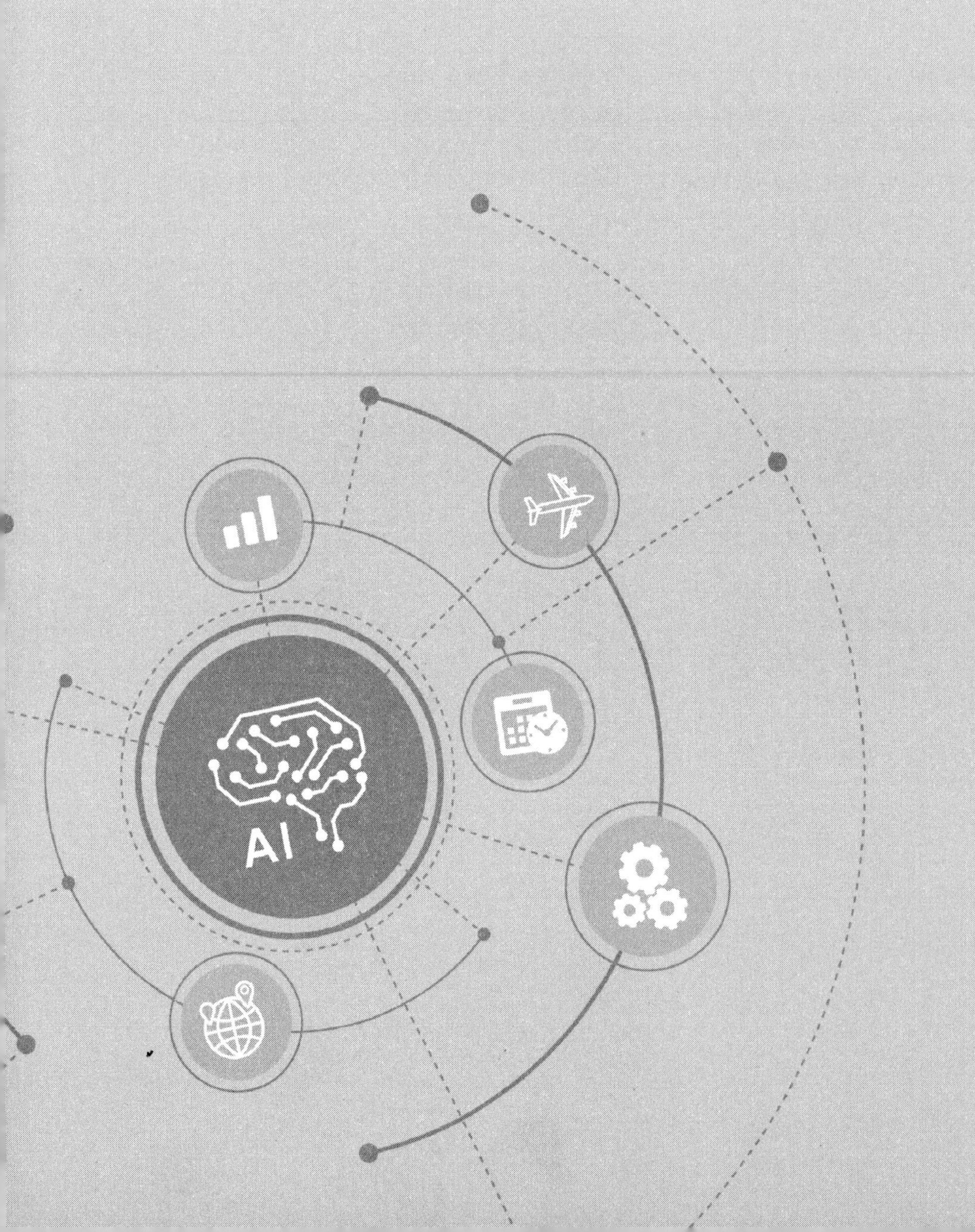
AI

PART 4

부 록

1. t2bot 한글 처리기
2. '훈민정음 해례(解例)' 통계
3. '훈민정음 해례(解例)' 용례

1. t2bot 한글 처리기

이 책에서는 t2bot.com에서 제공하는 한글 처리기를 중심으로 한글 처리에 필요한 이론적 내용과 파이썬 프로그래밍을 설명하였다. 이에 t2bot 한글 처리기에 대해 간단하게 소개한다. t2bot 한글 처리기는 총 5개의 파일로 구성되어 있다.

[표 부록-1] t2bot 한글 처리기 파일

모듈명	주요 기능
hgbasic.py	한글 처리 기초
hgchartype.py	글자 처리
hgunicode.py	유니코드 처리
hgwordlist.py	단어 처리
자모.py	자모 처리

주요 함수는 다음과 같다.

import hgbasic

PrintCodeValue_String: 문자열의 코드값 출력.

import hgchartype

get_scripts: 문자열의 문자 상태 반환.

HGGetToken: 문자열을 토큰으로 변환.

HGGetKeywordList: 문자열에서 키워드를 목록으로 반환.

import hgwordlist

GetKeywordList_File: 텍스트 파일에서 키워드 목록 반환.

GetWordDictList_WordList: 단어 목록을 사전형 목록으로 변환.

GetBackWordDictList__List: 단어 목록을 역방향 단어 사전 목록으로 변환.

GetBackWordDictList__DictList: 사전 목록을 역방향 단어 사전 목록으로 변환.

PrintWordDictList: 단어 사전 목록 출력.

PrintWordList: 단어 목록 출력.

import hgunicode

hgGetSyllable_inx: 한글 음절 인덱스 반환.

hgGetChoJungJongInx_Char: 한글 음절에 대한 초/중/종성 자모의 인덱스 반환.

hgGetChoJungJongString_Char: 한글 음절을 자모 문자열로 변환.

hgGetChoJungJongJamo_Char: 한글 음절에 대한 초/중/종성 자모 변환.

hgGetChoJungJongString: 문자열을 자모 문자열로 변환.

getSyllableSound: 한글 음절에 대한 자음/모음 구분.

getVoulHarmony: 한글 음절에 대한 양성/음성 모음 구분.

import 자모

문자열_자모변환: 문자열을 자모 문자열로 변환.

자모3_목록__자모3텍스트: 자모 문자열을 자모 음절 목록으로 변환.

자모3_목록__텍스트: 문자열을 자모 음절 목록으로 변환.

자모3_사전목록__자모3목록: 자모 음절 목록을 사전형 목록으로 변환.

자모3_사전목록_출력: 자모 음절 사전 목록 출력.

자모3_사전목록_통계출력: 자모 음절 사전 목록의 통계 출력.

자모3_음절경계_찾기: 자모 문자열에서 음절 경계 찾기.

자모_음절변환: 자모 문자열에서 한글 음절로 변환(현대 음절만).

자모찾고_중앙정렬__자모문자열: 자모 문자열에서 자모를 찾아 중앙 정렬 문자열 만들기.

자모찾기_목록__자모문자열: 자모 문자열에서 자모를 찾아 목록으로 반환.

훈민정음분석__텍스트: 문자열을 분석하여 다양한 음절 통계를 출력. 음절 사전 목록, 빈도 순서, 길이 순서, 1개 자모 목록, 한글 음절 목록, 한자 목록을 출력.

2. '훈민정음 해례(解例)' 통계

t2bot 자모 처리기를 이용하여 《훈민정음》해례를 중심으로 통계 처리를 실시하였다. t2bot 자모 처리기의 '훈민정음분석__텍스트()' 함수에 텍스트를 전달하면 음절 단위로 통계를 출력한다. 이 함수는 음절을 사전형(dict) 목록으로 변환한 후에 음절 사전 목록, 자모 목록, 음절 목록, 한자 목록을 출력해주며 사전 목록은 빈도 순서나 음절 길이 순서에 따라 정렬하여 출력한다.

[예제 부록-1] 훈민정음 해례 분석 실행

```
import 자모
자모.훈민정음분석__텍스트(훈민정음해례)

----- 자모 음절 사전
0 :{'음절길이': 1, '자모3음절': '\n', '음절': '\n', 'freq': 181}
1 :{'음절길이': 1, '자모3음절': '.', '음절': '.', 'freq': 1}
2 :{'음절길이': 2, '자모3음절': '가', '음절': '가', 'freq': 18}
3 :{'음절길이': 3, '자모3음절': '갑', '음절': '갑', 'freq': 1}
:
463 :{'음절길이': 1, '자모3음절': '點', '음절': '點', 'freq': 6}
464 :{'음절길이': 1, '자모3음절': '齒', '음절': '齒', 'freq': 14}

----- 자모 음절 빈도 순서 출력
1 : 라 { 라 } ( 165 )
2 : 니 { 니 } ( 147 )
3 : 는 { 는 } ( 120 )
:
462 : 皇 { 皇 } ( 1 )
463 : 談 { 談 } ( 1 )

----- 자모 음절 길이 순서 출력
1 : ᄼ { ᄼ } ( 2 )
2 : ᄽ { ᄽ } ( 2 )
3 : ᄾ { ᄾ } ( 2 )
:
462 : 흡 { 흡 } ( 2 )
463 : 힗 { 힗 } ( 2 )
```

```
----- 자모 음절 문자 상태별 출력
1 : line-feed ( 181 )
LF 개수: 1 (빈도 합계: 181 )

1 : . { . } ( 1 )
Sign 개수: 1 (빈도 합계: 1 )

1 : 一 { 一 } ( 2 )
2 : 上 { 上 } ( 3 )
3 : 下 { 下 } ( 3 )
:
124 : 點 { 點 } ( 6 )
125 : 齒 { 齒 } ( 14 )
한자 개수: 125 (빈도 합계: 624 )

1 : 가 { 가 } ( 18 )
2 : 갑 { 갑 } ( 1 )
3 : 강 { 강 } ( 3 )
:
337 : ㆆ { ㆆ } ( 18 )
338 : ㆍ { ㆍ } ( 4 )
한글 개수: 338 (빈도 합계: 2382 )

1 : 가 { 가 } ( 18 )
2 : 갑 { 갑 } ( 1 )
3 : 강 { 강 } ( 3 )
:
298 : 흡 { 흡 } ( 2 )
299 : 홇 { 홇 } ( 2 )
음절 개수: 299 (빈도 합계: 2225 )

1 : ᄼ { ᄼ } ( 2 )
2 : ᄽ { ᄽ } ( 2 )
3 : ᄾ { ᄾ } ( 2 )
:
38 : ㆆ { ㆆ } ( 18 )
39 : ㆍ { ㆍ } ( 4 )
자모 개수: 39 (빈도 합계: 157 )
```

위의 함수로 얻은 통계 결과를 표로 정리하면 다음과 같다. 목록은 코드순으로 정렬하였다.

[표 부록-2] '훈민정음 해례'의 음절 빈도

순서	글자	빈도	순서	글자	빈도	순서	글자	빈도
1	라	165	8	소	62	15	나	32
2	니	147	9	셩	55	16	뼝	32
3	ᄂᆞᆫ	120	10	聲	52	17	은	31
4	리	90	11	이	40	18	씨	29
5	ᄍᆞᆼ	86	12	ᄀᆞ	39	19	처	28
6	字	84	13	아	34	20	ᄎᆞᆼ	27
7	ᄒᆞ	76	14	ᄐᆞ	34			

[표 부록-3] '훈민정음 해례'의 자모

순서	글자	빈도	순서	글자	빈도	순서	글자	빈도
1	ᄼ	2	14	ㄹ	2	27	ㅓ	4
2	ᄽ	2	15	ㅁ	2	28	ㅕ	4
3	ᄾ	2	16	ㅂ	10	29	ㅗ	4
4	ᄿ	2	17	ㅅ	4	30	ㅛ	4
5	ᅎ	2	18	ㅇ	4	31	ㅜ	4
6	ᅏ	2	19	ㅈ	2	32	ㅠ	4
7	ᅐ	2	20	ㅊ	2	33	ㅡ	3
8	ᅑ	2	21	ㅋ	2	34	ㅣ	12
9	ᅔ	2	22	ㅌ	2	35	ㅸ	6
10	ᅕ	2	23	ㅍ	2	36	ㅿ	2
11	ㄱ	12	24	ㅎ	2	37	ㆁ	2
12	ㄴ	2	25	ㅏ	4	38	ㆆ	18
13	ㄷ	10	26	ㅑ	4	39	ㆍ	4

[표 부록-4] '훈민정음 해례'의 '초성+중성' 음절

순서	글자	빈도	순서	글자	빈도	순서	글자	빈도
1	가	18	38	ᄆᆞ	4	75	ᄋᆞ	1
2	겨	10	39	배	2	76	제	2
3	고	8	40	브	3	77	져	3
4	과	1	41	비	3	78	지	8
5	그	7	42	ᄇᆡ	2	79	처	28
6	긔	2	43	사	2	80	체	4
7	기	4	44	새	2	81	치	1
8	ᄀᆞ	39	45	서	2	82	ᄎᆞ	2

순서	글자	빈도	순서	글자	빈도	순서	글자	빈도
9	나	32	46	셔	3	83	치	1
10	내	3	47	소	62	84	킈	1
11	너	2	48	수	1	85	터	1
12	녀	4	49	쉬	1	86	텨	2
13	노	7	50	스	3	87	티	2
14	니	147	51	시	14	88	ᄐᆞ	34
15	ᄂᆞ	12	52	ᄉᆞ	2	89	펴	25
16	다	6	53	쏘	16	90	하	1
17	더	3	54	쓰	10	91	혀	5
18	뎌	1	55	씨	29	92	혜	1
19	도	4	56	ᄊᆞ	2	93	히	6
20	두	1	57	ᄊᆡ	2	94	ᄒᆞ	76
21	디	13	58	아	34	95	ᄒᆡ	3
22	ᄃᆞ	2	59	애	1	96	ᄔᆞ	2
23	ᄃᆡ	2	60	야	7	97	ᄠᅳ	10
24	라	165	61	어	8	98	ᄡᅮ	1
25	래	3	62	에	1	99	ᄡᅳ	8
26	러	3	63	여	2	100	ᄫᅡ	8
27	로	10	64	예	7	101	ᄫᅳ	2
28	르	3	65	오	8	102	ᄫᅵ	1
29	리	90	66	와	18	103	ᄯᆞ	2
30	ᄅᆞ	7	67	왜	1	104	ᄲᆡ	2
31	마	2	68	외	1	105	ᅀᅡ	1
32	매	2	69	요	1	106	ᅀᅥ	2
33	머	2	70	우	6	107	ᅀᅳ	1
34	메	2	71	워	1	108	ᅇᅧ	2
35	모	5	72	유	1	109	에	2
36	므	1	73	으	1			
37	미	11	74	이	40			

[표 부록-5] '훈민정음 해례'의 '초성+중성+종성' 음절

순서	글자	빈도	순서	글자	빈도	순서	글자	빈도
1	갑	1	65	붑	3	129	침	4
2	강	3	66	빎	2	130	칭	13
3	ᄀᆞᆼ	1	67	ᄇᆡᆨ	3	131	출	1
4	공	2	68	뺌	2	132	ᄎᆞᆷ	1
5	군	4	69	뼌	4	133	ᄎᆞᆼ	2

순서	글자	빈도	순서	글자	빈도	순서	글자	빈도
6	귁	8	70	뺑	2	134	컹	2
7	글	2	71	뽕	2	135	켱	2
8	금	1	72	뿡	3	136	쾡	2
9	긋	1	73	뿗	2	137	통	4
10	길	1	74	샨	1	138	틀	1
11	ᄀᆞᆯ	10	75	샹	2	139	ᄐᆞᆫ	4
12	끟	2	76	셩	11	140	ᄐᆞᆯ	1
13	꼉	2	77	셩	55	141	펼	1
14	날	1	78	솅	1	142	평	1
15	남	1	79	송	2	143	퓽	2
16	낭	2	80	숣	4	144	ᄑᆞᆫ	3
17	냉	3	81	슬	1	145	한	3
18	논	12	82	신	5	146	할	1
19	는	16	83	실	3	147	헝	2
20	님	1	84	ᄉᆞᆼ	2	148	혓	2
21	ᄂᆞᆫ	120	85	썅	2	149	홇	2
22	ᄂᆞᆺ	2	86	썅	4	150	훈	3
23	달	1	87	쏣	6	151	흘	1
24	당	2	88	쎵	2	152	ᄒᆞᆫ	7
25	뎜	6	89	쓘	7	153	ᄒᆞᆯ	4
26	뎅	1	90	쓸	1	154	ᄒᆞᇙ	2
27	둘	2	91	씹	4	155	힐	1
28	둫	2	92	엄	4	156	ᄡᆞᇙ	1
29	듕	18	93	업	2	157	ᄡᅳᆯ	1
30	득	2	94	열	1	158	ᄫᅳᆯ	1
31	들	2	95	엿	2	159	ᄫᆞᆫ	2
32	듧	1	96	영	4	160	ᄫᅧᆯ	1
33	ᄃᆞᆫ	1	97	옛	1	161	셸	1
34	딧	11	98	온	12	162	샹	4
35	땀	5	99	올	1	163	섬	24
36	똥	3	100	왼	2	164	션	2
37	뚷	5	101	욀	1	165	셩	25
38	랏	2	102	욕	7	166	슬	2
39	랫	1	103	용	7	167	신	3
40	런	1	104	울	8	168	십	3
41	련	2	105	웃	1	169	싱	10
42	령	2	106	웡	2	170	싫	2
43	륭	2	107	은	31	171	습	1

순서	글자	빈도	순서	글자	빈도	순서	글자	빈도
44	를	2	108	을	3	172	앙	5
45	린	1	109	읫	2	173	언	2
46	릴	1	110	일	1	174	업	4
47	ᄅᆞᆯ	8	111	입	10	175	엉	4
48	ᄅᆞᆷ	1	112	잇	1	176	ᄋᆞᆼ	2
49	말	3	113	잉	4	177	웋	5
50	면	21	114	ᄋᆞᆫ	17	178	윙	2
51	목	4	115	장	2	179	ᄋᆡᆼ	2
52	ᄆᆞᆫ	1	116	쟝	2	180	ᅘᅡᆸ	3
53	문	3	117	젼	2	181	ᅘᅣᆼ	3
54	뭉	2	118	졍	7	182	ᅘᅩᆼ	2
55	믄	1	119	졩	5	183	ᅘᅭᆼ	4
56	믈	4	120	종	1	184	ᅘᅪᆼ	1
57	민	6	121	즁	7	185	ᅘᅲᆼ	5
58	밍	2	122	즉	10	186	한	2
59	ᄆᆞᆺ	5	123	징	6	187	헝	6
60	ᄝᅵᆼ	2	124	쪙	2	188	흠	27
61	반	4	125	쫑	86	189	흡	2
62	ᄫᅡ	2	126	총	27	190	힗	2
63	ᄫᅥ	32	127	ᄎᆞᆨ	2			
64	ᄫᅧ	6	128	칠	1			

[표 부록-6] '훈민정음 해례'의 한글 음절

순서	글자	빈도	순서	글자	빈도	순서	글자	빈도
1	가	18	101	배	2	201	징	6
2	갑	1	102	ᄫᅥ	32	202	쪙	2
3	강	3	103	ᄫᅧ	6	203	쫑	86
4	ᄀᆞᆼ	1	104	ᄫᅮ	3	204	처	28
5	겨	10	105	브	3	205	체	4
6	고	8	106	비	3	206	총	27
7	공	2	107	ᄫᅵ	2	207	ᄎᆞᆨ	2
8	과	1	108	빅	2	208	치	1
9	군	4	109	ᄇᆡᆨ	3	209	칠	1
10	귁	8	110	ᄈᆞᆷ	2	210	침	4
11	그	7	111	ᄈᆞᆫ	4	211	칭	13
12	글	2	112	ᄈᆞᆼ	2	212	ᄎᆞ	2

순서	글자	빈도	순서	글자	빈도	순서	글자	빈도
13	금	1	113	뽕	2	213	출	1
14	긋	1	114	뿡	3	214	츰	1
15	긔	2	115	뿛	2	215	ᄎᆞᆼ	2
16	기	4	116	사	2	216	ᄎᆡ	1
17	길	1	117	새	2	217	컹	2
18	ᄀᆞ	39	118	샤	1	218	켱	2
19	ᄀᆞᆯ	10	119	샹	2	219	쾡	2
20	끓	2	120	서	2	220	킈	1
21	꼉	2	121	셔	3	221	터	1
22	나	32	122	셩	11	222	텨	2
23	날	1	123	셩	55	223	통	4
24	남	1	124	솅	1	224	틀	1
25	낭	2	125	소	62	225	티	2
26	내	3	126	송	2	226	ᄐᆞ	34
27	냉	3	127	수	1	227	ᄐᆞᆫ	4
28	너	2	128	쉬	1	228	ᄐᆞᆯ	1
29	녀	4	129	숧	4	229	펴	25
30	노	7	130	스	3	230	폘	1
31	논	12	131	슬	1	231	평	1
32	는	16	132	시	14	232	픓	2
33	니	147	133	신	5	233	ᄑᆞᆫ	3
34	님	1	134	실	3	234	하	1
35	ᄂᆞ	12	135	ᄉᆞ	2	235	한	3
36	ᄂᆞᆫ	120	136	ᄉᆞᆼ	2	236	할	1
37	ᄂᆞᆺ	2	137	썅	2	237	헝	2
38	다	6	138	썅	4	238	혀	5
39	달	1	139	쎯	6	239	혓	2
40	당	2	140	쎵	2	240	혜	1
41	더	3	141	쏘	16	241	홇	2
42	뎌	1	142	쓶	7	242	훈	3
43	뎜	6	143	쓰	10	243	흘	1
44	뎽	1	144	쓸	1	244	히	6
45	도	4	145	씨	29	245	ᄒᆞ	76
46	두	1	146	씹	4	246	ᄒᆞᆫ	7
47	둘	2	147	ᄊᆞ	2	247	ᄒᆞᆯ	4
48	둟	2	148	ᄊᆡ	2	248	ᄒᆞᆶ	2
49	ᄃᆞᆶ	18	149	아	34	249	ᄒᆡ	3
50	득	2	150	애	1	250	힐	1

순서	글자	빈도	순서	글자	빈도	순서	글자	빈도
51	들	2	151	야	7	251	ᄂᆞ	2
52	듧	1	152	어	8	252	ᄠᅳ	10
53	디	13	153	엄	4	253	ᄡᅮ	1
54	ᄃᆞ	2	154	업	2	254	ᄡᅮᆭ	1
55	ᄃᆞᆫ	1	155	에	1	255	ᄡᅳ	8
56	ᄃᆡ	2	156	여	2	256	ᄡᅳᆯ	1
57	ᄃᆡᆺ	11	157	열	1	257	바	8
58	ᄠᅡᆷ	5	158	엿	2	258	ᄇᆞ	2
59	ᄯᅩᆼ	3	159	영	4	259	블	1
60	ᄯᅮᇂ	5	160	예	7	260	ᄫᅵ	1
61	라	165	161	옛	1	261	ᄇᆞᆫ	2
62	랏	2	162	오	8	262	ᄇᆞᆯ	1
63	래	3	163	온	12	263	ᄉᆞ	2
64	랫	1	164	올	1	264	ᄉᆡ	2
65	러	3	165	와	18	265	ᄉᆡᆯ	1
66	런	1	166	왜	1	266	ᅀᅡ	1
67	련	2	167	외	1	267	ᅀᅣᆼ	4
68	령	2	168	원	2	268	ᅀᅥ	2
69	로	10	169	월	1	269	ᅀᅥᆷ	24
70	륳	2	170	요	1	270	ᅀᅧᆫ	2
71	르	3	171	욕	7	271	ᅀᅧᆼ	25
72	를	2	172	용	7	272	ᅀᅳ	1
73	리	90	173	우	6	273	ᅀᅳᆯ	2
74	린	1	174	울	8	274	ᅀᅵᆫ	3
75	릴	1	175	웃	1	275	ᅀᅵᆸ	3
76	ᄅᆞ	7	176	워	1	276	ᅀᅵᆼ	10
77	ᄅᆞᆯ	8	177	웡	2	277	ᅀᅵᆶ	2
78	ᄅᆞᆷ	1	178	유	1	278	ᅀᅳᆸ	1
79	마	2	179	으	1	279	ᅇᅧ	2
80	말	3	180	은	31	280	앙	5
81	매	2	181	을	3	281	언	2
82	머	2	182	읫	2	282	업	4
83	메	2	183	이	40	283	엉	4
84	면	21	184	일	1	284	에	2
85	모	5	185	입	10	285	웅	2
86	목	4	186	잇	1	286	욹	5
87	몬	1	187	잉	4	287	웡	2
88	문	3	188	ᄋᆞ	1	288	윙	2

순서	글자	빈도	순서	글자	빈도	순서	글자	빈도
89	뭉	2	189	ᄋᆞᆫ	17	289	햡	3
90	므	1	190	장	2	290	ᅘᅣᆼ	3
91	믄	1	191	쟝	2	291	ᅘᅩᆼ	2
92	믈	4	192	제	2	292	ᅘᅭᆼ	4
93	미	11	193	져	3	293	ᅘᅪᆼ	1
94	민	6	194	젼	2	294	ᅘᅲᆼ	5
95	밍	2	195	졍	7	295	한	2
96	ᄆᆞ	4	196	졩	5	296	헝	6
97	ᄆᆞᆺ	5	197	종	1	297	흠	27
98	ᄆᆡᆼ	2	198	즁	7	298	흡	2
99	반	4	199	즉	10	299	힗	2
100	밝	2	200	지	8			

[표 부록-7] '훈민정음 해례'의 한글 음절과 자모 정렬

순서	글자	빈도	순서	글자	빈도	순서	글자	빈도
1	가	18	114	뽕	3	227	튼	4
2	갑	1	115	뿡	2	228	틀	1
3	강	3	116	사	2	229	펴	25
4	강	1	117	새	2	230	펼	1
5	겨	10	118	샤	1	231	평	1
6	고	8	119	샹	2	232	퓽	2
7	공	2	120	서	2	233	픈	3
8	과	1	121	셔	3	234	하	1
9	군	4	122	성	11	235	한	3
10	궉	8	123	셩	55	236	할	1
11	그	7	124	솅	1	237	헝	2
12	글	2	125	소	62	238	혀	5
13	금	1	126	송	2	239	혓	2
14	긋	1	127	수	1	240	혜	1
15	긔	2	128	쉬	1	241	홇	2
16	기	4	129	숧	4	242	훈	3
17	길	1	130	스	3	243	흘	1
18	ᄀᆞ	39	131	슬	1	244	히	6
19	ᄀᆞᆯ	10	132	시	14	245	ᄒᆞ	76
20	끄ᇹ	2	133	신	5	246	ᄒᆞᆫ	7
21	꾱	2	134	실	3	247	ᄒᆞᆯ	4
22	나	32	135	ᄉᆞ	2	248	ᄒᆞᇙ	2

순서	글자	빈도	순서	글자	빈도	순서	글자	빈도
23	날	1	136	ᄉᆞᆼ	2	249	ᄒᆡ	3
24	남	1	137	썅	2	250	힐	1
25	낭	2	138	썅	4	251	ᄔᆞ	2
26	내	3	139	쎯	6	252	ᄣᅳ	10
27	냉	3	140	쎵	2	253	ᄡᅮ	1
28	너	2	141	쏘	16	254	ᄡᅮᇙ	1
29	녀	4	142	쑨	7	255	ᄡᅳ	8
30	노	7	143	쓰	10	256	ᄡᅳᆯ	1
31	논	12	144	쓸	1	257	ᄫᅡ	8
32	는	16	145	씨	29	258	ᄫᅳ	2
33	니	147	146	씹	4	259	ᄫᅳᆯ	1
34	님	1	147	ᄊᆞ	2	260	ᄫᅵ	1
35	ᄂᆞ	12	148	ᄊᆡ	2	261	ᄫᆞᆫ	2
36	ᄂᆞᆫ	120	149	아	34	262	ᄫᆞᆯ	1
37	ᄂᆞᆺ	2	150	애	1	263	ᄯᆞ	2
38	다	6	151	야	7	264	ᄲᆡ	2
39	달	1	152	어	8	265	ᄲᅧᆯ	1
40	당	2	153	엄	4	266	ᄼ	2
41	더	3	154	업	2	267	ᄽ	2
42	뎌	1	155	에	1	268	ᄾ	2
43	뎜	6	156	여	2	269	ᄿ	2
44	뎽	1	157	열	1	270	ᅀᅡ	1
45	도	4	158	엿	2	271	ᅀᅣᆼ	4
46	두	1	159	영	4	272	ᅀᅥ	2
47	둘	2	160	예	7	273	ᅀᅥᆷ	24
48	둟	2	161	옛	1	274	ᅀᅧᆫ	2
49	듕	18	162	오	8	275	ᅀᅧᆼ	25
50	득	2	163	온	12	276	ᅀᅳ	1
51	들	2	164	올	1	277	ᅀᅳᆯ	2
52	듧	1	165	와	18	278	ᅀᅵᆫ	3
53	디	13	166	왜	1	279	ᅀᅵᆸ	3
54	ᄃᆞ	2	167	외	1	280	ᅀᅵᆼ	10
55	ᄃᆞᆫ	1	168	원	2	281	ᅀᅵᆶ	2
56	ᄃᆡ	2	169	월	1	282	ᅀᅳᆸ	1
57	ᄃᆡᆺ	11	170	요	1	283	ᅇᅧ	2
58	ᄯᅡᆷ	5	171	욕	7	284	앙	5
59	ᄯᅩᆼ	3	172	용	7	285	언	2
60	ᄯᅮᆼ	5	173	우	6	286	업	4

순서	글자	빈도	순서	글자	빈도	순서	글자	빈도
61	라	165	174	울	8	287	엉	4
62	랏	2	175	웃	1	288	에	2
63	래	3	176	워	1	289	웅	2
64	랫	1	177	웡	2	290	웋	5
65	러	3	178	유	1	291	윙	2
66	런	1	179	으	1	292	ᅌᅵᆼ	2
67	련	2	180	은	31	293	ᅎ	2
68	령	2	181	을	3	294	ᅏ	2
69	로	10	182	읫	2	295	ᅐ	2
70	륭	2	183	이	40	296	ᅑ	2
71	르	3	184	일	1	297	ᅔ	2
72	를	2	185	입	10	298	ᅕ	2
73	리	90	186	잇	1	299	햡	3
74	린	1	187	잉	4	300	ᅘᅣᆼ	3
75	릴	1	188	ᄋᆞ	1	301	ᅘᅩᆼ	2
76	ᄅᆞ	7	189	ᄋᆞᆫ	17	302	ᅘᅭᆼ	4
77	ᄅᆞᆯ	8	190	장	2	303	ᅘᅪᆼ	1
78	ᄅᆞᆷ	1	191	쟝	2	304	ᅘᅮᆼ	5
79	마	2	192	제	2	305	한	2
80	말	3	193	져	3	306	헝	6
81	매	2	194	젼	2	307	ᄒᆞᆷ	27
82	머	2	195	졍	7	308	ᄒᆞᆸ	2
83	메	2	196	졩	5	309	ᄒᆞᆶ	2
84	면	21	197	죵	1	310	ㄱ	12
85	모	5	198	즁	7	311	ㄴ	2
86	목	4	199	즉	10	312	ㄷ	10
87	몬	1	200	지	8	313	ㄹ	2
88	문	3	201	징	6	314	ㅁ	2
89	뭉	2	202	쪙	2	315	ㅂ	10
90	므	1	203	쭝	86	316	ㅅ	4
91	믄	1	204	처	28	317	ㅇ	4
92	믈	4	205	체	4	318	ㅈ	2
93	미	11	206	총	27	319	ㅊ	2
94	민	6	207	쵹	2	320	ㅋ	2
95	밍	2	208	치	1	321	ㅌ	2
96	ᄆᆞ	4	209	칠	1	322	ㅍ	2
97	ᄆᆞᆺ	5	210	침	4	323	ㅎ	2
98	ᄆᆡᆼ	2	211	칭	13	324	ㅏ	4

순서	글자	빈도	순서	글자	빈도	순서	글자	빈도
99	반	4	212	ᄎᆞ	2	325	ㅑ	4
100	밣	2	213	출	1	326	ㅓ	4
101	배	2	214	츰	1	327	ㅕ	4
102	벓	32	215	ᄎᆞᆼ	2	328	ㅗ	4
103	볋	6	216	ᄎᆡ	1	329	ㅛ	4
104	붏	3	217	컹	2	330	ㅜ	4
105	브	3	218	켱	2	331	ㅠ	4
106	비	3	219	쾡	2	332	ㅡ	3
107	빓	2	220	킈	1	333	ㅣ	12
108	ᄇᆡ	2	221	터	1	334	ㅸ	6
109	ᄇᆡᆨ	3	222	텨	2	335	ㅿ	2
110	뻠	2	223	통	4	336	ㆁ	2
111	뼌	4	224	틀	1	337	ㆆ	18
112	뺑	2	225	티	2	338	ㆍ	4
113	뽕	2	226	ᄐᆞ	34			

[표 부록-8] '훈민정음 해례'의 한자

순서	글자	빈도	순서	글자	빈도	순서	글자	빈도
1	一	2	43	字	84	85	漢	3
2	上	3	44	安	2	86	無	2
3	下	3	45	宗	1	87	然	2
4	不	3	46	左	2	88	爲	4
5	世	1	47	帝	1	89	牙	5
6	並	8	48	常	1	90	用	7
7	中	18	49	平	3	91	異	2
8	乃	3	50	彆	4	92	發	24
9	之	6	51	彌	2	93	百	3
10	乎	2	52	得	2	94	皇	1
11	予	2	53	御	2	95	相	2
12	二	4	54	復	2	96	矣	2
13	人	3	55	必	2	97	穰	4
14	伸	2	56	快	2	98	終	7
15	使	2	57	急	2	99	習	2
16	侵	4	58	情	2	100	者	2
17	便	4	59	愚	2	101	而	4
18	促	2	60	慈	2	102	耳	2
19	入	3	61	憫	2	103	聲	52

20	八	2	62	戌	4	104	脣	7
21	其	2	63	成	2	105	與	2
22	凡	2	64	所	2	106	舌	6
23	初	27	65	挹	2	107	虛	2
24	別	2	66	故	2	108	虯	2
25	制	2	67	文	3	109	製	3
26	則	6	68	斗	2	110	覃	4
27	加	3	69	新	2	111	言	2
28	十	2	70	於	6	112	訓	3
29	半	4	71	日	2	113	語	2
30	南	1	72	易	2	114	談	1
31	卽	4	73	書	11	115	輕	2
32	去	2	74	有	3	116	通	4
33	右	2	75	業	4	117	連	2
34	合	3	76	欲	7	118	那	2
35	同	3	77	正	7	119	邪	2
36	君	4	78	此	2	120	閭	2
37	呑	4	79	步	2	121	附	3
38	喉	5	80	民	4	122	音	27
39	國	8	81	江	1	123	頭	5
40	多	2	82	洪	4	124	點	6
41	如	25	83	流	2	125	齒	14
42	姓	3	84	漂	2			

3. '훈민정음 해례(解例)' 용례

텍스트에서 음절 및 자모 목록을 추출하였다면 해당 음절이나 단어가 사용된 용례를 추출할 수 있다. 그러나 용례를 추출하기 전에 먼저 찾고자 하는 옛한글 음절을 입력할 수 있어야 한다. 옛한글 음절 입력은 자모를 초성, 중성, 종성으로 음절 조합 순서에 맞게 차례대로 지정하여 문자열로 전달하면 된다.

옛한글 음절 문자열 입력

옛한글은 한글이나 영문과 달리 입력하는 것이 쉽지 않다. 옛한글 입출력을 지원하는 응용 프로그램에서는 입력 자판을 교체하여 옛한글 음절을 입력할 수 있지만, 윈도 입력창이나 인터넷 홈페이지 등에서는 옛한글을 입력하기 어렵다.

t2bot 한글 처리기에서 옛한글 검색어는 두 가지 방법으로 입력할 수 있다. 첫째는 검색하고자 하는 글자를 문자열로 직접 입력하는 것이다. 유니코드 홈페이지에서 옛한글 자모 글자를 복사하거나 옛한글을 지원하는 다른 프로그램에서 검색어를 입력한 후 이것을 복사하여 넣는 것이다.

또 다른 방법은 t2bot 한글 처리기에서 정의한 옛한글 자모를 문자열로 연결하는 방법이다. t2bot 한글 처리기에서는 초성, 중성, 종성 자모를 키보드만으로 입력할 수 있도록 상수로 정의하여 옛한글 자모 글자를 직접 입력하지 않고도 옛한글 음절을 조합할 수 있다.

t2bot 한글 처리기에서 옛한글 자모 글자를 입력하는 방법은 다음과 같다.

- 중성 모음 아래아 'ㆍ'는 '자모.옛중성_아' 입력 ⇒ 'ㆍ'

- 'ᄒᆞ' 음절은 '자모.초성_ㅎ + 자모.옛중성_아'를 입력하면 '초성+중성'의 음절로 입력 ⇒ 'ᄒᆞ' 문자열 완성

- 'ᆞᆫ' 음절은 '자모.옛중성_아 + 자모.종성_ㄴ'을 입력하면 '중성+종성'의 음절로 입력 ⇒ 'ᆞᆫ' 문자열 완성

[예제 부록-2] t2bot 자모 처리기에서 한글 자모의 정의(자모.py)

```
# 초성_자모 'ᄀ ᄁ ᄂ ᄃ ᄄ ᄅ ᄆ ᄇ ᄈ ᄉ ᄊ ᄋ ᄌ ᄍ ᄎ ᄏ ᄐ ᄑ ᄒ'
# Hangul Jamo (0x1110-0x1112)
# 변수명은 키보드에서 입력가능한 문자를 사용해야 하므로 Hangul Compatibility Jamo 이고,
실제값은 Hangul Jamo (0x1110-0x1112)이다
초성_ㄱ = 'ᄀ' # 4352 0x1100
초성_ㄲ = 'ᄁ' # 4353 0x1101
초성_ㄴ = 'ᄂ' # 4354 0x1102
:
중성_ㅏ = 'ᅣ' # 4449 0x1161'
중성_ㅐ = 'ᅤ' # 4450 0x1162'
```

```
중성_ㅑ = 'ᅣ' # 4451 0x1163'
:
종성_ㄱ = 'ᆨ' # 4520 0x11a8
종성_ㄲ = 'ᆩ' # 4521 0x11a9
종성_ㄳ = 'ᆪ' # 4522 0x11aa
:

# 옛초성_자모 'ᄓ ᄔ ᄕ ᄖ ᄗ ᄘ ᄙ ᄚ ᄛ ᄜ ᄝ ᄞ ᄟ ᄠ ᄡ ᄢ ᄣ ᄤ ᄥ ᄦ ᄧ ᄨ ᄩ ᄪ ᄫ
ᄬ ᄭ ᄮ ᄯ ᄰ ᄱ ᄲ ᄳ ᄴ ᄵ ᄶ ᄷ ᄸ ᄹ ᄺ ᄻ ᄼ ᄽ ᄾ ᄿ ᅀ ᅁ ᅂ ᅃ ᅄ ᅅ ᅆ ᅇ ᅈ ᅉ
ᅊ ᅋ ᅌ ᅍ ᅎ ᅏ ᅐ ᅑ ᅒ ᅓ ᅔ ᅕ ᅖ ᅗ ᅘ ᅙ ᅚ ᅛ ᅜ ᅝ ᅞ'
옛초성_ㄴㄱ = 'ᄓ' # 4371 0x1113
옛초성_ㄴㄴ = 'ᄔ' # 4372 0x1114
옛초성_ㄴㄷ = 'ᄕ' # 4373 0x1115
:

# 옛종성_자모
옛종성_ㄱㄹ = 'ᇃ' # 4547 0x11c3
옛종성_ㄱㅅㄱ = 'ᇄ' # 4548 0x11c4
옛종성_ㄴㄱ = 'ᇅ' # 4549 0x11c5
:
```

용례 추출

이 책에서는 훈민정음 서문과 해례를 대상으로 자모 검색을 이용하여 용례를 추출하고 사용자가 보기 좋도록 중앙 정렬 방식으로 출력하였다. 다음과 같은 검색어로 용례를 추출하였다.

[표 부록-9] 용례 추출 검색어

텍스트	검색어
훈민정음 서문	아래아 '·'
	종성 'ㅅ'
	거성(방점) '·'
	상성(방점) ':'

텍스트	검색어
훈민정음 해례	초성 순경음 비읍 'ㅸ'
	초성 옛이응 'ㆁ'
	초성 반치음 'ㅿ'
	초성 여린히읗 'ㆆ'
	초성+중성 'ᄒᆞ'
	중성+종성 'ᆞᆫ'

위의 용례 추출을 위한 소스 코드는 다음과 같다.

[예제 부록-3] 자모 음절 추출 및 중앙 정렬

```
import 자모
from 자모_훈민정음 import 훈민정음어제서문
from 자모_훈민정음 import 훈민정음어제서문_1줄
from 자모_훈민정음 import 훈민정음해례

#-----------------------------
서문_자모열 = 자모.문자열_자모변환(훈민정음어제서문)
해례_자모열 = 자모.문자열_자모변환(훈민정음해례)

#-----------------------------
print ('----- 훈민정음어제서문에서 아래아 찾기')
자모.자모찾고_중앙정렬__자모문자열(서문_자모열, 자모.옛중성_아, 중앙정렬_여백=5)

print ("----- 훈민정음어제서문에서 종성 'ㅅ' 찾기")
자모.자모찾고_중앙정렬__자모문자열(서문_자모열, 자모.종성_ㅅ, 중앙정렬_여백=5)

print ("----- 훈민정음어제서문에서 거성 방점1개 찾기")
자모.자모찾고_중앙정렬__자모문자열(서문_자모열, 자모.__방점1__, 중앙정렬_여백=5)

print ("----- 훈민정음어제서문에서 상성 방점2개 찾기")
자모.자모찾고_중앙정렬__자모문자열(서문_자모열, 자모.__방점2__, 중앙정렬_여백=5)

#-----------------------------
print ("----- [훈민정음해례]에서 초성 가벼운(순경음) ㅂ 'ㅸ' 찾기")
자모.자모찾고_중앙정렬__자모문자열(해례_자모열, 자모.옛초성_ㅂㅇ, 중앙정렬_여백=5)
```

```
print ("----- [훈민정음해례]에서 초성 옛이응 'ㆁ' 찾기")
자모.자모찾고_중앙정렬__자모문자열(해례_자모열, 'ㆁ', 중앙정렬_여백=5)

print ("----- [훈민정음해례]에서 초성 반치음 'ㅿ' 찾기")
자모.자모찾고_중앙정렬__자모문자열(해례_자모열, 'ㅿ', 중앙정렬_여백=5)

print ("----- [훈민정음해례]에서 초성 여린히읗 'ㆆ' 찾기")
자모.자모찾고_중앙정렬__자모문자열(해례_자모열, 'ㆆ', 중앙정렬_여백=5)

print ("----- [훈민정음해례]에서 초성+중성 'ᄒᆞ' 찾기")
자모.자모찾고_중앙정렬__자모문자열(해례_자모열, 'ᄒᆞ', 중앙정렬_여백=5)

print ("----- [훈민정음해례]에서 중성+종성 'ᆞᆫ' 찾기")
찾는자모열 = 자모.옛중성_아 + 자모.종성_ㄴ
자모.자모찾고_중앙정렬__자모문자열(해례_자모열, 찾는자모열, 중앙정렬_여백=5)
```

위의 실행 결과는 다음과 같이 표로 정리하였다. 용례 출력 목록에서는 시각적 효과를 위해서 공백 문자는 '_'으로, 줄 바꿈 문자는 '⌧'으로 바꾸었다.

[표 부록-10] 'ㆍ' 용례

1	_⌧나랏:말	ᄊᆞ	·미_듕·귁에
2	___⌧문	ᄍᆞᆼ	·와로_서르
3	·로_서르_	ᄉᆞ	ᄆᆞᆺ·디_아니
4	_서르_ᄉᆞ	ᄆᆞᆺ	·디_아니ᄒᆞᆯ
5	ᄆᆞᆺ·디_아니	ᄒᆞᆯ	씨⌧___
6	⌧이런_젼	ᄎᆞ	·로_어린_
7	____⌧	ᄆᆞ	·ᄎᆞᆷ:내_제_
8	___⌧ᄆᆞ	ᄎᆞᆷ	:내_제_ᄠᅳ
9	펴·디_몯_	ᄒᆞᇙ	_·노·미_하
10	_⌧내_이	·ᄅᆞᆯ	_윙·ᄒᆞ야_
11	_·이·ᄅᆞᆯ_윙	·ᄒᆞ	야_어엿비
12	믈_여듧_	ᄍᆞᆼ	·ᄅᆞᆯ_밍·ᄀᆞ노
13	_여듧_ᄍᆞᆼ	·ᄅᆞᆯ	_밍·ᄀᆞ노·니
14	_ᄍᆞᆼ·ᄅᆞᆯ_밍	·ᄀᆞ	노·니⌧__
15	⌧뼌안킈_	ᄒᆞ	·고·져_ᄒᆞᇙ_
16	_ᄒᆞ·고·져_	ᄒᆞᇙ	_ᄯᆞᄅᆞ·미니
17	·고·져_ᄒᆞᇙ_	ᄯᆞ	ᄅᆞ·미니라⌧
18	·져_ᄒᆞᇙ_ᄯᆞ	ᄅᆞ	·미니라⌧_

[표 부록-11] 종성 'ㅅ' 용례

1	___⊠나 ᄅᆞᆺ :말ᄊᆞ·미_듀ᇰ
2	_서르_ᄉᆞ ᄆᆞᆺ ·디_아니ᄒᆞᆯ
3	·ᅌᅱᆼ·ᄒᆞ야_·어 엿 ·비_너·겨⊠

[표 부록-12] 거성(방점) '·' 용례

1	___⊠나 ᄅᆞᆺ :말ᄊᆞ·미_듀ᇰ	32	·노·미_하·니 라 ⊠___
2	⊠나ᄅᆞᆺ:말ᄊᆞ ·미 _듀ᇰ귁에_	33	___⊠ ·내 _·이·ᄅᆞᆯ_ᅌᅱᆼ
3	:말ᄊᆞ·미_듀ᇰ 귁 에_달아⊠	34	__⊠·내_ ·이 ·ᄅᆞᆯ_ᅌᅱᆼ·ᄒᆞ야
4	ᄊᆞ·미_듀ᇰ귁 에 _달아⊠_	35	_⊠·내_·이 ·ᄅᆞᆯ _ᅌᅱᆼ·ᄒᆞ야_
5	듀ᇰ귁에_달 아 ⊠___	36	·내_·이·ᄅᆞᆯ_ ᅌᅱᆼ ·ᄒᆞ야_:어엿
6	___⊠문 ·ᄍᆞᆼ ·와로_서르	37	_·이·ᄅᆞᆯ_ᅌᅱᆼ ·ᄒᆞ 야_:어엿비
7	__⊠문·ᄍᆞᆼ ·와 ·로_서르_	38	·이·ᄅᆞᆯ_ᅌᅱᆼ·ᄒᆞ ·야 _:어엿·비_
8	_⊠문·ᄍᆞᆼ와 ·로 _서르_ᄉᆞ	39	·ᄒᆞ야_:어엿 ·비 _너·겨⊠_
9	서르_ᄉᆞᄆᆞᆺ ·디 _아니ᄒᆞᆯᄊᆡ	40	:어엿·비_너 ·겨 ⊠___
10	ᄉᆞᄆᆞᆺ·디_아 ·니 ᄒᆞᆯᄊᆡ⊠_	41	___⊠ ·새 ·로_스믈_
11	·디_아니ᄒᆞᆯ ·ᄊᆡ ⊠___	42	___⊠·새 ·로 _스믈_여
12	____⊠ ·이 런_젼·ᄎᆞ·로	43	_⊠·새·로_ 스 믈_여듧_
13	⊠·이런_젼 ·ᄎᆞ ·로_어·린_	44	⊠·새·로_스 믈 _여듧_·ᄍᆞᆼ
14	·이런_젼·ᄎᆞ ·로 _어·린_ᄇᆡᆨ	45	_스믈_여 듧 _·ᄍᆞᆼ·ᄅᆞᆯ_ᄆᆡᇰ
15	젼·ᄎᆞ·로_어 ·린 _ᄇᆡᆨ셔ᇰ·이_	46	믈_여듧_ ·ᄍᆞᆼ ·ᄅᆞᆯ_ᄆᆡᇰ·ᄀᆞ노
16	_어·린_ᄇᆡᆨ 셔ᇰ ·이_니르·고	47	_여듧_·ᄍᆞᆼ ·ᄅᆞᆯ _ᄆᆡᇰ·ᄀᆞ노·니
17	어·린_ᄇᆡᆨ셔ᇰ ·이 _니르·고·져	48	_·ᄍᆞᆼ·ᄅᆞᆯ_ᄆᆡᇰ ·ᄀᆞ 노·니⊠_
18	셔ᇰ·이_니르 ·고 ·져_ᄒᆞᇙ_·배	49	·ᄅᆞᆯ_ᄆᆡᇰ·ᄀᆞ노 ·니 ⊠___
19	·이_니르·고 ·져 _ᄒᆞᇙ_·배_	50	_⊠사ᄅᆞᆷ:마 다 _:ᅘᅵᅇᅧ_:수
20	니르·고·져_ ᄒᆞᇙ _·배_이셔	51	ᄅᆞᆷ:마다_:ᅘᅵ ᅇᅧ _:수ᄫᅵ_니
21	·고·져_ᄒᆞᇙ_ ·배 _이셔·도⊠	52	_:ᅘᅵᅇᅧ_:수 ·ᄫᅵ _니·겨_·날
22	ᄒᆞᇙ_·배_이 셔 ·도⊠___	53	_:수·ᄫᅵ_니 ·겨 _·날·로_ᄡᅮ
23	_·배_이셔 ·도 ⊠___	54	·ᄫᅵ_니·겨_ ·날 ·로_ᄡᅮ·메⊠
24	___⊠ᄆᆞ ᄎᆞᆷ :내_제_ᄠᅳ	55	_니·겨_·날 ·로 _ᄡᅮ·메⊠_
25	·ᄎᆞᆷ:내_제_ ᄠᅳ 들_시·러_	56	·겨_·날·로_ ᄡᅮ ·메⊠___
26	:내_제_ᄠᅳ 들 _시·러_펴	57	_·날·로_ᄡᅮ ·메 ⊠___
27	_ᄠᅳ들_시 ·러 _펴·디_몯	58	__⊠뼌ᅙᅡᆫ ·킈 _ᄒᆞ·고·져_
28	_시·러_펴 ·디 _몯_ᄒᆞᇙ_	59	뼌ᅙᅡᆫ·킈_ᄒᆞ ·고 ·져_ᄒᆞᇙ_ᄯᆞ
29	_몯_ᄒᆞᇙ_ ·노 ·ᄆᆡ_하니라	60	ᅙᅡᆫ·킈_ᄒᆞ·고 ·져 _ᄒᆞᇙ_ᄯᆞᄅᆞ
30	몯_ᄒᆞᇙ_·노 ·ᄆᆡ _하·니·라⊠	61	_ᄒᆞᇙ_ᄯᆞᄅᆞ ·미 니라⊠__
31	_·노·ᄆᆡ_하 ·니 라⊠___	62	_ᄯᆞᄅᆞ·미니 ·라 ⊠___

[표 부록-13] 상성(방점) ' : ' 용례

1	_⊠나랏	:말	ᄊᆞ·미_듕·귁
2	_⊠ᄆᆞ·ᄎᆞᆷ	:내	_제_·ᄠᅳ들
3	_·윙·ᄒᆞ·야_	:어	엿·비_너·겨
4	____⊠	:사	람:마·다_:히
5	_⊠:사람	:마	·다_:히ᅇᅧ_
6	:사람:마·다_	:히	ᅇᅧ_:수ᄫᅵ_
7	·다_:히ᅇᅧ_	:수	·ᄫᅵ_니·겨_

[표 부록-14] 초성 'ㅸ' 용례

1	·라易잉·ᄂᆞᆫ쉬	ᄫᅳᆯ	·씨·라習씹·은	9	리·ᄀᆞᄐᆞ·니·ᄀᆞᆯ	ᄫᅡ	쓰·면洪홍ㄱ
2	:마·다:히ᅇᅧ:수	ᄫᅵ	니·겨·날·로ᄡᅮ	10	쳥은가ᄫᅧ야	·ᄫᅳᆯ	씨·라⊠__
3	·뺑書셩·는·글	ᄫᅡ	·ᄡᅳᆯ씨·라⊠_	11	시울가ᄫᅧ야	·ᄫᅳᆫ	소리ᄃᆞ외ᄂᆞ
4	리·ᄀᆞᄐᆞ·니·ᄀᆞᆯ	ᄫᅡ	쓰·면虯끃ㅸ	12	워ᇗ디·면·ᄀᆞᆯ	ᄫᅡ	쓰·라乃:냉終
5	리·ᄀᆞᄐᆞ·니·ᄀᆞᆯ	ᄫᅡ	쓰·면覃땀ㅂ	13	셩은·뭇ᄂᆞᆺ가	·ᄫᅳᆫ	소리·라⊠_
6	리·ᄀᆞᄐᆞ·니·ᄀᆞᆯ	ᄫᅡ	쓰·면步뽕ㆆ	14	소리예셔열	·ᄫᅳ	·니·혓·그·티웃
7	리·ᄀᆞᄐᆞ·니·ᄀᆞᆯ	ᄫᅡ	쓰·면慈쫑ㆆ	15	리예셔두터	ᄫᅳ	·니·혓·그·티아
8	리·ᄀᆞᄐᆞ·니·ᄀᆞᆯ	ᄫᅡ	쓰·면邪썅ㆆ				

[표 부록-15] 초성 'ㆁ' 용례

1	世·솅宗종御	ᅌᅥᆼ	製·졩訓·훈民	15	_⊠ㄱ·ᄂᆞᆫ牙	ᅌᅡᆼ	音음·이·니如
2	지·슬·씨·니御	ᅌᅥᆼ	製·졩·ᄂᆞᆫ:님금	16	___⊠牙	ᅌᅡᆼ	·ᄂᆞᆫ·어미·라如
3	國·귁之징語	:ᅌᅥᆼ	音음·이⊠_	17	_⊠ㅋ·ᄂᆞᆫ牙	ᅌᅡᆼ	音음·이·니如
4	·입·겨지·라語	:ᅌᅥᆼ	·는:말ᄊᆞ·미·라	18	_⊠ㆁ·ᄂᆞᆫ牙	ᅌᅡᆼ	音음·이·니如
5	홍·ᄂᆞᆫ·아모·그	에	·ᄒᆞ논겨체ᄡᅳ	19	·이·니如셩業	ᅌᅥᆸ	字·ᄍᆼ初총發
6	⊠故·공·로愚	ᅌᅮᆼ	民민·이有·ᅌᅮᇢ	20	·엄쏘·리·니業	ᅌᅥᆸ	字·ᄍᆼ·처ᅀᅥᆷ·펴
7	ᅌᅮᆼ民민·이有	·ᅌᅮᇢ	所·송欲·욕言	21	_⊠ㅓ·ᄂᆞᆫ業	ᅌᅥᆸ	字·ᄍᆼ中듕聲
8	所·송欲·욕言	ᅌᅥᆫ	·ᄒᆞ·야·도⊠_	22	_⊠ㅓ·ᄂᆞᆫ業	ᅌᅥᆸ	字·ᄍᆼ가·온·딧
9	·ᄂᆞᆫ젼·치·라愚	ᅌᅮᆼ	·는어·릴·씨·라	23	ᄒᆞ면則즉爲	ᅌᅱᆼ	脣쓘輕켱音
10	어·릴·씨·라有	·ᅌᅮᇢ	·는이·실·씨·라	24	字·ᄍᆼㅣ·라爲	ᅌᅱᆼ	·ᄂᆞᆫᄃᆞ욀·씨·라
11	·져홀·씨·라言	ᅌᅥᆫ	·은니·를·씨·라	25	書셩於헝右	·ᅌᅮᇢ	ᄒᆞ·라.⊠_
12	쟝ㅣ多당矣	·ᅌᅵᆼ	·라⊠___	26	___⊠右	·ᅌᅮᇢ	·는·올ᄒᆞᆫ녀·기
13	·ᄂᆞᆫ할·씨·라矣	·ᅌᅵᆼ	·ᄂᆞᆫ:말ᄆᆞᆺ·ᄂᆞᆫ·입	27	·칭聲셩은有	·ᅌᅮᇢ	齒·칭頭뚷正
14	헝·는·아모·그	에	·ᄒᆞ논겨체ᄡᅳ	28	___⊠牙	ᅌᅡᆼ	舌쎯脣쓘喉

[표 부록-16] 초성 'ㅿ' 용례

1	製졩ᄂᆞᆫ글지	ᅀᅳᆯ	씨니御ᅌᅥᆼ製
2	졩ᄂᆞᆫ님금지	ᅀᅳ	샨그리라訓
3	___⊠而	ᅀᅵᆼ	終즁不블得
4	___⊠而	ᅀᅵᆼ	ᄂᆞᆫ입겨지라
5	此ᄎᆞᆼ憫민然	ᅀᅧᆫ	ᄒᆞ야⊠___
6	予영ᄂᆞᆫ내ᄒᆞ	ᅀᅩᆸ	시논ᄠᅳ디시
7	이라憫민然	ᅀᅧᆫ	은어엿비너
8	新신制졩二	ᅀᅵᆼ	十씹八밣字
9	ᄅᆞ실씨라二	ᅀᅵᆼ	十씹八밣ᄋᆞᆫ
10	欲욕使ᄉᆞᆼ人	ᅀᅵᆫ	人ᅀᅵᆫᄋᆞ로易
11	使ᄉᆞᆼ人ᅀᅵᆫ人	ᅀᅵᆫ	ᄋᆞ로易잉習
12	便뼌於헝日	ᅀᅵᇙ	用용耳ᅀᅵᆼ니
13	日ᅀᅵᇙ用용耳	ᅀᅵᆼ	니라⊠___
14	논마리라人	ᅀᅵᆫ	ᄋᆞᆫ사ᄅᆞ미라
15	字ᄍᆼㅣ라日	ᅀᅵᇙ	ᄋᆞᆫ나리라用
16	ᄋᆞᆫᄡᅳᆯ씨라耳	ᅀᅵᆼ	ᄂᆞᆫᄉᆞᄅᆞ미라
17	音흠이니如	ᅀᅧᆼ	君군ㄷ字ᄍᆼ
18	書셩ᄒᆞ면如	ᅀᅧᆼ	虯끃ㅸ字ᄍᆼ
19	ᄂᆞᆫ어미라如	ᅀᅧᆼ	ᄂᆞᆫᄀᆞᄐᆞᆯ씨라
20	뼝聲셩은처	ᅀᅥᆷ	펴아나ᄂᆞᆫ소
21	군ㄷ字ᄍᆼ처	ᅀᅥᆷ	펴아나ᄂᆞᆫ소
22	끃ㅸ字ᄍᆼ처	ᅀᅥᆷ	펴아나ᄂᆞᆫ소
23	音흠이니如	ᅀᅧᆼ	快쾡ㆆ字ᄍᆼ
24	쾡ㆆ字ᄍᆼ처	ᅀᅥᆷ	펴아나ᄂᆞᆫ소
25	音흠이니如	ᅀᅧᆼ	業업字ᄍᆼ初
26	業업字ᄍᆼ처	ᅀᅥᆷ	펴아나ᄂᆞᆫ소
27	音흠이니如	ᅀᅧᆼ	斗둘ㅸ字ᄍᆼ
28	書셩ᄒᆞ면如	ᅀᅧᆼ	覃땀ㅂ字ᄍᆼ
29	둘ㅸ字ᄍᆼ처	ᅀᅥᆷ	펴아나ᄂᆞᆫ소
30	땀ㅂ字ᄍᆼ처	ᅀᅥᆷ	펴아나ᄂᆞᆫ소
31	音흠이니如	ᅀᅧᆼ	呑튼ㄷ字ᄍᆼ
32	튼ㄷ字ᄍᆼ처	ᅀᅥᆷ	펴아나ᄂᆞᆫ소
33	音흠이니如	ᅀᅧᆼ	那낭ㆆ字ᄍᆼ
34	낭ㆆ字ᄍᆼ처	ᅀᅥᆷ	펴아나ᄂᆞᆫ소
35	音흠이니如	ᅀᅧᆼ	彆볋字ᄍᆼ初
36	書셩ᄒᆞ면如	ᅀᅧᆼ	步뽕ㆆ字ᄍᆼ
37	彆볋字ᄍᆼ처	ᅀᅥᆷ	펴아나ᄂᆞᆫ소
38	뽕ㆆ字ᄍᆼ처	ᅀᅥᆷ	펴아나ᄂᆞᆫ소

41	音흠이니如	ᅀᅧᆼ	彌밍ㆆ字ᄍᆼ
42	밍ㆆ字ᄍᆼ처	ᅀᅥᆷ	펴아나ᄂᆞᆫ소
43	音흠이니如	ᅀᅧᆼ	卽즉字ᄍᆼ初
44	書셩ᄒᆞ면如	ᅀᅧᆼ	慈ᄍᆼㆆ字ᄍᆼ
45	卽즉字ᄍᆼ처	ᅀᅥᆷ	펴아나ᄂᆞᆫ소
46	ᄍᆼㆆ字ᄍᆼ처	ᅀᅥᆷ	펴아나ᄂᆞᆫ소
47	音흠이니如	ᅀᅧᆼ	侵침ㅂ字ᄍᆼ
48	침ㅂ字ᄍᆼ처	ᅀᅥᆷ	펴아나ᄂᆞᆫ소
49	音흠이니如	ᅀᅧᆼ	戌슗字ᄍᆼ初
50	書셩ᄒᆞ면如	ᅀᅧᆼ	邪쌍ㆆ字ᄍᆼ
51	戌슗字ᄍᆼ처	ᅀᅥᆷ	펴아나ᄂᆞᆫ소
52	쌍ㆆ字ᄍᆼ처	ᅀᅥᆷ	펴아나ᄂᆞᆫ소
53	音흠이니如	ᅀᅧᆼ	挹ᅙᅳᆸ字ᄍᆼ初
54	挹ᅙᅳᆸ字ᄍᆼ처	ᅀᅥᆷ	펴아나ᄂᆞᆫ소
55	音흠이니如	ᅀᅧᆼ	虛헝ㆆ字ᄍᆼ
56	書셩ᄒᆞ면如	ᅀᅧᆼ	洪ᅘᅩᆼㄱ字ᄍᆼ
57	헝ㆆ字ᄍᆼ처	ᅀᅥᆷ	펴아나ᄂᆞᆫ소
58	ᅘᅩᆼㄱ字ᄍᆼ처	ᅀᅥᆷ	펴아나ᄂᆞᆫ소
59	音흠이니如	ᅀᅧᆼ	欲욕字ᄍᆼ初
60	欲욕字ᄍᆼ처	ᅀᅥᆷ	펴아나ᄂᆞᆫ소
61	音흠이니如	ᅀᅧᆼ	閭령ㆆ字ᄍᆼ
62	령ㆆ字ᄍᆼ처	ᅀᅥᆷ	펴아나ᄂᆞᆫ소
63	音흠이니如	ᅀᅧᆼ	穰ᅀᅣᆼㄱ字ᄍᆼ
64	이니如셩穰	ᅀᅣᆼ	ㄱ字ᄍᆼ初총
65	니ᄯᅩ리니穰	ᅀᅣᆼ	ㄱ字ᄍᆼ처ᅀᅥᆷ
66	ᅀᅣᆼㄱ字ᄍᆼ처	ᅀᅥᆷ	펴아나ᄂᆞᆫ소
67	_⊠ㆍᄂᆞᆫ如	ᅀᅧᆼ	呑튼ㄷ字ᄍᆼ
68	_⊠ㅑᄂᆞᆫ穰	ᅀᅣᆼ	ㄱ字ᄍᆼ中듕
69	_⊠ㅑᄂᆞᆫ穰	ᅀᅣᆼ	ㄱ字ᄍᆼ가온
70	⊠連련은니	ᅀᅳᆯ	씨라下ᅘᅡᆼᄂᆞᆫ
71	ᄡᅩ리아래니	ᅀᅥ	ᄡᅳ면입시울
72	必빓合ᅘᅡᆸ而	ᅀᅵᆼ	成쎵音흠ᄒᆞ
73	ᄅᆞ매어우러	ᅀᅡ	소리이ᄂᆞ니
74	___⊠二	ᅀᅵᆼ	則즉上썅聲
75	___⊠二	ᅀᅵᆼ	ᄂᆞᆫ둘히라上
76	썅聲셩은처	ᅀᅥ	미ᄂᆞᆺ갑고乃
77	___⊠入	ᅀᅵᆸ	聲셩은加강
78	ᄠᅥᆷ이同똥而	ᅀᅵᆼ	促쵹急급ᄒᆞ

39	音ᅙᅳᆷ이·니如	셩	漂푷ᄫᅮ字ᄍᆞᆼ	79	___⊠入	ᅀᅵᆸ	聲셩은ᄲᆞᆯ리
40	푷ᄫᅮ字ᄍᆞᆼ·처	섬	·펴아·나ᄂᆞᆫ소	80	___⊠入	ᅀᅵᆸ	聲셩은點·뎜

[표 부록-17] 초성 'ㆆ' 용례

1	民민正·졍音	ᅙᅳᆷ	⊠___	21	ㆆᄂᆞᆫ喉ᅘᅮᇢ音	ᅙᅳᆷ	·이·니如셩挹
2	姓·셩이·오音	ᅙᅳᆷ	은소리·니訓	22	·이·니如셩挹	ᅙᅳᆸ	字·ᄍᆞᆼ初총發
3	民민正·졍音	ᅙᅳᆷ	은百·ᄇᆡᆨ姓·셩	23	목소리·니挹	ᅙᅳᆸ	字·ᄍᆞᆼ·처섬펴
4	之징語·엉音	ᅙᅳᆷ	·이⊠___	24	ㅎᄂᆞᆫ喉ᅘᅮᇢ音	ᅙᅳᆷ	·이·니如셩虛
5	·ᄒᆞ·야便뼌於	ᅙᅥᆼ	日·ᅀᅵᇙ用·용耳	25	ㅇᄂᆞᆫ喉ᅘᅮᇢ音	ᅙᅳᆷ	·이·니如셩欲
6	뼌은便뼌安	ᅙᅡᆫ	ᄒᆞᆯ·씨라於헝	26	半·반舌·쎯音	ᅙᅳᆷ	·이·니如셩閭
7	한ᄒᆞᆯ·씨라於	ᅙᅥᆼ	ᄂᆞᆫ·아모그에	27	半·반齒·칭音	ᅙᅳᆷ	·이·니如셩穰
8	ᄡᅮ·메便뼌安	ᅙᅡᆫ	·킈ᄒᆞ·고·져ᄒᆞᇙ	28	書셩脣쑨音	ᅙᅳᆷ	之징下·ᅘᅣᆼᄒᆞ
9	ㄱᄂᆞᆫ牙앙音	ᅙᅳᆷ	·이·니如셩君	29	脣쑨輕켱音	ᅙᅳᆷ	·ᄒᆞᄂᆞ니라⊠
10	ㅋᄂᆞᆫ牙앙音	ᅙᅳᆷ	·이·니如셩快	30	附·뿡書셩於	ᅙᅥᆼ	右·ᅌᅮᇢᄒᆞ라.
11	ㆁᄂᆞᆫ牙앙音	ᅙᅳᆷ	·이·니如셩業	31	而싱成쎵音	ᅙᅳᆷ	·ᄒᆞᄂᆞ니⊠_
12	ㄷᄂᆞᆫ舌·쎯音	ᅙᅳᆷ	·이·니如셩斗	32	左·장加강一	ᅙᅵᇙ	點·뎜ᄒᆞ·면則
13	ㅌᄂᆞᆫ舌·쎯音	ᅙᅳᆷ	·이·니如셩呑	33	더을·씨라一	ᅙᅵᇙ	·은ᄒᆞ나히라
14	ㄴᄂᆞᆫ舌·쎯音	ᅙᅳᆷ	·이·니如셩那	34	_⊠漢·한音	ᅙᅳᆷ	齒·칭聲셩은
15	ㅂᄂᆞᆫ脣쑨音	ᅙᅳᆷ	·이·니如셩彆	35	_⊠漢·한音	ᅙᅳᆷ	은中듕國·귁
16	ㅍᄂᆞᆫ脣쑨音	ᅙᅳᆷ	·이·니如셩漂	36	·ᄍᆞᆼᄂᆞᆫ用·용於	ᅙᅥᆼ	齒·칭頭뚷ᄒᆞ
17	ㅁᄂᆞᆫ脣쑨音	ᅙᅳᆷ	·이·니如셩彌	37	·ᄍᆞᆼᄂᆞᆫ用·용於	ᅙᅥᆼ	正·졍齒·칭·ᄒᆞ
18	ㅈᄂᆞᆫ齒·칭音	ᅙᅳᆷ	·이·니如셩卽	38	通통用·용於	ᅙᅥᆼ	漢·한音ᅙᅳᆷ·ᄒᆞ
19	ㅊᄂᆞᆫ齒·칭音	ᅙᅳᆷ	·이·니如셩侵	39	於헝漢·한音	ᅙᅳᆷ	·ᄒᆞᄂᆞ니라⊠
20	ㅅᄂᆞᆫ齒·칭音	ᅙᅳᆷ	·이·니如셩戌				

[표 부록-18] 초성+중성 'ᄒᆞ' 용례

1	·치시논正·졍	ᄒᆞᆫ	소리·라⊠_	46	총發·벓聲셩	ᄒᆞ	·니竝·벓書셩
2	ᅘᅣᆼ中듕國·귁	·ᄒᆞ	·야⊠___	47	·니竝·벓書셩	ᄒᆞ	·면如셩洪ᅘᅩᆼ
3	·ᄂᆞᆫ·아모그에	·ᄒᆞ	논·겨체·ᄡᅳᄂᆞᆫ	48	총發·벓聲셩	ᄒᆞ	·니·라⊠__
4	강南남이·라	·ᄒᆞ	·ᄂᆞ니·라⊠_	49	총發·벓聲셩	ᄒᆞ	·니·라⊠__
5	샹流륳通통	ᄒᆞᆯ	·씨⊠___	50	총發·벓聲셩	ᄒᆞ	·니·라⊠__
6	ᄂᆞᆫ이·와·뎌와	·ᄒᆞ	ᄂᆞᆫ·겨체·ᄡᅳᄂᆞᆫ	51	총發·벓聲셩	ᄒᆞ	·니·라⊠__
7	不붏은아·니	·ᄒᆞ	논ᄠᅳ디·라相	52	·ᄍᆞᆼ中듕聲셩	ᄒᆞ	·니·라⊠__
8	相샹·ᄋᆞᆫ서르	·ᄒᆞ	논ᄠᅳ디·라流	53	·ᄍᆞᆼ中듕聲셩	ᄒᆞ	·니·라⊠__
9	ᄉᆞ뭇·디아·니	ᄒᆞᆯ	·씨⊠___	54	·ᄍᆞᆼ中듕聲셩	ᄒᆞ	·니·라⊠__
10	·송欲·욕言언	·ᄒᆞ	·야·도⊠__	55	·ᄍᆞᆼ中듕聲셩	ᄒᆞ	·니·라⊠__

11	·배라欲·욕·은	ᄒᆞ	·고·져 ᄒᆞᇙ 씨라	56	쭝中듕聲셩	ᄒᆞ	·니라⊠_
12	·욕·은 ᄒᆞ·고·져	ᄒᆞᇙ	씨라言언·은	57	쭝中듕聲셩	ᄒᆞ	·니라⊠_
13	시러펴디몯	ᄒᆞᇙ	·노·미하니라	58	쭝中듕聲셩	ᄒᆞ	·니라⊠_
14	·ᄂᆡ·ᄅᆞᆯ憫민然연	·ᄒᆞ	·야⊠__	59	쭝中듕聲셩	ᄒᆞ	·니라⊠_
15	⊠予영·ᄂᆞᆫ·내	·ᄒᆞ	·ᅀᆞᆸ시·ᄂᆞᆫ·ᄠᅳ디	60	쭝中듕聲셩	ᄒᆞ	·니라⊠_
16	·내·이·ᄅᆞᆯ爲윙	·ᄒᆞ	·야·어엿비너	61	쭝中듕聲셩	ᄒᆞ	·니라⊠_
17	·씹八·밣字·쫑	·ᄒᆞ	·노·니⊠__	62	쭝中듕聲셩	ᄒᆞ	·니라⊠_
18	·로易잉習씹	·ᄒᆞ	·야便뼌於헝	63	·용初총聲셩	·ᄒᆞ	·ᄂᆞ니라⊠_
19	使·ᄉᆞ·ᄂᆞᆫ·ᄒᆡ·ᅇᅧ	·ᄒᆞ	·ᄂᆞᆫ·마리라人	64	復·뿡·ᄂᆞᆫ다시	·ᄒᆞ	·ᄂᆞᆫ·ᄠᅳ디라⊠
20	·은便뼌安한	ᄒᆞᇙ	씨라於헝·ᄂᆞᆫ	65	·흠之징下·ᅘᅣᆼ	ᄒᆞ	·면則·ᄌᆞᆨ爲윙
21	·ᄂᆞᆫ·아모그에	·ᄒᆞ	·ᄂᆞᆫ·겨체·ᄡᅳ·ᄂᆞᆫ	66	·쓘輕켱音흠	·ᄒᆞ	·ᄂᆞ니라⊠_
22	·ᄂᆞᆫ·ᄡᆞ·ᄅᆞ미라	·ᄒᆞ	·ᄂᆞᆫ·ᄠᅳ디라⊠	67	·ᄌᆞᆨ·ᄋᆞᆫ·아ᄆᆞ리	ᄒᆞ	·면·ᄒᆞ·ᄂᆞᆫ·겨체
23	便뼌安한·킈	ᄒᆞ	·고·져 ᄒᆞᇙ·ᄯᆞ·ᄅᆞ	68	·아ᄆᆞ리ᄒᆞ면	·ᄒᆞ	·ᄂᆞᆫ·겨·체·ᄡᅳ·ᄂᆞᆫ
24	한·킈 ᄒᆞ·고·져	ᄒᆞᇙ	·ᄯᆞ·ᄅᆞ·미니라	69	·ᄌᆞᆨ並·뼝書셩	ᄒᆞ	라終즁聲셩
25	·총發·벓聲셩	ᄒᆞ	·니並·뼝書셩	70	聲셩·도同똥	ᄒᆞ	·니라⊠_
26	·니並·뼝書셩	ᄒᆞ	·면如셩虯뀰	71	씨라同똥·ᄋᆞᆫ	ᄒᆞᆫ	가지라ᄒᆞ·ᄂᆞᆫ
27	·총發·벓聲셩	ᄒᆞ	·니라⊠_	72	·ᄋᆞᆫ ᄒᆞᆫ가지라	·ᄒᆞ	·ᄂᆞᆫ·ᄠᅳ디라⊠
28	·총發·벓聲셩	ᄒᆞ	·니並·뼝書셩	73	·즁ㄱ소리도	ᄒᆞᆫ	가지라⊠_
29	·니並·뼝書셩	ᄒᆞ	·면如셩覃땀	74	셩之징下·ᅘᅣᆼ	ᄒᆞ	·고⊠__
30	·총發·벓聲셩	ᄒᆞ	·니라⊠_	75	셩於헝右·ᅌᅮᇢ	ᄒᆞ	라.⊠__
31	·총發·벓聲셩	ᄒᆞ	·니라⊠_	76	⊠右·ᅌᅮᇢ·ᄂᆞᆫ올	ᄒᆞᆫ	녀기라⊠_
32	·총發·벓聲셩	ᄒᆞ	·니라⊠_	77	와ㅕ와라와	ᄒᆞᆫ	녀긔브텨ᄡᅥ
33	·총發·벓聲셩	ᄒᆞ	·니並·뼝書셩	78	·싱成쎵音흠	·ᄒᆞ	·ᄂᆞ·니⊠__
34	·니並·뼝書셩	ᄒᆞ	·면如셩步·뽕	79	凡·뻠·ᄋᆞᆫ믈읫	·ᄒᆞ	·ᄂᆞᆫ·ᄠᅳ디라必
35	·총發·벓聲셩	ᄒᆞ	·니라⊠_	80	·빓·ᄋᆞᆫ모로매	·ᄒᆞ	·ᄂᆞᆫ·ᄠᅳ디라成
36	·총發·벓聲셩	ᄒᆞ	·니라⊠_	81	강一·ᅙᅵᇙ點·뎜	ᄒᆞ	·면則·ᄌᆞᆨ去·컹
37	·총發·벓聲셩	ᄒᆞ	·니라⊠_	82	씨라一·ᅙᅵᇙ·ᄋᆞᆫ	ᄒᆞ	나히라去·컹
38	·총發·벓聲셩	ᄒᆞ	·니並·뼝書셩	83	_⊠·왼녀긔	ᄒᆞᆫ	點·뎜·을더으
39	·니並·뼝書셩	ᄒᆞ	·면如셩慈쫑	84	·싱促·쵹急·급·그	ᄒᆞ	·니라⊠_
40	·총發·벓聲셩	ᄒᆞ	·니라⊠_	85	點·뎜더우믄	ᄒᆞᆫ	가지로·ᄃᆡ·ᄲᆞᆯ
41	·총發·벓聲셩	ᄒᆞ	·니라⊠_	86	·칭之징別·볋	ᄒᆞ	·니⊠__
42	·총發·벓聲셩	ᄒᆞ	·니並·뼝書셩	87	헝齒·칭頭뚤	ᄒᆞ	·고⊠__
43	·니並·뼝書셩	ᄒᆞ	·면如셩邪썋	88	헝正·졍齒·칭	·ᄒᆞ	·ᄂᆞ·니⊠_
44	·총發·벓聲셩	ᄒᆞ	·니라⊠_	89	헝漢·한音흠	·ᄒᆞ	·ᄂᆞ니라⊠_
45	·총發·벓聲셩	ᄒᆞ	·니라⊠_				

[표 부록-19] 중성+종성 'ᆞᆫ' 용례

1	__⊠製·졩	ᄂᆞᆫ	·글지ᅀᅳᆯ씨·니	78	___⊠ㅅ	ᄂᆞᆫ	·니쏘리·니戌
2	·니御·ᅌᅥᆼ製·졩	ᄂᆞᆫ	:님금지ᅀᅳ샨	79	·처ᅀᅥᆷ·펴아·나	ᄂᆞᆫ	소리·ᄀᆞᄐᆞ니
3	·칠씨·오民민	ᄋᆞᆫ	百·ᄇᆡᆨ姓·셩·이	80	·처ᅀᅥᆷ·펴아·나	ᄂᆞᆫ	소리·ᄀᆞ·ᄐᆞ니
4	·치시논正·졍	ᄒᆞᆫ	소리라⊠_	81	___⊠ㆆ	ᄂᆞᆫ	喉ᅘᅮᇢ音음·이
5	__⊠國·귁	ᄋᆞᆫ	나라히라之	82	___⊠ㆆ	ᄂᆞᆫ	목소리·니挹
6	·라히라之징	ᄂᆞᆫ	·입·겨지라語	83	·처ᅀᅥᆷ·펴아·나	ᄂᆞᆫ	소리·ᄀᆞ·ᄐᆞ니
7	__⊠異·잉	ᄂᆞᆫ	다ᄅᆞᆯ씨라乎	84	___⊠ㅎ	ᄂᆞᆫ	喉ᅘᅮᇢ音음·이
8	ᄅᆞᆯ씨라乎ᅘᅩᆼ	ᄂᆞᆫ	·아모그에·ᄒᆞ	85	___⊠ㅎ	ᄂᆞᆫ	목소리·니虛
9	·라中듀ᇰ國·귁	ᄋᆞᆫ	⊠___	86	·처ᅀᅥᆷ·펴아·나	ᄂᆞᆫ	소리·ᄀᆞᄐᆞ니
10	·이·와뎌·와·ᄒᆞ	ᄂᆞᆫ	·겨체ᄡᅳᄂᆞᆫ字	87	·처ᅀᅥᆷ·펴아·나	ᄂᆞᆫ	소리·ᄀᆞ·ᄐᆞ니
11	·ᄒᆞᄂᆞᆫ·겨체ᄡᅳ	ᄂᆞᆫ	字ᄍᆞᆼ ㅣ라文	88	___⊠ㅇ	ᄂᆞᆫ	喉ᅘᅮᇢ音음·이
12	ᄠᅳ디라相샹	ᄋᆞᆫ	서르·ᄒᆞ논ᄠᅳ	89	___⊠ㅇ	ᄂᆞᆫ	목소리·니欲
13	·라流륳通통	ᄋᆞᆫ	흘러ᄉᆞᄆᆞ출	90	·처ᅀᅥᆷ·펴아·나	ᄂᆞᆫ	소리·ᄀᆞ·ᄐᆞ니
14	__⊠故·공	ᄂᆞᆫ	젼·치라愚웅	91	___⊠ㄹ	ᄂᆞᆫ	半·반舌·쎠ᇙ音
15	실씨·라所:송	ᄂᆞᆫ	·배라欲·욕·ᄋᆞᆫ	92	___⊠ㄹ	ᄂᆞᆫ	半·반·혀쏘리
16	·ᄂᆞᆫ·배라欲·욕	ᄋᆞᆫ	ᄒᆞ·고·져ᄒᆞᆯ씨	93	·처ᅀᅥᆷ·펴아·나	ᄂᆞᆫ	소리·ᄀᆞ·ᄐᆞ니
17	__⊠而ᅀᅵᆼ	ᄂᆞᆫ	·입·겨지라終	94	___⊠ㅿ	ᄂᆞᆫ	半·반齒:칭音
18	를씨·라伸신	ᄋᆞᆫ	펼씨·라其끵	95	___⊠ㅿ	ᄂᆞᆫ	半·반·니쏘리
19	펼씨·라其끵	ᄂᆞᆫ	:제라情쪙·은	96	·처ᅀᅥᆷ·펴아·나	ᄂᆞᆫ	소리·ᄀᆞ·ᄐᆞ니
20	ᄠᅳ디라者:쟝	ᄂᆞᆫ	·노미라多당	97	___⊠ㆍ	ᄂᆞᆫ	如셩呑ᄐᆞᆫㄷ
21	·노미라多당	ᄂᆞᆫ	할씨라矣:읭	98	ㆍᄂᆞᆫ如셩呑	ᄐᆞᆫ	ㄷ字ᄍᆞᆼ中듀ᇰ
22	할씨라矣:읭	ᄂᆞᆫ	:말ᄊᆞᆷᄂᆞᆫ·입·겨	99	___⊠ㆍ	ᄂᆞᆫ	呑ᄐᆞᆫㄷ字ᄍᆞᆼ
23	矣:읭ᄂᆞᆫ:말ᄊᆞᆷ	ᄂᆞᆫ	·입·겨지라⊠	100	_⊠ㆍᄂᆞᆫ呑	ᄐᆞᆫ	ㄷ字ᄍᆞᆼ가온
24	시·니라此:ᄎᆞᆼ	ᄂᆞᆫ	·이라憫:민然	101	___⊠ㅡ	ᄂᆞᆫ	卽즉字·ᄍᆞᆼ中
25	__⊠新신	ᄋᆞᆫ	·새라制·졩·ᄂᆞᆫ	102	___⊠ㅡ	ᄂᆞᆫ	卽즉字·ᄍᆞᆼ가
26	·ᄋᆞᆫ·새라制·졩	ᄂᆞᆫ	ᄆᆡᇰ·ᄀᆞ·ᄅᆞ실씨	103	___⊠ㅣ	ᄂᆞᆫ	侵침ㅂ字ᄍᆞᆼ
27	·ᅀᅵᆼ十·씹八·밣	ᄋᆞᆫ	·스믈여들비	104	___⊠ㅣ	ᄂᆞᆫ	侵침ㅂ字ᄍᆞᆼ
28	__⊠使:ᄉᆞᆼ	ᄂᆞᆫ	:ᄒᆡ·ᅇᅧ·ᄒᆞ논마	105	___⊠ㅗ	ᄂᆞᆫ	洪ᅘᅩᆼㄱ字ᄍᆞᆼ
29	·마리라人ᅀᅵᆫ	ᄋᆞᆫ	·사ᄅᆞ미라易	106	___⊠ㅗ	ᄂᆞᆫ	洪ᅘᅩᆼㄱ字ᄍᆞᆼ
30	·ᄅᆞ미라易·잉	ᄂᆞᆫ	쉬ᄫᅳᆯ씨라習	107	___⊠ㅏ	ᄂᆞᆫ	覃땀ㅂ字ᄍᆞᆼ
31	ᄫᅳᆯ씨라習·씹	ᄋᆞᆫ	니길씨라便	108	___⊠ㅏ	ᄂᆞᆫ	覃땀ㅂ字ᄍᆞᆼ
32	ᄍᆞᆼ ㅣ라日·ᅀᅵᇙ	ᄋᆞᆫ	·나리라用·용	109	___⊠ㅜ	ᄂᆞᆫ	君군ㄷ字ᄍᆞᆼ
33	·나리라用·용	ᄋᆞᆫ	ᄡᅳᆯ씨라耳:ᅀᅵᆼ	110	___⊠ㅜ	ᄂᆞᆫ	君군ㄷ字ᄍᆞᆼ
34	ᄡᅳᆯ씨라耳:ᅀᅵᆼ	ᄂᆞᆫ	ᄯᆞᄅᆞ미라·ᄒᆞ	111	___⊠ㅓ	ᄂᆞᆫ	業·업字·ᄍᆞᆼ中
35	___⊠ㄱ	ᄂᆞᆫ	牙앙音음·이	112	___⊠ㅓ	ᄂᆞᆫ	業·업字·ᄍᆞᆼ가
36	__⊠牙앙	ᄂᆞᆫ	·어미라如셩	113	___⊠ㅛ	ᄂᆞᆫ	欲·욕字·ᄍᆞᆼ中
37	·처ᅀᅥᆷ·펴아·나	ᄂᆞᆫ	소리라並뼝	114	___⊠ㅛ	ᄂᆞᆫ	欲·욕字·ᄍᆞᆼ가
38	___⊠ㄱ	ᄂᆞᆫ	·엄쏘리·니君	115	___⊠ㅑ	ᄂᆞᆫ	穰ᅀᅣᇰㄱ字ᄍᆞᆼ

39	·처섬펴아·나	ᄂᆞᆫ	소리·ᄀᆞ·ᄐᆞ니	116	___⊠ㅑ	ᄂᆞᆫ	穰샹ㄱ字쫑
40	·처섬펴아·나	ᄂᆞᆫ	소리·ᄀᆞ·ᄐᆞ니	117	___⊠ㅠ	ᄂᆞᆫ	戌슗字쫑中
41	___⊠ㅋ	ᄂᆞᆫ	牙앙音흠이	118	___⊠ㅠ	ᄂᆞᆫ	戌슗字쫑가
42	___⊠ㅋ	ᄂᆞᆫ	·엄쏘리니快	119	___⊠ㅕ	ᄂᆞᆫ	彆볋字쫑中
43	·처섬펴아·나	ᄂᆞᆫ	소리·ᄀᆞ·ᄐᆞ니	120	___⊠ㅕ	ᄂᆞᆫ	彆볋字쫑가
44	___⊠ㆁ	ᄂᆞᆫ	牙앙音흠이	121	終즁ㄱ소리	ᄂᆞᆫ	다시처소리
45	___⊠ㆁ	ᄂᆞᆫ	·엄쏘리니業	122	슬씨라下향	ᄂᆞᆫ	아래라則즉
46	·처섬펴아·나	ᄂᆞᆫ	소리·ᄀᆞ·ᄐᆞ니	123	·ᄆᆞ리ᄒᆞ면·ᄒᆞ	ᄂᆞᆫ	·겨체쓰ᄂᆞᆫ字
47	___⊠ㄷ	ᄂᆞᆫ	舌쎯音흠이	124	·ᄒᆞᄂᆞᆫ·겨체쓰	ᄂᆞᆫ	字쫑ㅣ라爲
48	___⊠ㄷ	ᄂᆞᆫ	혀쏘리니斗	125	쫑ㅣ라爲윙	ᄂᆞᆫ	ᄃᆞ욀씨라輕
49	·처섬펴아·나	ᄂᆞᆫ	소리·ᄀᆞ·ᄐᆞ니	126	시울가ᄇᆡ야	·ᄫᆞᆫ	소리ᄃᆞ외ᄂᆞ
50	·처섬펴아·나	ᄂᆞᆫ	소리·ᄀᆞ·ᄐᆞ니	127	__⊠合합	·ᄋᆞᆫ	어울씨라同
51	___⊠ㅌ	ᄂᆞᆫ	舌쎯音흠이	128	울씨라同똥	·ᄋᆞᆫ	ᄒᆞᆫ가지라·ᄒᆞ
52	·이니如셩呑	ᄐᆞᆫ	ㄷ字쫑初총	129	씨라同똥·ᄋᆞᆫ	ᄒᆞᆫ	가지라ᄒᆞᄂᆞᆫ
53	___⊠ㅌ	ᄂᆞᆫ	혀쏘리니呑	130	즁ㄱ소리도	ᄒᆞᆫ	가지라⊠_
54	혀쏘리니呑	ᄐᆞᆫ	ㄷ字쫑처섬	131	⊠右ᇢᄂᆞᆫ올	ᄒᆞᆫ	녀기라⊠_
55	·처섬펴아·나	ᄂᆞᆫ	소리·ᄀᆞ·ᄐᆞ니	132	와ㅓ와라와	ᄒᆞᆫ	녀긔브터쓰
56	___⊠ㄴ	ᄂᆞᆫ	舌쎯音흠이	133	ᄡᅳ디라必빓	·ᄋᆞᆫ	모로매·ᄒᆞᄂᆞᆫ
57	___⊠ㄴ	ᄂᆞᆫ	혀쏘리니那	134	__⊠左장	ᄂᆞᆫ	·왼녀기라加
58	·처섬펴아·나	ᄂᆞᆫ	소리·ᄀᆞ·ᄐᆞ니	135	녀기라加강	ᄂᆞᆫ	더을씨라一
59	___⊠ㅂ	ᄂᆞᆫ	脣쓘音흠이	136	을씨라一힗	·ᄋᆞᆫ	ᄒᆞ나히라去
60	___⊠ㅂ	ᄂᆞᆫ	입시울쏘리	137	聲셩은몯노	ᄑᆞᆫ	소리라⊠_
61	·처섬펴아·나	ᄂᆞᆫ	소리·ᄀᆞ·ᄐᆞ니	138	_⊠왼녀긔	ᄒᆞᆫ	點뎜을더으
62	·처섬펴아·나	ᄂᆞᆫ	소리·ᄀᆞ·ᄐᆞ니	139	더으면몯노	ᄑᆞᆫ	소리·오⊠_
63	___⊠ㅍ	ᄂᆞᆫ	脣쓘音흠이	140	__⊠二싱	ᄂᆞᆫ	둘히라上썅
64	___⊠ㅍ	ᄂᆞᆫ	입시울쏘리	141	·냉終즁이노	ᄑᆞᆫ	소리라⊠_
65	·처섬펴아·나	ᄂᆞᆫ	소리·ᄀᆞ·ᄐᆞ니	142	셩은몯ᄂᆞᆺ가	·ᄫᆞᆫ	소리라⊠_
66	___⊠ㅁ	ᄂᆞᆫ	脣쓘音흠이	143	은ᄲᆞᆯ리긋ᄃᆞᆮ	ᄂᆞᆫ	소리라促쵹
67	___⊠ㅁ	ᄂᆞᆫ	입시울쏘리	144	點뎜더우믄	ᄒᆞᆫ	가지로ᄃᆡ색
68	·처섬펴아·나	ᄂᆞᆫ	소리·ᄀᆞ·ᄐᆞ니	145	리예니쏘리	ᄂᆞᆫ	齒칭頭뚤와
69	___⊠ㅈ	ᄂᆞᆫ	齒칭音흠이	146	ᅐᅕᅏ字쫑	ᄂᆞᆫ	用·용於헝齒
70	___⊠齒	ᄂᆞᆫ	·니라⊠__	147	_⊠이소리	ᄂᆞᆫ	우리나라소
71	___⊠ㅈ	ᄂᆞᆫ	·니쏘리니卽	148	ᅐᅕᅏ字쫑	ᄂᆞᆫ	齒칭頭뚤ᄉ
72	·처섬펴아·나	ᄂᆞᆫ	소리·ᄀᆞ·ᄐᆞ니	149	ᅎᅔᅑ字쫑	ᄂᆞᆫ	用·용於헝正
73	·처섬펴아·나	ᄂᆞᆫ	소리·ᄀᆞ·ᄐᆞ니	150	_⊠이소리	ᄂᆞᆫ	우리나라소
74	___⊠ㅊ	ᄂᆞᆫ	齒칭音흠이	151	ᅎᅔᅑ字쫑	ᄂᆞᆫ	正졍齒칭ᄉ
75	___⊠ㅊ	ᄂᆞᆫ	·니쏘리니侵	152	聲之징字쫑	ᄂᆞᆫ	通통用·용於
76	·처섬펴아·나	ᄂᆞᆫ	소리·ᄀᆞ·ᄐᆞ니	153	소리·옛字쫑	ᄂᆞᆫ	中듕國귁소
77	___⊠ㅅ	ᄂᆞᆫ	齒칭音흠이				

참고문헌

국립국어원 우리말샘, https://opendic.korean.go.kr.

국립국어원 표준국어대사전, https://stdict.korean.go.kr.

김병선(1993), 컴퓨터 자판 옛자모 배열 연구, 국립국어연구원. 국립국어연구원 국립국어연구원 국립국어연구원.

김충회(1989), 현행 KS 완성형 한글 코드의 문제점, 한국정보과학회 언어공학연구회 학술발표 논문집, 한국정보과학회 언어공학연구회, 21-28쪽.

박진호(2015), 국어 정보화의 방향, 문자 코드를 중심으로, 새국어생활 제25권, 국립국어원.

에스놀로그 홈페이지, https://www.ethnologue.com.

유니코드 홈페이지, http://www.unicode.org.

이승재(2003), 한국어 정보 자료의 구축과 활용 방안 연구, 서강대학교 대학원 박사학위 논문.

이준희・정내권(1991), 컴퓨터속의 한글, (주)정보시대.

파이썬, https://www.python.org.

프로젝트 구텐베르그, “Alice's Adventures in Wonderland”, http://www.gutenberg.org/files/19033/19033-h/19033-h.htm.

한국어 위키백과, https://ko.wikipedia.org.

한국어정보처리연구소(1999), C로 구현한 한글 코드 시스템 프로그래밍 가이드, 도서출판 골드.

한국전산원(1996), 한글 정보처리의 응용기술 및 표준화 방향.

홍윤표(1995), 한글 코드에 관한 연구, 국립국어연구원.

(주)한글과컴퓨터(1992), 한글코드와 자판에 관한 기초 연구, 문화부.

Korean Agency for Technology and Standards(2008), An Introduction of Korean Standard KS X 1026-1:2007; Hangul processing guide for information interchange, Unicode Doc No: Korea JTC1/SC2 K1647-1C, https://unicode.org/L2/L2017/17081-hangul-filler.pdf.

Lunde, Ken(1999), *CJKV Information Processing: Chinese, Japanese, Korean, and Vietnamese Computing*, CA: O'Reilly & Associates, Inc.

저자소개

박건숙

문학박사

상명대학교 대학원 한국학과 조교수 (현재)

상명대학교 사범대학 국어교육과 전임강사 (지냄)

서울대학교 국어교육연구소 선임연구원 (지냄)

저서

〈생각하고 표현하기, 한번쉬고 말하기〉

〈쓰기 교육을 위한 ⓔ논술 프로그램의 구현과 실제〉

〈한국어와 한국어 교육 Ⅰ〉(공저) 외

한국어 인공지능 I

Python으로 시작하는 한글 처리

발 행 일 | 2020년 2월 28일

글 쓴 이 | 박건숙
발 행 인 | 박승합
발 행 처 | 노드미디어

편　　집 | 박효서
디 자 인 | 권정숙

주　　소 | 서울특별시 용산구 한강대로 341 대한빌딩 206호
전　　화 | 02-754-1867
팩　　스 | 02-753-1867
이 메 일 | enodemedia@daum.net
홈페이지 | http://www.enodemedia.co.kr

등록번호 | 제302-2008-000043호

I S B N | 978-89-8458-338-2 93560

정가 25,000원